应用型系列教材

电子技能训练教程

朱广冕　姜丽军　乔玉新　主　编
于海峰　赵金杰　刘竞男　副主编

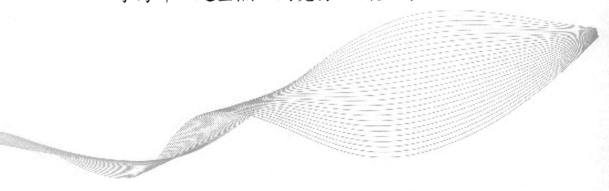

电子工业出版社
Publishing House of Electronics Industry
北京·BEIJING

内 容 简 介

本书在总结"电子技术"课程多年实践教学经验的基础上精心编写而成。本书主要内容包括常用仪表仪器的使用，常用电子元器件的识别与检测，焊接技术，模拟电路的设计、安装与调试，数字电路的设计、安装与调试，印制电路板的设计与制作，Multisim 10 的基本应用，Altium Designer 10 的基本应用，着力培养学生的专业核心技能。

本书既可作为应用型本科及职业院校的教学用书，也可以作为从事电子技术工作的工程技术人员的参考书。

未经许可，不得以任何方式复制或抄袭本书之部分或全部内容。
版权所有，侵权必究。

图书在版编目（CIP）数据

电子技能训练教程 / 朱广冕，姜丽军，乔玉新主编. —北京：电子工业出版社，2021.5
ISBN 978-7-121-35753-4

Ⅰ. ①电… Ⅱ. ①朱… ②姜… ③乔… Ⅲ. ①电子技术－高等学校－教材 Ⅳ. ①TN

中国版本图书馆 CIP 数据核字（2018）第 274280 号

责任编辑：朱怀永　　　　特约编辑：田学清
印　　　刷：北京天宇星印刷厂
装　　　订：北京天宇星印刷厂
出版发行：电子工业出版社
　　　　　北京市海淀区万寿路 173 信箱　　邮编：100036
开　　本：787×1 092　　1/16　　印张：14.75　　字数：377 千字
版　　次：2021 年 5 月第 1 版
印　　次：2021 年 5 月第 1 次印刷
定　　价：43.80 元

凡所购买电子工业出版社图书有缺损问题，请向购买书店调换。若书店售缺，请与本社发行部联系，联系及邮购电话：（010）88254888，88258888。
质量投诉请发邮件至 zlts@phei.com.cn，盗版侵权举报请发邮件至 dbqq@phei.com.cn。
本书咨询联系方式：（010）88254608，zhy@phei.com.cn。

本书力图体现以应用为目的的高等工程技术教育的特点,既着眼于电子技术的基本技能和能力的培养,又尽量采用目前电子行业的新技术、新软件,无论在内容上还是在形式上都尽量做到有特色、有新意,它凝结了编者所在学校教学改革的成果和经验。

本书共 8 章,在内容的设计上,使学生在熟悉电子技术的常用元器件和常用的电子仪表仪器的基础上,将基本技能和能力的培养融于电路的组装与调试过程中,并以实训课题为例来讲解电子线路从组装到调试的全过程,针对性和实用性强。本书力求各章内容相对独立,以使学生可以有选择地学习各章内容。同时,本书在内容的设计上由浅入深、由易到难、循序渐进。使用本书实施教学的方式灵活,本书既可作为相应理论课的配套教材,与"模拟电子技术""数字电子技术"课程的教学配合进行,也可单独设课,还可用于电子类专业学生实习及学生的课外科技活动。

本书由朱广冕、姜丽军、乔玉新等担任主编,于海峰、赵金杰、刘竞男担任副主编。朱广冕负责全书的策划、组织和定稿。乔玉新校对了全书,并对部分图片和文字做了调整。

本书是烟台南山学院电气与电子工程系长期教学实践的成果,依托于山东省"技艺技能传承创新平台"项目建设而成。书中尚有许多不足之处,恳请广大专家同行给予批评指正,也希望广大学生能够提出宝贵的意见和建议。

编 者

目录 CONTENTS

第1章 常用仪表仪器的使用 1
  1.1 万用表 1
     1.1.1 模拟万用表 1
     1.1.2 数字万用表 5
  1.2 直流稳压电源 8
  1.3 交流毫伏表 12
  1.4 YB1602 函数信号发生器 14
  1.5 YB4320A 型双踪示波器 16
     1.5.1 双踪示波器旋钮和开关的作用 16
     1.5.2 双踪示波器的基本操作方法 18
     1.5.3 双踪示波器的测量方法 19
  1.6 UTD2000E/3000E 系列数字存储示波器 21
     1.6.1 数字存储示波器的设置 23
     1.6.2 数字存储示波器的使用方法 34
  1.7 YB4810A 半导体管特性图示仪 36

第2章 常用电子元器件的识别与检测 44
  2.1 电阻器的识别与检测 44
     2.1.1 电阻器的分类 44
     2.1.2 电阻器的主要参数 44
     2.1.3 电阻器的标识方法 45
     2.1.4 电阻器的选用常识 47
     2.1.5 电阻器的检测方法 49
  2.2 电容器的识别与检测 49
     2.2.1 电容器的分类 49
     2.2.2 电容器的主要参数 50
     2.2.3 电容器的命名及标注方法 51
     2.2.4 电容器的选用常识 52
     2.2.5 电容器的一般检测方法 52
  2.3 电感器的识别与检测 53
     2.3.1 电感器的分类 53

- 2.3.2 电感器的主要参数 ... 53
- 2.3.3 电感器在电路中的作用 ... 54
- 2.3.4 电感线圈的绕制方法 ... 54
- 2.3.5 电感器的选用 ... 56
- 2.3.6 电感器的检测 ... 56
- 2.4 变压器的识别与检测 ... 56
  - 2.4.1 变压器的分类 ... 56
  - 2.4.2 变压器的主要参数 ... 56
  - 2.4.3 变压器的型号命名 ... 57
  - 2.4.4 变压器的检测 ... 58
- 2.5 二极管的识别与检测 ... 58
  - 2.5.1 二极管的分类 ... 58
  - 2.5.2 二极管的主要参数 ... 58
  - 2.5.3 二极管型号的命名方法 ... 59
  - 2.5.4 二极管的辨别及检测 ... 61
- 2.6 晶体管的识别与检测 ... 61
  - 2.6.1 晶体管的分类 ... 62
  - 2.6.2 晶体管的主要参数 ... 62
  - 2.6.3 晶体管型号的命名方法 ... 63
  - 2.6.4 晶体管的选用 ... 64
  - 2.6.5 晶体管的检测 ... 64
- 2.7 晶闸管的识别与测量 ... 65
  - 2.7.1 晶闸管的基本知识 ... 66
  - 2.7.2 晶闸管的测量 ... 67
- 2.8 集成电路的识别与选用 ... 68
  - 2.8.1 集成电路的分类 ... 69
  - 2.8.2 集成电路的引脚识别 ... 70
  - 2.8.3 集成电路的型号命名 ... 70
  - 2.8.4 集成电路的选用注意事项 ... 71
- 2.9 SMT 元器件的识别 ... 72
  - 2.9.1 SMT 元器件的分类 ... 72
  - 2.9.2 SMT 元器件的封装与参数 ... 73
  - 2.9.3 SMT 元器件的命名及标注方法 ... 80
- 2.10 开关的识别与选用 ... 80
- 2.11 电磁继电器的识别与检测 ... 82
  - 2.11.1 电磁继电器的符号和触点形式 ... 82
  - 2.11.2 电磁继电器的主要参数 ... 83
  - 2.11.3 电磁继电器的测量 ... 83
  - 2.11.4 电磁继电器的选用 ... 84

第 3 章 焊接技术 85

3.1 焊接材料 85
3.1.1 焊料 85
3.1.2 焊剂 86

3.2 焊接工具 87
3.2.1 电烙铁 87
3.2.2 其他常用工具 92

3.3 手工焊接的基本操作过程 94
3.3.1 焊接操作姿势与注意事项 94
3.3.2 手工焊接的要求 95
3.3.3 五步操作法 97
3.3.4 焊接的操作要领 98

3.4 实用焊接技术 100
3.4.1 印制电路板的焊接 100
3.4.2 导线的焊接 101
3.4.3 集成电路的焊接 102

3.5 焊接质量的检查 102

3.6 拆焊 105

3.7 贴片元器件的焊接 107

第 4 章 模拟电路的设计、安装与调试 111

4.1 直流稳压电源的设计、安装与调试 111
4.2 触摸延时开关电路的设计、安装与调试 113
4.3 函数信号发生器的设计、安装与调试 114
4.4 低频功率放大电路的设计、安装与调试 116
4.5 温度控制电路的设计、安装与调试 118

第 5 章 数字电路的设计、安装与调试 122

5.1 智力竞赛抢答器的设计、安装与调试 122
5.2 交通信号灯控制电路的设计、安装与调试 125
5.2.1 电路原理 125
5.2.2 主要元器件清单 129
5.2.3 电路焊接、安装与调试 129

5.3 数字电子钟电路的设计、安装与调试 131
5.3.1 电路原理 131
5.3.2 主要元器件清单 134
5.3.3 电路焊接、安装与调试 134

5.4 篮球比赛计时器的设计、安装与调试 134
5.4.1 电路原理 134
5.4.2 主要元器件清单 137

5.4.3 电路焊接、安装与调试 137

第 6 章 印制电路板的设计与制作 138

6.1 概论 138
6.1.1 印制电路板相关术语 138
6.1.2 印制电路板的分类 139

6.2 印制电路板的设计 141
6.2.1 印制电路板设计的基本原则 141
6.2.2 印制电路板的设计内容 142
6.2.3 印制电路板基本要素设计 142
6.2.4 印制电路板图的设计 147
6.2.5 印制电路板的设计技巧 150

6.3 印制电路板制造工艺 156
6.3.1 印制电路板制造工艺的分类 156
6.3.2 印制电路板的雕刻制作工艺 157
6.3.3 手工制作印制电路板工艺 158

6.4 印制电路板的新发展 159

第 7 章 Multisim 10 的基本应用 161

7.1 Multisim 10 基本操作 161
7.2 Multisim 10 电路创建 164
7.3 Multisim 10 操作界面 165
7.3.1 Multisim 10 菜单栏 165
7.3.2 Multisim10 元器件栏 169
7.4 Multisim 10 仪表仪器及使用 171

第 8 章 Altium Designer 10 的基本应用 188

8.1 Altium Designer 10 主窗口 188
8.2 电路原理图的设计 191
8.2.1 绘制电路原理图的步骤 191
8.2.2 原理图编辑器界面 192
8.2.3 放置元器件 194
8.2.4 电路原理图的绘制 198
8.3 印制电路板的绘制 202
8.3.1 印制电路板设计预备知识 202
8.3.2 印制电路板设计基础 208
8.3.3 元器件布局 218
8.3.4 印制电路板布线 223

参考文献 228

第 1 章

常用仪表仪器的使用

1.1 万 用 表

1.1.1 模拟万用表

1．模拟万用表的测量内容

模拟万用表可用来测量的参数包括直流电压、直流电流、交流电压、电阻、电感、电容晶体管直流放大系数等。

2．模拟万用表主要性能

1）准确度

准确度是指万用表的指示值与标准值之间的基本误差值。国标规定，准确度有 7 个等级，分别是 0.1、0.2、0.5、1.0、1.5、2.5、5.0。通常万用表主要有 1.0、1.5、2.5、5.0 这 4 个等级。

2）电压灵敏度

电压灵敏度（简称灵敏度）是指测量电压与满量程电压之比。此数值越高，表明万用表的测量结果越准确。此数值一般标注在万用表的表盘上。常用万用表的灵敏度一般为 $10k\Omega/V$ 或 $20k\Omega/V$。

3）频率特性

在用模拟万用表测量交流电时，有一定的频率范围，如果超出该频率范围，就不能保证测量准确度，该频率范围一般为 45～2000Hz。

3．模拟万用表的结构与使用

1）MF47 型万用表的结构

MF47 型万用表是一种高灵敏度、多量程的便携式整流系仪表，能完成交直流电压、直流电流、电阻等基本项目的测量，还能估测电容器的性能等。MF47 型万用表面板如图 1.1 所示，背面有电池盒。

（1）表头。表头是万用表的重要组成部分，决定了万用表的灵敏度。表头由表针、磁路系统和偏转系统组成。为了提高测量的灵敏度和便于扩大电流的量程，表头一般采用内阻较大、灵敏度较高的磁电式直流电流表。另外，表头上还设有机械调零旋钮，用于校正表针在左端的零位。

万用表的表头是一个灵敏电流表，电流只能从正极流入，从负极流出。在测量直流电流时，电流只能从与"＋"插孔相连的红表笔流入，从与"－"插孔相连的黑表笔流出；在测量直流电压时，红表笔接高电位，黑表笔接低电位，否则测不出数值，并且很容易损坏表针。

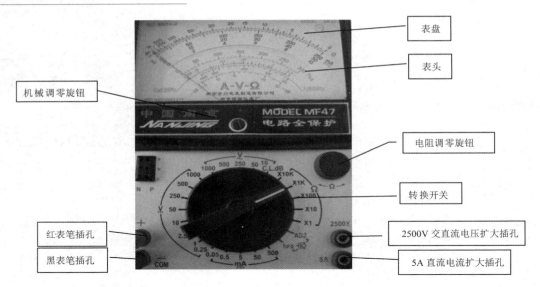

图 1.1　MF47 型万用表面板

（2）表盘。表盘由多种刻度线及带有说明文字的各种符号组成。只有正确理解各种刻度线的读数方法和各种符号所代表的意义，才能熟练、准确地使用万用表。

表盘上的符号 A-V-Ω 表示这只表是可以测量电流、电压和电阻的多用表。表盘上印有多条刻度线，其中右端标有"Ω"的是电阻刻度线，其右端表示零，左端表示∞，刻度值分布是不均匀的；符号"—"表示直流；"～"表示交流；"≈"表示交流和直流共用的刻度线；hFE 表示晶体管放大倍数刻度线；dB 表示分贝电平刻度线。

（3）转换开关。转换开关用来选择被测电量的种类和量程（或倍率），是一个多挡位的旋转开关。MF47 型万用表的测量项目包括电流、直流电压、交流电压和电阻。每个挡位又划分为几个不同的量程（或倍率）以供用户选择。

当转换开关拨到电流挡时，可分别与五个接触点接通，用于 500mA、50mA、5mA、0mA 和 50μA 量程的电流测量；当转换开关拨到电阻挡时，可分别用×1、×10、×100、×1k、×10k 倍率测量电阻；当转换开关拨到直流电压挡时，可用于 0.25V、1V、2.5V、10V、50V、250V、500V 和 1000V 量程的直流电压测量；当转换开关拨到交流电压挡时，可用于 10V、50V、250V、500V、1000V 量程的交流电压测量。

（4）机械调零旋钮和电阻调零旋钮。机械调零旋钮的作用是调整表针静止时的位置。万用表在进行任何测量时，其表针都应指在表盘刻度线左端"0"的位置上，如果不在这个位置，则可调整该旋钮使其到位。

电阻调零旋钮的作用：当红、黑两表笔短接时，表针应指在电阻（欧姆）挡刻度线的右端"0"的位置，如果不指在"0"的位置，则可调整该旋钮使其到位。需要注意的是，每转换一次电阻挡的量程，都要调整该旋钮，使表针指在"0"的位置上，以减小测量的误差。

（5）表笔插孔。表笔分为红、黑两支，在使用时应将红表笔插入标有"+"号的插孔中，将黑表笔插入标有"—"号的插孔中。另外，MF47 型万用表还提供 2500V 交直流电压扩大插孔及 5A 直流电流扩大插孔，在使用时分别将红表笔移至对应插孔即可。

2）指针式万用表的使用

在使用前，应检查指针是否指在机械零位，如果不指在机械零位，则可旋转机械调零旋钮使指针指示在机械零位。

将红、黑表笔分别插入"+""-"插孔中,在测量交直流 2500V 或直流 5A 时,红表笔应分别插到标有"2500V"或"5A"的插孔中。

(1) 直流电流的测量:在测量 0.05~500mA 的电流时,转动转换开关至所需电流挡;在测量 5A 的电流时,可转动转换开关将其置于 500mA 直流电流量限上而后将万用表串接于被测电路中。

(2) 交直流电压的测量:在测量交流 10~1000V 或直流 0.25~1000V 的电压时,转动转换开关至所需电压挡;在测量交直流 2500V 的电压时,转换开关应分别旋转至交流 1000V 挡或直流 1000V 挡,而后将表笔跨接于被测电路两端。

(3) 电阻的测量:装上电池(1.5V 及 9V 各一节),转动转换开关至所需测量的电阻挡,将两根表笔短接,调整电阻调零旋钮,使指针对准欧姆零位(若不能指示欧姆零位,则说明电池电压不足,应更换电池),然后将两表笔跨接于被测电路的两端进行测量。

当需要准确测量电阻时,应选择合适的电阻挡位,使指针能够指向表盘刻度中间三分之一区域。

在测量电路中的电阻时,应先切断电路电源,如果电路中有电容器,则应先行放电。

当检查电解电容器漏电电阻时,可转动转换开关到 R×1kΩ 挡,红表笔必须接电容器负极,黑表笔必须接电容器正极。

(4) 音频电平的测量:在一定的负荷阻抗上,用于测量放大极的增益和线路输送的损耗,测量单位用分贝表示。

音频电平与功率电压的关系式为

$$N_{dB}=10\log 10 P_2/P_1=20\log 10 U_2/U_1$$

音频电平的刻度系数按 0dB=1mW600Ω 输送线标准设计,即

$$U_1=(P_2)1/2=(0.001\times 600)1/2=0.775V$$

式中,P_2、U_2 分别为被测功率或被测电压。

音频电平是以交流 10V 为基准刻度的,当指示值大于+22dB 时可以在 50V 以上各量限测量音频电平。音频电平值可按表 1.1 所列值修正。

表 1.1 音频电平测量

量 限	按音频电平刻度增加值	音频电平的测量范围
0 dB	−10~+22 dB	0~10V
14 dB	+4~+36 dB	0~50V
28 dB	+18~+50 dB	0~250V
34 dB	+24~+56 dB	0~500V

音频电平与交流电压的测量方法基本相似,转动转换开关至相应的交流电压挡,并使指针有较大的偏转。当被测电路中有直流电压成分时,可在"+"插孔中串接一个 0.1μF 的隔离电容器。

(5) 电容的测量:转动转换开关至交流 10V 挡,被测电容器串接于任一表笔,而后跨接于 10V 交流电压电路中进行测量。

(6) 电感的测量:测量方法与电容测量方法相同。

(7) 晶体管直流放大倍数 h_{FE} 的测量:先转动转换开关至晶体管调节 ADJ 挡,将红、黑表笔短接,调节电阻调零旋钮,使指针对准 300hFE 刻度线,然后转动转换开关到 hFE 挡,将要测的晶体引脚分别插入晶体管测试座的 E、B、C 管座内,指针偏转所示数值约为

第 1 章 常用仪表仪器的使用

晶体管的直流放大倍数值。N 型晶体管应插入 N 型管孔内，P 型晶体管应插入 P 型管孔内。

3）指针式万用表的使用注意事项

（1）在使用万用表之前，应先进行"机械调零"，即在没有被测电量时，使万用表指针指在零电压或零电流的位置。

（2）在使用万用表的过程中，不能用手接触表笔的金属部分，这样一方面可以保证测量的准确，另一方面可以保证人身安全。

（3）在测量某一电量时，不能在测量的同时换挡，尤其是在测量高电压或大电流时更应注意；否则，会使万用表毁坏。如果需要换挡，则应先断开表笔，换挡后再进行测量。

（4）在使用万用表时必须将其水平放置，以免造成误差。同时，要注意避免外界磁场对万用表的影响。

（5）万用表使用完毕，应将转换开关置于交流电压的最大挡。如果长期不使用，还应将万用表内部的电池取出来，以免电池腐蚀表内其他元器件。

4．测量技巧

1）测量喇叭、耳机、动圈式话筒

此时应用 R×1Ω 挡，一表笔接一端，另一表笔点触另一端，正常时会发出清脆响亮的"哒"声。如果不响，则是线圈断了；如果响声小而尖，则是擦圈有问题，也不能继续使用。

2）测量电容

此时应用电阻挡，根据电容器容量选择适当的量程，注意在测量电解电容器时，黑表笔要接电容器正极。

（1）估测微法级电容器容量的大小。可凭经验或参照相同容量的标准电容器，根据指针摆动的最大幅度来判定。所参照的电容器耐压值不需要与被测电容器的耐压值一样，只要容量相同即可。例如，估测一个 100μF/250V 的电容器可参照一个 100μF/25V 的电容器，只要它们的指针摆动最大幅度一样，即可断定容量一样。

（2）估测皮法级电容器容量的大小。要用 R×10kΩ 挡，只需要测到 1000pF 的电容值即可。对于 1000pF 或稍大一点的电容器，只要指针稍有摆动，即可认为容量足够了。

（3）测电容器是否漏电。对于 1000μF 以上的电容器，可先用 R×10Ω 挡对其快速充电，并初步估测电容器容量，然后切换至 R×1kΩ 挡继续测量，这时指针不应回返，而应停在或十分接近 ∞ 处，否则有漏电现象。对于一些几十微法以下的定时或振荡电容器（如电视机开关电源的振荡电容器），其漏电特性要求非常高，只要稍有漏电就不能使用，这时可在 R×1kΩ 挡充完电后改用 R×10kΩ 挡继续测量，指针应同样停在 ∞ 处而不应回返。

（4）在电路中测量二极管、晶体管、稳压管的好坏。因为在实际电路中，晶体管的偏置电阻器或二极管、稳压管的周边电阻一般比较大，其阻值大都在几百或几千欧姆，这样可以用万用表的 R×10Ω 或 R×1Ω 挡来测量 PN 结的好坏。在电路中测量时，用 R×10Ω 挡测 PN 结应有较明显的正反向特性（如果正反向电阻值相差不太明显，则可改用 R×1Ω 挡来测量），一般正向电阻值在用 R×10Ω 挡测量时指针应为 200Ω 左右，在用 R×1Ω 挡测量时指针应指示在 30Ω 左右（不同表型可能略有出入）。如果测量结果是正向电阻值太大或反向电阻值太小，则说明 PN 结有问题，这个晶体管也就有问题。这种方法在维修晶体管时特别有效，可以快速地找出坏管，甚至可以测出尚未完全坏掉但特性变坏的晶体管。例如，当用小阻值挡测得某个 PN 结正向电阻值过大时，如果把该 PN 结焊下来用常用的 R×1kΩ 挡再测量，可能还是正常的，但其实这个晶体管的特性已经变坏，不能正常工作或不稳定了。

（5）测量电阻。重要的是要选好量程，当指针指示在 1/3～2/3 满量程时测量精度最高，读数最准确。需要注意的是，在用 R×10kΩ 挡对兆欧级的电阻器进行测量时，不可将手指捏在电阻器两端，否则人体电阻会导致测量结果偏小。

（6）测量稳压二极管。通常所用的稳压二极管的稳压值大于 1.5V，而指针或万用表的 R×1kΩ 以下的电阻挡是用表内的 1.5V 电池供电的，这样，用 R×1kΩ 以下的电阻挡测量稳压二极管就如同测量二极管一样，具有完全的单向导电性。但指针或万用表的 R×10kΩ 挡是用 9V 或 15V 电池供电的，在用 R×10kΩ 挡测量稳压值小于 9V 或 15V 的稳压二极管时，反向电阻值就不是∞，而是某一具体阻值，但这个阻值会大大高于稳压二极管的正向电阻值。如此，可以初步估测出稳压二极管的好坏。但是，好的稳压二极管还要有准确的稳压值，业余条件下怎么估测出这个稳压值呢？此时，再使用一个指针或万用表即可，具体方法如下。

先将一个万用表置于 R×10kΩ 挡，其黑、红表笔分别接在稳压二极管的阴极和阳极，这时就可以模拟出稳压二极管的实际工作状态，再取另一个万用表置于电压挡 V×10V 或 V×50V（根据稳压值决定），将红、黑表笔分别搭接到置于 R×10kΩ 挡的万用表的黑、红表笔上，这时测出的电压值基本上就是这个稳压二极管的稳压值。这里说"基本上"是因为第一个万用表对稳压二极管的偏置电流比正常使用时的稳压二极管偏置电流稍小些，所以测出的稳压值会偏大一点，但相差不大。这个方法只可估测稳压值小于指针或万用表高压电池电压的稳压二极管的稳压值。如果稳压二极管的稳压值太高，则只能用外加电源的方法来测量（这样看来，在选用指针或万用表时，选用电池电压为 15V 的要比 9V 的更合适）。

（7）测量晶体管。通常要用 R×1kΩ 挡，不管是 NPN 管还是 PNP 管，不管是小功率、中功率还是大功率管，在测量其 BE 结、CB 结时都应呈现与二极管完全相同的单向导电性，反向电阻值无穷大，其正向电阻值在 10kΩ 左右。为进一步估测晶体管特性的好坏，必要时还应变换电阻挡位进行多次测量，具体方法如下。

在用 R×10Ω 挡测 PN 结正向导通电阻时，阻值在 200Ω 左右；在用 R×1Ω 挡测 PN 结正向导通电阻时，阻值在 30Ω 左右。以上为 MF47 型万用表测得数据，其他型号的万用表会略有不同。如果读数偏大太多，则可以断定晶体管的特性不好。还可将万用表置于 R×10kΩ 挡再测，耐压很低的晶体管（晶体管的耐压基本上都在 30V 以上），其 CB 结反向电阻值也应为∞，但在测量 BE 结的反向电阻时，指针会稍有偏转（一般不会超过满量程的 1/3，根据晶体管的耐压不同而不同）。同样，在用 R×10kΩ 挡测量 EC 间（NPN 管）或 CE 间（PNP 管）的电阻时，指针可能略有偏转，但这并不代表晶体管是坏的。但在用 R×1kΩ 以下挡位测量 CE 或 EC 间电阻时，指针指示应为无穷大，否则晶体管就有问题。需要说明的一点是，以上测量是针对硅晶体管而言的，对锗晶体管不适用。另外，所说的"反向"是针对 PN 结而言的，NPN 管和 PNP 管的 PN 结方向实际上是不同的。

1.1.2 数字万用表

与模拟万用表相比，数字万用表在准确度、分辨力和测量速度等方面都有着极大的优越性。下面以常见的 VC9801 数字万用表为例介绍数字万用表的使用方法。

VC9801 数字万用表由液晶显示屏、量程转换开关和表笔插孔等组成，最大显示数字为 1999，属于 3 位半数字万用表。VC9801 数字万用表有较大的电压和电流测量范围，其可测量的直流电压范围为 0~1000V，交流电压范围为 0~700V，交直流电流范围均为 0~20A。

1．数字万用表的种类

数字万用表按工作原理（按 A/D 转换电路的类型）可分为比较型、积分型、V/T 型、复合型。使用较多的是积分型数字万用表，其中 3 位半数字万用表的应用最为普遍。

2．数字万用表的特点

数字万用表的特点：读数清晰、读数准确、使用方便、准确度高、分辨力高、测量速率快、自动化和智能化程度很高、具有完善的保护电路、输入阻抗高、可测量参数多。

3．数字万用表的基本结构

数字万用表主要由直流数字电压表（DVM）和功能转换器构成。其中直流数字电压表由数字及模拟两部分构成，主要包括 A/D（模拟/数字）转换器、液晶显示屏、逻辑控制电路等。

4．数字万用表的技术特性

数字万用表的使用说明书常注明下列技术参数。

① 测量准确度；
② 测量范围；
③ 测量速率；
④ 输入阻抗；
⑤ 测试功能；
⑥ 量程；
⑦ 显示位数；
⑧ 分辨力与分辨率；
⑨ 保护功能。

5．数字万用表的使用

1）数字万用表的面板

数字万用表的面板如图 1.2 所示。

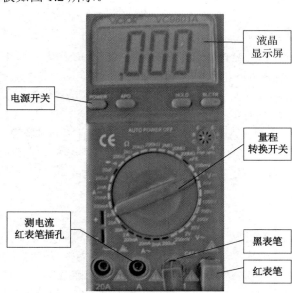

图 1.2　数字万用表的面板

2）电阻挡的使用

（1）在使用电阻挡时应注意的事项及操作方法如下。

① 在测量电阻时，应将红表笔插入 V/Ω 插孔，将黑表笔插入 COM 插孔。

② 将量程转换开关置于"Ω"的范围内并选择所需的量程。

③ 打开数字万用表的电源，进行使用前的检查：将两表笔短接，液晶显示屏应显示 0.00Ω；将两表笔开路，液晶显示屏应显示溢出符号"1"。以上两个显示都正常时，表明该表可以正常使用，否则不能使用。

④ 检测时将两表笔分别接在被测元器件的两端或电路的两端即可。

（2）在测试时，若液晶显示屏显示溢出符号"1"，则表明量程选得不合适，应改换更大的量程进行测量。

（3）在测试中，若显示值为"000"，则表明被测电阻器已经短路；若显示值为"1"（量程选择合适的情况下），则表明被测电阻器的阻值为∞。

3）电压挡的使用

（1）在使用电压挡时应注意以下几点。

① 选择合适的量程，当无法估计被测电压的大小时，应先选择最高量程进行测量。

② 在测量电压时，数字万用表要与被测电路并联。

③ 在数字万用表的低电位上会出现不规律变化的数字跳跃现象，此现象为正常现象。

④ 在测量较高的电压时，不论是直流还是交流，都禁止拨动量程转换开关。

⑤ 在测量电压时不要超过标示的最高值。

⑥ 在测量交流电压时，最好把黑表笔接到被测电压的低电位端。

⑦ 数字万用表虽有自动转换极性的功能，但为避免测量误差的出现，在进行直流电压的测量时，应使表笔的极性与被测电压的极性相对应。

⑧ 被测电压的频率最好在规定的范围内，以保证测试的准确。

⑨ 在测量较高的电压时，不要用手直接碰触表笔的金属部分。

⑩ 在测量电压时，若数字万用表的液晶显示屏显示溢出符号"1"，则说明已发生超载；当数字万用表的液晶显示屏显示"000"或出现数字跳跃现象时，应及时更换挡位。

（2）直流电压的实测方法如下。

① 将红表笔插入 V/Ω 插孔，将黑表笔插入 COM 插孔。

② 将量程转换开关置于 DCV 挡的合适量程。

（3）交流电压的实测方法如下。

① 将红表笔插入 V/Ω 插孔，将黑表笔插入 COM 插孔。

② 将量程转换开关置于 ACV 挡的合适量程。

4）电流挡的使用

（1）在使用电流挡时应注意以下几点。

① 应把数字万用表串联到被测电路中，表笔的极性可以不考虑。

② 当被测电流大于 200mA 时，应将红表笔插入 20A 插孔。

③ 如果液晶显示屏显示溢出符号"1"，则表示被测电流已超出所选量程最大值，此时应改换合适的量程。

④ 在测量电流的过程中，不能拨动量程转换开关。

（2）直流电流挡的实操方法如下。

① 将量程转换开关置于 DCA 或 A 挡的合适量程。

第 1 章 常用仪表仪器的使用

② 将红表笔插入 A 或 mA 插孔，将黑表笔插入 COM 插孔。

(3) 交流电流挡的实操方法如下。

① 将红表笔插入 mA 或 20A 插孔，将黑表笔插入 COM 插孔。

② 将量程转换开关置于 ACA 或 A～挡的合适量程。

5）二极管挡的使用

(1) 在使用二极管挡时，液晶显示屏显示的值是二极管的正向压降值，单位为 mV。

(2) 在正常情况下，硅二极管的正向压降为 0.5～0.7V，锗二极管的正向压降为 0.15～0.3V。根据这一特点可以判断被测二极管是硅二极管还是锗二极管。

(3) 检测普通二极管好坏的方法。

① 将红表笔接在被测二极管的正极。

② 将黑表笔接在被测二极管的负极。

③ 将数字万用表的开关置于 ON，此时液晶显示屏显示的就是被测二极管的正向压降。

④ 如果被测二极管是好的，在正偏时，硅二极管应有 0.5～0.7V 的正向压降，锗二极管应有 0.15～0.3V 的正向压降；在反偏时，硅二极管与锗二极管均显示溢出符号"1"。

⑤ 在测量时，若正反向均显示"000"，则表明被测二极管已经击穿，即已短路。

⑥ 在测量时，若正反向均显示溢出符号"1"，则表明被测二极管内部已经开路。

6．指针式万用表和数字万用表的选用

(1) 指针式万用表测量精度较差，但指针摆动的过程比较直观，其摆动速度、幅度有时也能比较客观地反映被测量的大小（如测量电视机数据总线在传送数据时的轻微抖动）；数字万用表读数直观，但数字变化的过程看起来很杂乱，不太容易观察。

(2) 指针式万用表内一般有两块电池：一块是低电压的 1.5V，另一块是高电压的 9V 或 15V，其黑表笔相对红表笔来说是正端。数字万用表则常用一块 6V 或 9V 的电池。在电阻挡，指针式万用表的表笔输出电流比数字万用表的表笔输出电流要大很多，用 R×1Ω 挡可以使扬声器发出响亮的"哒"声，用 R×10kΩ 挡甚至可以点亮发光二极管。

(3) 在电压挡，指针式万用表内阻比数字万用表内阻小，测量精度较差，在某些高电压微电流的场合甚至无法测准，因为其内阻会对被测电路造成影响（如在测量电视机显像管的加速级电压时，测量值会比实际值低很多）。数字万用表电压挡的内阻很大，至少为兆欧级，对被测电路影响很小，但极高的输出阻抗使其易受感应电压的影响，在一些电磁干扰比较强的场合测出的数据可能是虚的。

(4) 在相对大电流高电压的模拟电路测量中适合使用指针式万用表，如电视机、音响功放。在低电压小电流的数字电路测量中适合使用数字万用表，如手机等。但这并不是绝对的，可根据实际情况选用指针式万用表和数字万用表。

1.2 直流稳压电源

1．直流稳压电源的用途及分类

基于电子技术的特性，电子设备对电源电路的要求是，电源电路能够提供持续稳定、满足负载要求的电能，且通常情况下要能提供稳定的直流电能。提供这种稳定的直流电能的电源就是直流稳压电源。

稳压电源按输出电源的类型可分为直流稳压电源和交流稳压电源；按稳压电路与负载

的连接方式可分为串联稳压电源和并联稳压电源；按调整管的工作状态可分为线性稳压电源和开关稳压电源；按电路类型可分为简单稳压电源和反馈型稳压电源。

2．直流稳压电源的技术指标

下面以YB1700系列直流稳压电源为例进行说明，相关技术指标如表1.2和表1.3所示。

表1.2　单路稳压电源技术指标

型号		YB1721 YB1721A/B	YB1722 YB1722A/B	YB1725 YB1725A	YB1730 YB1730A	YB1731 YB1731A	YB1760 YB1760A
输出电压		0～32V					0～60V
输出电流		0～2A	0～3A	0～5A	0～10A	0～20A	0～5A
负载效应	CV	$(5\times10^{-4}+1)$mV					
	CC	20mA					
源效应	CV	$(1\times10^{-4}+0.5)$mV					
	CC	$(1\times10^{-4}+5)$mA					
纹波噪声	CV	1mV RMS					
	CC	1mA RMS					
显示精度		2.5级/≤±1%+2字节					
工作温度		0～40℃					
可靠性		≥2000h					
冷却方式		自然通风冷却					

表1.3　双路稳压电源技术指标

型号		YB1711/B		YB1713		YB1719A/B		YB1720		YB1720A	
		主路	从路	主路	从路	主路	从路	主路	从路	主路	从路
输出电压		0～32V									
输出电流		0～2A		0～3A				0～5A			
负载效应	CV	$(5\times10^{-4}+1)$mV									
	CC	20mA									
源效应	CV	$(1\times10^{-4}+0.5)$mV									
	CC	$(1\times10^{-4}+5)$mA									
纹波噪声	CV	1mV RMS									
	CC	1mA RMS									
分辨率	CV	20mV									
	CC	50mA									
相互效应	CV	$(5\times10^{-5}+1)$mV									
	CC	<0.5mA									
跟踪误差		$(1\pm1\%)\times10$mV									
显示精度		±1%+2字节		2.5级		±1%+2字节		2.5级		±1%+2字节	
工作温度		0～40℃									
储存温度		0～45℃									
可靠性		2000h									

3．YB1719直流稳压电源面板操作说明

YB1719直流稳压电源面板如图1.3所示。

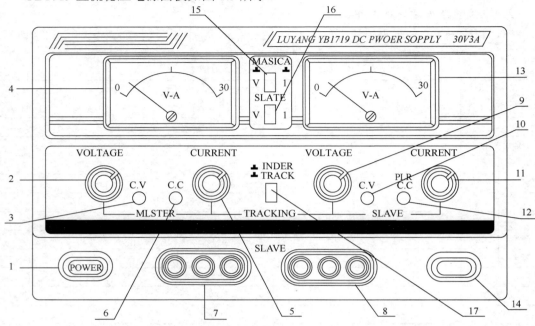

1—电源开关；2—电压调节旋钮1；3—恒压指示灯1；4—显示窗口1；5—电流调节旋钮1；6—恒流指示灯1；7—输出端口1；8—输出端口2；9—电压调节旋钮2；10—恒压指示灯2；11—电流调节旋钮2；12—恒流指示灯2；13—显示窗口2；14—固定5V输出端口；15—主路电压/电流开关；16—从路电压/电流开关；17—跟踪开关（TRACK）

图1.3　YB1719直流稳压电源面板

1）电源开关（POWER）

电源开关按钮弹出即可关断电源；将电源线接入，按电源开关，即可接通电源。

2）电压调节旋钮（VOLTAGE）1

在单路直流稳压电源中，此为输出电压粗调旋钮。在多路直流稳压电源中，此为主路电压调节旋钮，顺时针调节时，电压由小变大；逆时针调节时，电压由大变小。

3）恒压指示灯（C.V）1

当主路处于恒压状态时，恒压指示灯1亮。

4）显示窗口1

在单路直流稳压电源中，此为电压显示窗口（机械表头或LED、LCD），显示输出电压值。

在多路直流稳压电源中，此窗口显示主路输出电压或电流值。

5）电流调节旋钮（CURRENT）1

在单路直流稳压电源中，此为输出电流粗调旋钮。

在多路直流稳压电源中，此为主路电流调节旋钮，顺时针调节时，电流由小变大；逆时针调节时，电流由大变小。

6）恒流指示灯（C.C）1

在单路直流稳压电源中，无此指示灯。

在多路直流稳压电源中，此为主路恒流指示灯，当主路处于恒流状态时，此灯亮。

7）输出端口 1

在单路直流稳压电源中，此为输出端口。

在多路直流稳压电源中，此为主路输出端口。

8）输出端口 2

在单路直流稳压电源中，此为输出端口。

在多路直流稳压电源中，此为从路输出端口。

9）电压调节旋钮（VOLTAGE）2

在单路直流稳压电源中，此为输出电压细调旋钮。

在多路直流稳压电源中，此为从路电压调节旋钮，顺时针调节时，电压由小变大；逆时针调节时，电压由大变小。

10）恒压指示灯（C.V）2

此为从路恒压指示灯，当从路处于恒压状态时，此灯亮。

11）电流调节旋钮（CURRENT）2

在单路直流稳压电源中，此为输出电流细调旋钮。

在多路直流稳压电源中，此为从路电流调节旋钮，顺时针调节时，电流由小变大；逆时针调节时，电流由大变小。

12）恒流指示灯（C.C）2

在单路直流稳压电源中，此为恒流指示灯，当输出处于恒流状态时，此灯亮。

在多路直流稳压电源中，此为从路恒流指示灯，当从路处于恒流状态时，此灯亮。

13）显示窗口 2

在单路直流稳压电源中，此为电流显示窗口。

在多路直流稳压电源中，此窗口显示从路输出电压或电流值。

14）固定 5V 输出端口

此端口输出固定 5V 电压（仅 YB1718、YB1719 直流稳压电源有此端口）

15）主路电压/电流开关

在单路直流稳压电源中，无此开关。

在多路直流稳压电源中，此开关按钮弹出，显示窗口 1 显示为主路输出电压值；此开关按钮按下，显示窗口 1 显示为主路输出电流值。

16）从路电压/电流开关

在单路直流稳压电源中，无此开关。

在多路直流稳压电源中，此开关按钮弹出，显示窗口 2 显示为从路输出电压值；此开关按钮按下，显示窗口 2 显示为从路输出电流值。

17）跟踪开关（TRACK）

在单路直流稳压电源中，无此开关。

在多路直流稳压电源中，当此开关按钮按下时，主路与从路的输出正端相连，为并联跟踪；调节主路电压或电流调节旋钮，从路的输出电压或电流跟随主路变化，主路的负端接地，从路的正端接地，为串联跟踪。

4．直流稳压电源的使用方法

接通电源前先检查输入的电压，将电源线插入直流稳压电源后面板的交流插孔中，按表 1.4 所列内容设定各个控制键。

所有控制键按表 1.4 所列内容设定后，接通电源。

1）一般检查

（1）调节电压调节旋钮，显示窗口中显示的电压值会发生变化。顺时针调节电压调节旋钮时，指示值由小变大；逆时针调节时，指示值由大变小。

表 1.4　直流稳压电源的使用方法

控　制　键	使　用　操　作
电源开关（POWER）	电源开关按钮弹出
电压调节旋钮（VOLTAGE）	调至中间位置
电流调节旋钮（CURRENT）	调至中间位置
跟踪开关（TRACK）	跟踪开关按钮弹出

（2）双路输出端口应有输出。

（3）固定 5V 输出端口应有 5V 输出。

（4）双路输出可调电源的独立使用。

2）使用注意事项

（1）避免过冷和过热，不可在寒冷时放在室外使用，仪器工作温度应为 0～40℃。

（2）注意相对湿度及灰尘。如果将仪器放在湿度大或灰尘多的地方，可能导致仪器操作出现故障，较佳使用相对湿度为 35%～90%。

（3）直流稳压电源应避免放置在有强烈振动的地方，周围应无酸、碱等腐蚀性气体，否则仪器容易出现故障。

（4）避免将仪器放置在有磁性物体和存在强磁场的地方，由于仪器的表头对电磁场较为敏感，因此不可在具有强烈磁场作用的地方操作仪器，不可使磁性物体靠近仪器，应避免强阳光或紫外线对仪器的直接照射。

（5）不可将物体放置在直流稳压电源上，注意不要堵塞仪器通风孔。

1.3　交流毫伏表

下面以 YB2172 交流毫伏表为例介绍交流毫伏表的主要技术特性和面板布置。

1．主要技术特性

（1）交流电压测量范围：100μV～300V。

（2）输入电阻：1～300mV 时，为 $(1\pm 10\%)\times 8M\Omega$；1～300V 时，为 $(1\pm 10\%)\times 10M\Omega$。

（3）输入电容：1～300mV 时，小于 45pF；1～300V 时，小于 30pF。

（4）输入最大电压：AC 峰值+DC=600V。

（5）放大器。

① 输出电压：在每个量程上，当指针指示在满刻度"1.0"位置时，输出电压应为 1V（输出端不接负载）。

② 频率特性：10Hz～500kHz。

③ 输出电阻：600Ω。

（6）电源电压：220V。

2．面板布置

YB2172 交流毫伏表的面板如图 1.4 所示。

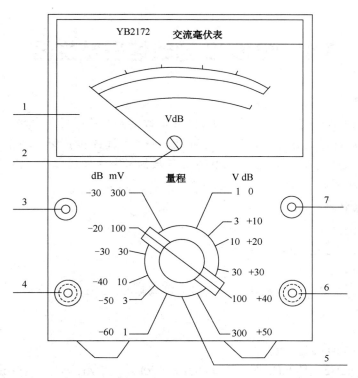

1—表头；2—调零螺钉；3—电源开关；4—输入端；5—量程旋钮；6—输出端；7—指示灯

图 1.4　YB2172 交流毫伏表的面板

（1）表头。

（2）调零螺钉。在未接通电源前，用一个绝缘起子调节调零螺钉，使指针指零。

（3）电源开关。按下电源开关按钮，电源即接通。

（4）输入端。输入端用来输入被测量电压。

（5）量程旋钮。这个旋钮是用来选择满刻度值的，在每一挡位，满刻度的电压值是用黑色标明的，而 0dB 刻度的绝对电平同 dB 示值。

（6）输出端。当交流毫伏表用作放大器时，这是"信号"输出端。在量程转换开关的每一挡位，当指针指示在满刻度"1.0"位置时，得到 1V 的有效电压。

（7）指示灯。当按下电源开关按钮后，指示灯亮。

3．交流毫伏表的使用注意事项

（1）电源电压应该是额定值 220V。

（2）应在电源断开时进行机械零位调整。

（3）该仪表的最大输入电压为 AC 峰值+DC=600V，在使用时不应超过此数值。

（4）该仪表按正弦波的有效值校准，输入电压波形的谐波失真会引起读数的不准确。

（5）当被测量的电压很小时，或者被测量电压源阻抗很高时，会受到外部噪声的影响，可利用屏蔽电缆减小或消除噪声干扰。

（6）仪表使用步骤：仪表接通电源，预热 15min 后即可进行测量。

1.4　YB1602 函数信号发生器

1．主要用途

YB1602 函数信号发生器是一种多功能、6 位数字显示的信号发生器，可产生正弦波、三角波、方波、对称可调脉冲波和 TTL 脉冲波，并具有短路报警保护功能。其中，正弦波具有最大为 10W 的功率输出。此外，YB1602 函数信号发生器还具有 VCF 输入控制、直流电平连续调节和频率计外接测频等功能。

2．主要技术特性

（1）频率范围。

电压输出时：0.2Hz～2MHz，分七挡。

正弦波功率输出时：0.2Hz～200kHz。

（2）波形：正弦波、三角波、方波、对称可调脉冲波、TTL 脉冲波。

（3）方波前沿：小于 100ns。

（4）正弦波。

失真：10～100Hz 时，<1%。

频率响应：0.2Hz～100kHz 时，≤±0.5dB；100kHz～2MHz 时，≤±1dB。

（5）TTL 输出。

电平：高电平大于 2.4V，低电平小于 0.4V，能驱动 20 个 TTL 负载。

上升时间：≤40ns。

（6）电压输出。

阻抗：（1±10%）×50Ω。

幅度：≤20U_{p-p}（空载）。

衰减：20dB、40dB、60dB。

直流偏置：−10～+10V，连续可调。

正弦波功率输出：输出功率为 10W_{max}（f≤100kHz）、5W_{max}（f≤200kHz）；输出幅度为≤20U_{p-p}。

保护功能：输出端短 8DEF 时报警，切断信号，并具有延时恢复功能。

（7）脉冲占空比调节范围：（20∶80）～（80∶20），f≤1MHz。

（8）VCF 输入。

输入电压：−5～0V。

最大压控比：1000∶1。

输入信号：DC～1kHz。

（9）频率计。

测量范围：1Hz～2MHz，6 位 LED 数字显示。

输入阻抗：不小于 1MΩ/20pF。

灵敏度：100mV。

最大输入：150V（AC+DC）（带衰减器）。

输入衰减：20dB。

测量精度：5 位，±1%，±1 字节。

3．面板说明及功能

YB1602 函数信号发生器面板如图 1.5 所示。

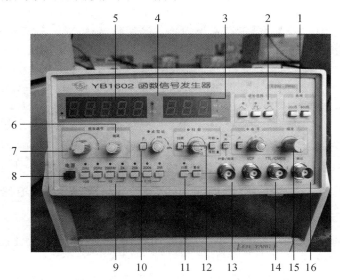

1—衰减开关；2—波形选择按钮；3—输出波形显示窗口；4—kHz 显示窗口；5—数字 LED；6—频率微调旋钮；
7—频率调节旋钮；8—电源开关；9—频率输出范围选择按钮；10—占空比开关；11—计数、复位开关；
12—扫频开关；13—计数/频率输入端口；14—同步输出端口；15—幅度调节旋钮；16—电压输出端口

图 1.5　YB1602 函数信号发生器面板

（1）衰减开关（dB）：按下此开关按钮可产生 20dB 或 40dB 的衰减；若两只开关按钮同时按下，则可产生 60dB 的衰减。

（2）波形选择按钮：可以进行输出波形的选择，当选择方波时，与占空比开关配合使用可以改变脉冲占空比。

（3）输出波形显示窗口。

（4）kHz 显示窗口：指示频率单位，指示灯亮时有效。

（5）数字 LED：所有内部产生频率或外测时的频率均由该 LED 显示。

（6）频率微调旋钮：微调工作频率。

（7）频率调节旋钮：选择工作频率。

（8）电源开关：按下此开关按钮，电源接通，频率计显示数值。

（9）频率输出范围选择按钮。

（10）占空比开关：当波形选为脉冲波时，调节占空比旋钮可以改变脉冲的占空比。

（11）计数、复位开关：按下计数开关按钮，数字 LED 开始计数；此时，按下复位开关按钮，数字 LED 显示清零。计数开关按钮弹出时，数字 LED 显示输出信号频率。

（12）扫频开关：按下扫频开关按钮，电压输出端口输出信号为扫频信号，调节扫频速率旋钮，可改变扫频速率，利用线性/对数开关可产生线性扫频或对数扫频。

（13）计数/频率输入端口：当测量外部输入频率时，信号从此端口输入。

(14) 同步输出端口：输出波形为 TTL 脉冲，可作为同步信号。

(15) 幅度调节旋钮：调节幅度调节旋钮可以同时改变电压输出和正弦波功率的输出幅度。

(16) 电压输出端口：电压输出波形由此端口输出，阻抗为 50Ω。

4．使用方法

(1) 确认主电源电压可与信号发生器兼容，将电源线插入信号发生器后面板上的电源插孔，设定各控制键，将电源、衰减、电平、扫频、占空比开关按钮弹出。

(2) 接通电源，将电压输出端口通过连接线与示波器端口相连。

(3) 使信号发生器分别输出正弦波、方波、三角波，并在示波器上显示。

(4) 调节频率调节旋钮，示波器显示的波形及数字 LED 显示的频率将发生明显变化。

(5) 将幅度调节旋钮顺时针旋至最大，示波器显示的波形幅度将大于或等于 $20U_{p-p}$。

(6) 将电平开关按钮按下，顺时针旋转电平旋钮，示波器波形向上移动；逆时针旋转电平旋钮，示波器波形向下移动。最大变化量为±10V，超出范围会被限幅。

(7) 按下衰减开关按钮，输出波形衰减，20dB 衰减为原来的 $\frac{1}{10}$，40dB 衰减为原来的 $\frac{1}{100}$。

(8) 按下复位开关按钮，数字 LED 显示全为"0"。

(9) 按下计数开关按钮，计数/频率输入端口在输入信号时，数字 LED 开始计数。

(10) 按下占空比开关按钮，占空比指示灯亮，调节占空比旋钮，三角波将变成斜波。

(11) 同步输出端口接示波器 Y 轴输入端，示波器显示方波或脉冲波。同步输出端口可作为 TTL/CMOS 数字电路实验时钟信号源。

(12) 按下扫频开关按钮，此时电压输出端口输出的信号为扫频信号。对于线性/对数开关按钮，在扫频状态下弹出时为线性扫频，按下时为对数扫频。调节扫频速率旋钮可改变扫频速率，顺时针调节，增大扫频速率；逆时针调节，减小扫频速率。

(13) 由 VCF（压控调频）输入端口输入 0～5V 的调制信号。此时，电压输出端口输出的信号为压控信号。

1.5 YB4320A 型双踪示波器

1.5.1 双踪示波器旋钮和开关的作用

YB4320A 型双踪示波器面板如图 1.6 所示。

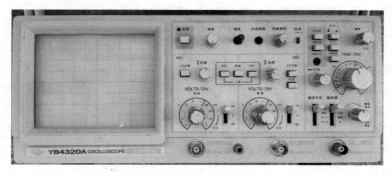

图 1.6 YB4320A 型双踪示波器面板

1. 电源及示波管控制系统

（1）电源开关：用于接通、断开电源。
（2）辉度旋钮：用于调节光迹亮度，顺时针调节，亮度增加；反之，亮度减小。
（3）聚焦旋钮：用于调节光迹及波形的清晰度。
（4）光迹旋转：控制扫描线与水平刻度线平行。
（5）刻度照明旋钮：用于调节显示屏内的 4 个指示灯亮度，以便观察刻度盘读数。
（6）⊥：接地符号，指输入信号源与此仪器连接时的接地端。

2. 垂直系统

（1）垂直通道工作方式选择开关。

CH1 按钮：按下该按钮，显示通道 1 的信号。
CH2 按钮：按下该按钮，显示通道 2 的信号。
CH1、CH2 按钮同时按下：通道 1 和通道 2 的信号双踪显示。在这种方式下，将扫描速度置于低于 0.5m/s 格范围时为断续显示，置于高于 0.2m/s 格范围时为交替显示。
叠加按钮：在此工作方式下，示波器显示屏上显示通道 1 和通道 2 输入端的信号的代数和。通道 2 区域内的极性转换开关可使显示结果为 CH1+CH2 或 CH1-CH2。

（2）位移：垂直位移旋钮，用于控制所显示波形在垂直方向上的移动。顺时针旋转，波形上移；逆时针旋转，波形下移。

（3）VOLTS/DIV 开关：垂直灵敏度选择开关。该开关按 1-2-5 序列分 11 挡选择垂直偏转灵敏度，使显示的波形置于一个易于观察的幅度范围内。要获得校正的偏转灵敏度，位于开关中心的微调旋钮必须置于校正（顺时针旋转到底）位置。当 10∶1 探头连接于示波器的输入端时，显示屏上的读数要乘以 10。

（4）微调：微调旋钮，位于 VOLTS/DIV 开关中心，提供 VOLTS/DIV 开关各校正挡位之间连续可调的偏转灵敏度，常用于示波器的校准。

（5）INPUT：垂直输入插座，通道 1、通道 2 偏转信号的输入端。

（6）×5 扩展按钮：按下该按钮，显示扫描速度扩展 5 倍。

（7）AC-⊥-DC：耦合方式选择开关。

① AC：在此方式下，信号经过一个电容器输入，输入信号的直流分量被隔离，只显示交流分量。
② ⊥：在此方式下，垂直轴放大器输入端接地。
③ DC：在此方式下，输入信号直接送至垂直轴放大器输入端显示，包含信号的直流成分。
④ 反相开关：极性转换开关，用于转换通道 2 显示信号的极性。当开关按钮处于按下状态时，输入通道 2 的信号极性被倒相。

3. 水平系统

（1）位移：水平位移旋钮，用于调整扫描线在水平方向上的移动，顺时针旋转，扫描线向右移动；反之扫描线向左移动。

（2）×5 扩展按钮：按下该按钮，显示扫描速度扩展 5 倍。

（3）TIME/DIV 开关：水平扫描速度开关，按 1-2-5 序列分 18 级选择扫描速度。要得到校正的扫描速度，位于 TIME/DIV 开关中心的微调旋钮必须置于校正（顺时针旋转到底）位置。

（4）微调旋钮：位于 TIME/DIV 开关中心，提供 TIME/DIV 开关各校正挡位之间连续可调的扫描速度。

（5）触发源选择开关：用来选择触发信号。

（6）CH1、CH2：当触发源选择开关置于这两个位置时为内触发。当垂直通道工作方式选择开关的 CH1 和 CH2 按钮按下时，若触发源选择开关处于 CH1 位置，则连接到 CH1 INPUT（X）端的信号用于触发；若触发源选择开关处于 CH2 位置，则连接到 CH2 INPUT（Y）端的信号用于触发。当垂直通道工作方式选择开关的 CH1 或 CH2 按钮按下时，触发源选择开关的位置也应置于 CH1 或 CH2。

（7）EXT：外触发信号加到外触发输入端作为触发源，用于垂直方向上的特殊信号的触发。

（8）触发电平开关：通过调节触发电平来确定扫描波形的起始点，也能控制触发开关的极性。按下状态为正极性，弹出状态为负极性。

（9）触发方式选择开关。

① 自动：扫描可由重复频率为 50Hz 以上的信号和在耦合方式选择开关确定的频率范围内的信号触发。当触发电平旋钮旋至触发范围以外或无触发信号加至触发电路时，由自激扫描产生一个基准扫描线。

② 常态：扫描可由耦合方式选择开关确定的频率范围内的信号触发。当触发电平旋钮旋至触发范围以外或无触发信号加至触发电路时，扫描停止。

③ TV-V：用于观察电视信号中的行信号波形。

④ TV-H：用于观察电视信号中的场信号波形。

（10）INPUT：输入插座，外触发信号或外水平信号输入端。

1.5.2　双踪示波器的基本操作方法

1．准备

（1）确认所用市电电压符合此仪器电压范围。

（2）断开电源，把附带的电源线接到交流电源输入端口和电源插座上。

（3）将下列控制器置于相应的位置。

① 垂直位移旋钮：中间位置。

② 水平位移旋钮：中间位置。

③ 辉度旋钮：顺时针旋到底。

④ 垂直通道工作方式选择开关：CH1 按钮按下。

⑤ 触发方式选择开关：自动。

⑥ TIME/DIV 开关：1ms。

⑦ 微调旋钮：顺时针旋到底。

（4）接通电源，大约 15s 后，出现扫描线。

2．聚焦

（1）调节垂直位移旋钮，使扫描线移至显示屏观测区域的中央。

（2）用辉度旋钮将扫描线的亮度调至所需要的程度。

（3）调节聚焦旋钮，使扫描线清晰。

3．加入信号触发

（1）将下列控制器置于相应的位置。

① AC-⊥-DC（CH1）：DC。

② VOLTS/DIV（CH1）：5mV。

③ 触发源选择开关：CH1。

（2）用附带的探头将"校正输出"信号连接到通道1输入端。

（3）将探头衰减倍率开关设定为"10×"，调节触发电平旋钮使仪器触发。

1.5.3 双踪示波器的测量方法

1．电压的测量

1）定量测量

将 VOLTS/DIV 开关中心的微调旋钮置于校准位置，即可进行电压的定量测量。测量值可由以下公式计算。

（1）用探头的×1位置测量。

电压(V)=VOLTS/DIV 设定值(V/格)×输入信号显示幅度(格)

（2）用探头的×10位置测量。

电压(V)=VOLTS/DIV 设定值(V/格)×输入信号显示幅度(格)×10

2）直流电压的测量

（1）置触发方式选择开关于自动位置，选择合适的扫描速度使扫描不闪烁。

（2）置 AC-⊥-DC 开关于⊥位置。调节位移旋钮，使该扫描线准确地落在水平刻度线上。

（3）置 AC-⊥-DC 开关于 DC 并将被测电压加至输入端。扫描线的垂直位移即信号的电压幅度。如果扫描线上移，则被测电压相对于地电位为正。如果扫描线下移，则被测电压为负。电压值可用上面的公式求出。

例如，将探头衰减倍率开关设定为"10×"，将 VOLTS/DIV 开关置于"0.5V/格"，将微调旋钮置于校正位置，所测得的扫迹偏高 5 格，根据上述公式，被测电压为 0.5V/DIV×5DIV×10=25V。

3）交流电压的测量

按下述方法进行交流电压的测量：调节 VOLTS/DIV 开关，获得一个易于读取的信号幅度，从图 1.7 中读出该信号幅度并用公式计算。当测量叠加在直流电上的交流波形时，将 AC-⊥-DC 开关置于 DC 即可测出包括直流分量的值。如果仅测量交流分量，则将 AC-⊥-DC 开关置于 AC。按这种方法测得的值为峰峰值（$U_{p\text{-}p}$）。正弦波信号的有效值（U_{rms}）可用下式求出

$$U_{rms}=(U_{p\text{-}p})/2\sqrt{2}$$

2．时间的测量

信号波形两点间的时间间隔可用下述方法算出。

置 TIME/DIV 开关中心的微调旋钮于校正位置，读取 TIME/DIV 及"×5 扩展"开关的设定值，用下式计算

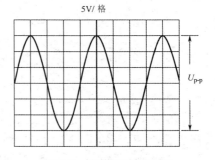

图 1.7 交流电压的测量

时间(s)=TIME/DIV 开关设定值×对应于被测时间的长度(格)×"×5 扩展"开关设定值的倒数

式中,"×5 扩展"开关设定值的倒数在扫描未扩展时为 1,在扫描扩展时为 1/5。

1) 脉冲宽度的测量

脉冲宽度基本测量方法如下。

（1）调节脉冲波形的垂直位置,使脉冲波形的顶部和底部距刻度水平中心线的距离相等,如图 1.8 所示。

（2）调节 TIME/DIV 开关,使信号易于观测。

（3）读取上升沿和下降沿中点间的距离,即脉冲沿与刻度水平中心线相交的两点的距离,用相关公式计算脉冲宽度。

例如,在未使用扫描扩展时,测量一脉冲电压信号,调节 TIME/DIV 开关,并设定为 20μs/格,此时上升沿和下降沿中点间的距离为 2.5 格,则该电压信号的脉冲宽度为

$$20\mu s/格 \times 2.5 格 = 50（\mu s）$$

2) 脉冲上升（或下降）时间的测量

脉冲上升（或下降）时间的测量按如下方法进行。

（1）调节脉冲波形的垂直与水平位置,调节方法与脉冲宽度测量中相同项目的调节方法相同。

（2）在图 1.9 中读取上端 10%点至下端 10%点之间的距离 T 并按相关公式计算时间即可。

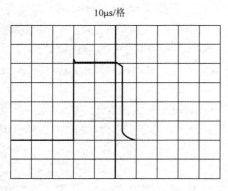

图 1.8　脉冲宽度的测量

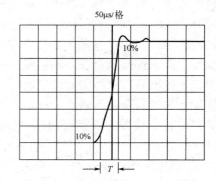

图 1.9　脉冲上升（或下降）时间的测量

3．频率的测量

第一种方法：用时间公式求出输入信号一个周期的时间,然后用下式求出频率。

$$频率(Hz) = 1/周期$$

第二种方法：数出有效区域中 10 格内的重复周期数 N,然后用下式计算频率。

$$频率(Hz) = N/[TIME/DIV 开关设定值 \times 10(格)]$$

当 N 很大（30～50）时,第二种方法比第一种方法的测量精确度高。

例如,示波器的 TIME/DIV 开关设定值为"10μs/格",测得的波形如图 1.10 所示,10 格内重复周期 $N=40$,则该信号的频率为

$$频率 = 40/[10\mu s/格 \times 10(格)] = 400（kHz）$$

4．相位的测量

两个信号间相位差的测量利用了双踪显示功能。图 1.11 给出了一个具有相同频率的超前正弦波和滞后正弦波双踪显示的图形。在此情况下，触发源选择开关必须置于连接超前信号的通道，同时调节 TIME/DIV 开关，使显示的正弦波一个周期的长度为 6 格。此时，1 格刻度代表波形相位为 60°（1 周期=2π=360°）。两个信号之间的相位差可由下式计算得出

$$相位差(°) = T(格) \times 60°$$

式中，T 是超前信号和滞后信号与刻度水平中心线相交的两点间的距离。

$$相位差 = 1.5\ 格 \times 60° = 90°$$

示波器的操作注意事项如下。

（1）示波器上所有旋钮都是逆时针减小、顺时针增加的。

（2）显示屏上的光点不可太亮，尽量将辉度调暗一些，以看得清为准，并尽量避免让电子束固定打在显示屏上的某一点，以免损坏显示屏。

（3）示波器的所有开关及旋钮均有一定的转动范围，不可用力旋转，以免使内部电路发生断路或使旋钮发生错位。如果旋钮发生错位，则可将旋钮逆时针旋到极限位置，对应于周边刻度的起始值，然后顺时针逐挡旋动，找到真实的所需示值位置。

（4）示波器的探头是电缆插头，中心芯线（红接线片）为信号输入端，芯线外有绝缘层和金属屏蔽网的引出线（黑接线片）为接地端，接线时不能混接，否则信号会被短路。

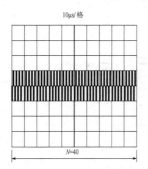

图 1.10　测得的波形

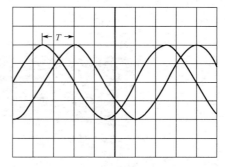

图 1.11　一个具有相同频率的超前正弦波和滞后正弦波双踪显示的图形

1.6　UTD2000E/3000E 系列数字存储示波器

UTD2000E/3000E 系列数字存储示波器是小型、轻便的台式数字存储示波器，具有容易操作的前面板，可以进行基本的测试。

UTD2000E/3000E 系列数字存储示波器的前面板如图 1.12 所示。此面板上包括旋钮和功能按钮，旋钮的功能与其他数字存储示波器旋钮的功能类似；显示屏右侧的一列 5 个按钮为菜单操作按钮（自上而下定义为 F1 键～F5 键），用户可以通过它们设置当前菜单的不同选项；其他按钮为功能按钮，用户可以通过它们进入不同的功能菜单或直接获得特定的功能。

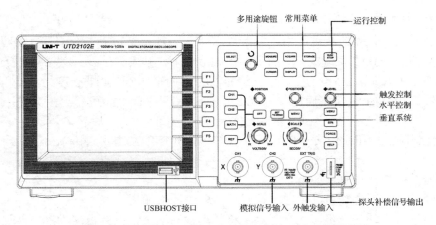

图 1.12　UTD2000E/3000E 系列数字存储示波器的前面板

1．接通数字存储示波器电源

电源的供电电压为交流 100～240V，频率为 45～440Hz。接通电源后，按 UTILITY 按钮并按 F1 键执行，使仪器以最大测量精度优化信号路径并执行自校正程序，进入下一页后按 F1 键，调出出厂设置菜单。上述过程结束后，按 CH1 按钮，进入 CH1 通道菜单。UTD2000E/3000E 系列数字存储示波器面板操作说明如图 1.13 所示。

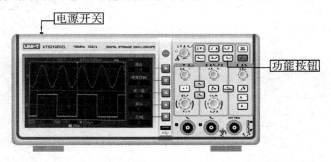

图 1.13　UTD2000E/3000E 系列数字存储示波器面板操作说明

2．数字存储示波器接入信号

UTD2000E/3000E 系列数字存储示波器为双通道输入，另有一个外触发输入通道。可按照如下步骤接入信号。

（1）将数字存储示波器探头连接到 CH1 输入端，并将探头衰减倍率开关设定为 "10×"，如图 1.14 所示。

（2）在数字存储示波器上设置探头衰减系数。

探头衰减系数可改变仪器的垂直挡位倍率，使得测量结果正确反映被测信号的幅值。设置探头衰减系数的方法为，按 F4 键，使菜单显示 "10×"。

（3）把探头的探针和接地夹连接到探头补偿信号的相应连接端上。按 AUTO 按钮，几秒钟内，可见到方波（1kHz，峰峰值约为 3V）显示在显示屏上，如图 1.15 所示。

以同样的方法检查 CH2 通道，按 OFF 按钮关闭 CH1 通道菜单，按 CH2 按钮打开 CH2 通道菜单，重复步骤（2）和步骤（3）。

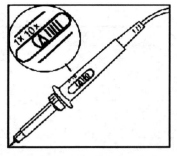

图 1.14 探头衰减倍率开关设定

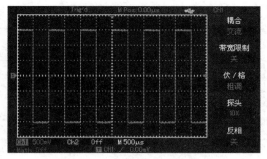

图 1.15 探头补偿信号

3. 探头补偿

在首次将探头与任一输入通道连接时，需要进行探头补偿，使探头与输入通道相匹配。未经补偿校正的探头会产生测量误差或错误。可按如下步骤进行探头补偿。

（1）将探头衰减系数设为"10×"，将探头衰减倍率开关设为"10×"，并将数字存储示波器探头与 CH1 输入端相连。如果使用钩形探头，应确保 CH1 输入端与探头可靠接触。将探头端部与探头补偿器的信号输出连接器相连，接地夹与探头补偿器的地线连接器相连，打开 CH1 通道菜单，按 AUTO 按钮。

（2）观察显示屏上显示的波形，如图 1.16 所示。

（3）如果显示波形补偿不足或补偿过度，则可用非金属手柄的工具调整探头上的可变电容，直到显示屏显示的波形补偿正确为止。

(a) 补偿过度　　　　　　(b) 补偿正确　　　　　　(c) 补偿不足

图 1.16 显示屏上显示的波形

4. 波形显示的自动设置

UTD2000E/3000E 系列数字存储示波器具有自动设置波形显示的功能，根据输入的信号，可自动调整垂直偏转系数、扫描时基及触发方式直至显示合适的波形。在使用波形显示自动设置功能时，要求被测信号的频率大于或等于 50Hz，占空比大于 1%。

在使用波形显示自动设置功能时，要注意以下事项。

（1）将被测信号连接到信号输入通道。

（2）按 AUTO 按钮，数字存储示波器将自动设置垂直偏转系数、扫描时基及触发方式。如果需要进一步仔细观察，则可在自动设置完成后进行手动调整，直至波形显示达到最佳效果。

1.6.1 数字存储示波器的设置

1. 设置垂直系统

CH1、CH2 通道及其设置都有独立的菜单，每个项目都按不同的通道单独设置。按 CH1 或 CH2 按钮，系统显示 CH1 或 CH2 通道菜单。设置垂直系统如表 1.5 所示。

表 1.5　设置垂直系统

功能菜单	设　定	说　明
耦合	交流	阻隔输入信号的直流成分
	直流	通过输入信号的交流和直流成分
	接地	断开输入信号
带宽限制	打开	限制带宽至 20MHz，以减少显示噪声
	关闭	满带宽
伏/格	粗调	粗调按 1-2-5 进制设定垂直偏转系数
	细调	微调可在粗调设置范围内进一步细分，以改善垂直分辨率
探头	1×；10×；100×；1000×	根据探头衰减系数选取其中一个设定值，以保持垂直偏转系数的读数正确
反相	开	启用波形反相功能
	关	波形正常显示

1）设置通道耦合

以信号施加到 CH1 通道为例，被测信号是一含有直流分量的正弦信号。按 F1 键选择为"交流"，设置为交流耦合方式，被测信号含有的直流分量被阻隔，如图 1.17 所示。

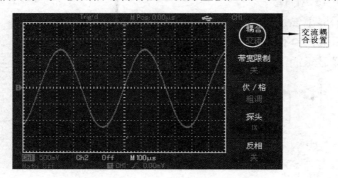

图 1.17　信号的直流分量被阻隔

按 F1 键选择为"直流"，输入 CH1 通道的被测信号的直流分量和交流分量都可以通过，如图 1.18 所示。

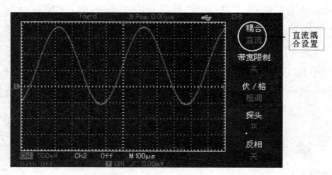

图 1.18　信号的直流分量和交流分量同时被显示

按 F1 键选择为"接地"，将通道设置为接地方式，被测信号中含有的直流分量和交流分量都被阻隔，如图 1.19 所示。

2）设置通道带宽限制

以信号施加到 CH1 通道为例，被测信号是一含有高频振荡的脉冲信号。按 CH1 按钮，打开 CH1 通道菜单，然后按 F2 键，设置带宽限制为"关"，此时 CH1 通道带宽为全带宽，被测信号含有的高频分量都可以通过，如图 1.20 所示。

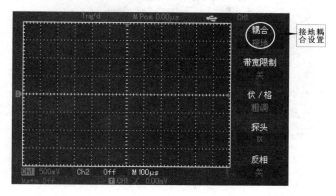

图 1.19　信号的直流分量和交流分量同时被阻隔

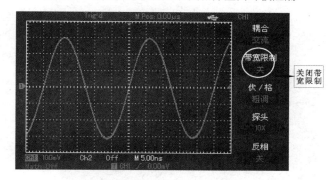

图 1.20　带宽限制关闭时的波形显示

按 F2 键设置带宽限制为"开"，此时被测信号中高于 20MHz 的噪声和高频分量被大幅度衰减，如图 1.21 所示。

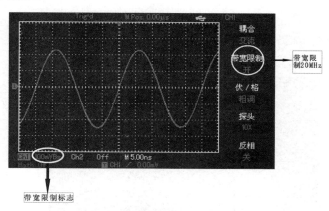

图 1.21　带宽限制打开时的波形显示

3）设定探头衰减系数

为了配合探头的衰减系数设定，需要在通道菜单中设置相应探头衰减系数。如果探头衰减系数为 10∶1，则通道菜单中探头衰减系数应设置成"10×"，其余类推，以确保电压读数正确。图 1.22 为应用 10∶1 探头衰减系数时的设置及垂直挡位的显示。

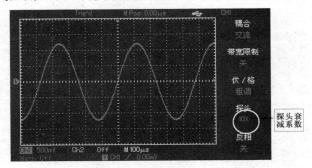

图 1.22　应用 10∶1 探头衰减系数时的设置及垂直挡位的显示

4）垂直偏转系数"伏/格"挡位调节设置

垂直偏转系数"伏/格"挡位调节分为粗调和细调两种模式。在粗调模式下，"伏/格"范围是 2mV/div～5V/div，以 1-2-5 方式步进；在细调模式下，在当前垂直挡位范围内以更小的步进改变偏转系数，从而实现垂直偏转系数在 2mV/div～5V/div 内连续可调，如图 1.23 所示。

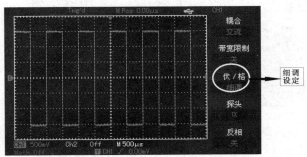

图 1.23　垂直偏转系数"伏/格"挡位调节设置

5）波形反相的设置

波形反相是指显示信号的相位翻转 180°，未反相的波形如图 1.24 所示，反相后的波形如图 1.25 所示。

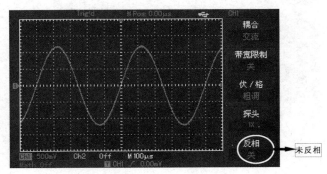

图 1.24　未反相的波形

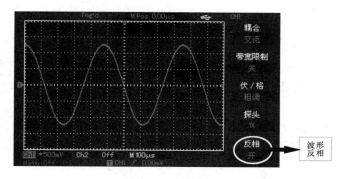

图1.25 反相后的波形

2．设置水平系统

调节水平控制旋钮可改变水平刻度（时基）、触发在内存中的水平位置（触发位置）。显示屏水平方向上的垂直中点是波形的时间参考点。改变水平刻度会导致波形相对显示屏中心扩张或收缩，水平位置改变即相对于波形触发点的位置变化。水平系统界面如图1.26所示。

水平"POSITION"旋钮：用于调整通道波形（包括数学运算）的水平位置。这个旋钮的解析度根据时基而变化。

水平"SCALE"旋钮：用于调整主时基，即"秒/格"。当扩展时基被打开时，通过改变水平标度旋钮改变延迟扫描时基来改变窗口宽度。

图1.26 水平系统界面

（1）使用水平"SCALE"旋钮改变水平时基挡位，并观察状态信息的变化。调节水平"SCALE"旋钮改变"秒/格"时基挡位，可以发现状态栏对应通道的时基挡位显示发生了相应的变化。水平扫描速度为5ns～50s，以1-2-5方式步进。

需要注意的是，若UTD2000E/3000E系列数字存储示波器型号不同，则其水平扫描时基挡位不同。

（2）使用水平"POSITION"旋钮调整信号在波形窗口中的水平位置。水平"POSITION"旋钮用于控制信号的触发移位。当应用于触发移位时，调节水平"POSITION"旋钮可以观察到波形随旋钮的转动而水平移动。

（3）按"MENU"按钮，显示Zoom菜单。在Zoom菜单中，按F3键可以开启视窗扩展，按F1键可以关闭视窗扩展而回到主时基。在Zoom菜单中，还可以设置触发释抑时间。

3．设置触发系统

触发决定了数字存储示波器何时开始采集数据和显示波形。一旦触发被正确设定，触发可以将不稳定的显示转换成有意义的波形。数字存储示波器在开始采集数据时，先收集足够的数据以在触发点的左方画出波形。数字存储示波器在等待触发条件发生的同时连续地采集数据。当检测到触发后，数字存储示波器连续地采集足够多的数据以在触发点的右方画出波形。触发系统界面如图1.27所示。触发菜单按钮为"MENU"，"50%"用于设定触发电平在触发信号幅值的垂直中点，强制触发按钮为"FORCE"。

使用触发电平旋钮改变触发电平，可以在显示屏上看到触发标志并指示触发电平线随旋钮转动而上下移动。在改变触发电平的同时，可以观察到显示屏下部触发电平的数值的相应变化。

50%：将触发电平设定在触发信号幅值的垂直中点。

FORCE：强制产生一触发信号，主要应用于触发方式中的"正常"和"单次"模式。

MENU：触发菜单按钮。

使用"Trigger"菜单（见图1.28）可改变触发设置。

按F1键，选择"边沿"触发。

按F2键，选择"触发源"为"CH1"。

按F3键，设置"斜率"为"上升"。

按F4键，设置"触发方式"为"自动"。

按F5键，设置"触发耦合"为"直流"。

图1.27　触发系统界面

图1.28　"Trigger"菜单

1）触发控制

触发类型包括边沿、脉宽、视频和交替触发4种。

边沿触发：当触发信号的边沿到达某一给定电平时，触发产生。

脉宽触发：当触发信号的脉冲宽度达到设定的触发条件时，触发产生。

视频触发：对标准视频信号进行场或行触发。

交替触发：适用于触发没有频率关联的信号。

下面分别对各种触发类型进行说明。

（1）边沿触发是在输入信号边沿的触发阈值上触发的。选择了边沿触发后，即可在输入信号的上升沿、下降沿触发。边沿触发设置如表1.6所示。

表1.6　边沿触发设置

功能菜单	设定	说明
类型	边沿	设置触发类型为"边沿"
信源选择	CH1	设置CH1通道为信源触发信号
	CH2	设置CH2通道为信源触发信号
	EXT	设置外触发输入通道为信源触发信号
	EXT/5	设置外触发源除以5，扩展外触发电平范围
	市电	设置市电触发
	交替	CH1和CH2通道交替触发

续表

功能菜单	设 定	说 明
斜率	上升	设置在信号上升沿触发
	下降	设置在信号下降沿触发
	上升/下降	设置在信号上升/下降沿触发
触发方式	自动	设置在没有检测到触发条件时也能采集波形
	正常	设置只有满足触发条件时才采集波形
	单次	设置当检测到一次触发时采样一个波形,然后停止
触发耦合	交流	阻隔输入信号的直流成分
	直流	通过输入信号的交流和直流成分
	高频抑制	抑制信号中的 80kHz 以上的高频分量
	低频抑制	抑制信号中的 80kHz 以下的低频分量

（2）脉宽触发指根据脉冲的宽度来确定触发时刻。用户可以通过设定脉宽条件捕捉异常脉冲。脉宽触发设置如表 1.7 所示。

表 1.7 脉宽触发设置

功能菜单	设 定	说 明
类型	脉宽	设置触发类型为"脉宽"
触发源	CH1	设置 CH1 通道为信源触发信号
	CH2	设置 CH2 通道为信源触发信号
	EXT	设置外触发输入通道为信源触发信号
	EXT/5	设置外触发除以 5，扩展外触发电平范围
	市电	设置市电进行触发
	交替	CH1 和 CH2 通道交替触发
脉宽条件	大于	当脉冲宽度大于设定值时触发
	小于	当脉冲宽度小于设定值时触发
	等于	当脉冲宽度等于设定值时触发
脉宽设置		设置脉冲宽度为 20ns～10s，通过前面板上部的多用途旋钮调节
触发极性	正脉宽	设置正脉宽为触发信号
	负脉宽	设置负脉宽为触发信号
触发方式	自动	在没有触发信号输入时，系统自动采集波形数据，在显示屏上显示扫描基线；当有触发信号产生时，自动转为触发扫描
	正常	当无触发信号时停止采集数据，当有触发信号产生时产生触发扫描
	单次	每当有触发信号输入时，产生一次触发，然后停止
触发耦合	直流	触发信号的交流和直流成分可以通过
	交流	触发信号的直流成分被阻隔
	高频抑制	阻止信号的高频成分通过，只允许低频成分通过
	低频抑制	阻止触发信号的低频成分通过，只允许高频成分通过

（3）选择了视频触发以后，即可在 NTSC 或 PAL 标准视频信号的场或行上触发。触发耦合预设为直流。触发菜单如表 1.8 所示。

（4）在交替触发时，触发信号来自两个垂直通道，交替触发可用于同时观察信号频率不相关的两个信号。触发交替菜单如表 1.9 所示。

表 1.8 触发菜单

功能菜单	设定	说明
类型	视频	设置触发类型为"视频"
触发源	CH1	设置 CH1 通道为触发信号
	CH2	设置 CH2 通道为触发信号
	EXT	设置外触发输入通道为触发信号
	EXT/5	将外触发信号衰减为原来的 $\frac{1}{5}$,作为触发信号
	市电	设置市电作为触发信号
	交替	CH1 和 CH2 通道交替触发
标准	PAL	适用于 PAL 制式的视频信号
	NTSC	适用于 NTSC 制式的视频信号
同步	所有行	设置视频行触发同步
	指定行	设置在指定视频行触发同步,通过前面板上部的多用途旋钮调节
	奇数场	设置在视频奇数场上触发同步
	偶数场	设置在视频偶数场上触发同步

表 1.9 触发交替菜单

功能菜单	设定	说明
类型	交替	设置触发类型为交替
触发源	交替	CH1 和 CH2 通道交替触发
斜率	上升	设置触发斜率为上升沿
触发方式	自动	设置触发方式为自动
触发耦合	交流	设置触发耦合方式为交流

2) 触发耦合方式的设置

进入触发耦合方式菜单,用户可在此菜单中对触发耦合方式进行设置,以获得稳定的同步。触发耦合方式菜单如表 1.10 所示。

表 1.10 触发耦合方式菜单

功能菜单	设定	说明
触发源	交替	CH1 和 CH2 通道交替触发
斜率	上升	设置触发斜率为上升沿
触发方式	自动	设置触发方式为自动
触发耦合	交流	阻止信号的直流成分通过
	直流	允许信号的所有成分通过
	高频抑制	阻止信号的高频成分通过,只允许低频成分通过
	低频抑制	阻止信号的低频成分通过,只允许高频成分通过

3) 触发释抑时间的调整

通过调整触发释抑时间,可观察复杂波形。触发释抑时间是指数字存储示波器重新启用触发电路所等待的时间。在触发释抑期间,数字存储示波器不会触发,直至触发释抑时间结束。例如,有一组脉冲系列,要求在该脉冲系列的第一个脉冲触发,则可以将触发释抑时间设置为脉冲串宽度。

4．设置采样系统

"MENU"控制区中的"ACQUIRE"按钮为采样系统的功能按钮，如图1.29所示。

按"ACQUIRE"按钮，弹出采样设置菜单，通过菜单控制按钮可调整采样方式。采样设置菜单如表1.11所示。

图1.29 采样系统的功能按钮

表1.11 采样设置菜单

功能菜单	设 定	说 明
获取方式	采样	设置普通采样方式
	峰值检测	设置峰值检测方式
	平均	设置平均采样方式并显示平均次数
平均次数	2～256	设置平均次数，以2的倍数步进，即2、4、8、16、32、64、128、256。平均次数可通过如图1.27所示的多用途旋钮来设置
采样方式	实时	设置采样方式为实时采样
	等效	设置采样方式为等效采样
快速采集（彩色）	开	以高屏幕刷新率的方式采样，以更好地反映波形动态效果
	关	关闭快速采样

改变获取方式，观察波形显示变化。如果信号中包含较大的噪声，则未采用平均方式和采用32次平均方式时采样的波形分别如图1.30和图1.31所示。

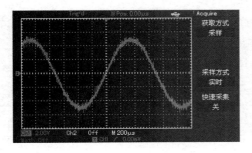

图1.30 未采用平均方式时采样的波形

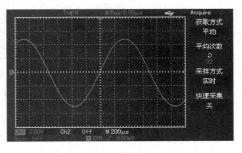

图1.31 采用32次平均方式时采样的波形

注意事项如下。

（1）观察单次信号应选用实时采样方式。

（2）观察高频周期性信号应选用等效采样方式。

（3）若要观察信号的包络以避免混淆，应选用峰值检测方式。若要减少显示信号中的随机噪声，应选用平均采样方式，且平均次数可以2的倍数步进，从2到256设置平均次数。

5．设置显示系统

"MENU"控制区中的"DISPLAY"按钮为显示系统的功能按钮，如图1.32所示。

按"DISPLAY"按钮，弹出显示菜单，利用菜单控制按钮可调整显示方式。弹出显示菜单如表1.12所示。

图1.32 显示系统的功能按钮

表 1.12 显示菜单

功能菜单	设 定	说 明
显示类型	矢量 点	采样点之间通过连线的方式显示 只显示采样点
格式	YT XY	数字存储示波器工作方式 X-Y 显示器方式，CH1 为 X 输入，CH2 为 Y 输入
持续	关闭 无限	显示屏波形实时更新 显示屏上原有的波形数据一直保持显示，如果有新的数据，则将不断加入显示，直至该功能被关闭
对比度	+、-	设置波形对比度（单色屏）
波形亮度	1%~100%	设置波形亮度（彩色屏）

6. 存储和调出

"MENU"控制区中的"STORAGE"按钮为存储系统的功能按钮，如图 1.33 所示。

按"STORAGE"按钮，弹出存储设置菜单，用户可将数字存储示波器的波形或设置状态保存到内部存储区或 U 盘中，并能通过"RefA"（或"RefB"）调出保存的波形或通过"STORAGE"按钮调出设置状态；在 U 盘插入时，可将示波器的波形显示区以位图的格式存储到 U 盘的 UTD2000（或 UTD3000）目录中，通过 PC 可读出保存的位图。

图 1.33 存储系统的功能按钮

存储和调出的具体操作步骤如下。

按"STORAGE"按钮，弹出类型菜单，类型有三种，分别为波形、设置和位图。

（1）选择波形，弹出波形存储菜单，如表 1.13 所示。

表 1.13 波形存储菜单

功能菜单	设 定	说 明
类型	波形	选择波形存储和调出选项
信源	CH1 CH2	选择波形来自 CH1 通道 选择波形来自 CH2 通道
存储位置	1~20 1~200	设置波形在内部存储区中的存储位置，通过前面板上部的多用途旋钮来选择 设置波形在 U 盘中的存储位置（只有插入 U 盘并在磁盘菜单中选择"USB"时才能使用此功能）
保存		存储波形
磁盘	DSO USB	选择数字存储示波器内部存储器 选择外部 U 盘（只有在插入 U 盘后才能使用该功能）
存储深度	普通 长存储	设置存储深度为普通（数据存储至 U 盘中时，只能在 REF 区域调用） 设置存储深度为长存储（只有在插入 U 盘时才能使用该功能；数据存储至 U 盘时，只能使用 UTD2000E/3000E 系列计算机测控软件波形装载功能调用）

（2）选择设置，弹出设置存储菜单，如表 1.14 所示。

表 1.14 设置存储菜单

功能菜单	设 定	说 明
设置		弹出面板设置菜单

续表

功 能 菜 单	设　　定	说　　明
设置 （存储位置）	1～20	可存储最多 20 组面板操作设置，通过前面板上部的多用途旋钮来设定
保存		保存设置
回调		调出设置

（3）选择位图，弹出位图存储菜单，如表 1.15 所示。

需要注意的是，该功能只有在插入 U 盘时才能使用。

表 1.15　位图存储菜单

功 能 菜 单	设　　定	说　　明
位图		弹出位图菜单
存储位置	1～200	可存储最多 200 个位图数据，通过前面板上部的多用途旋钮来选择
保存		保存位图数据

图 1.34　辅助系统的功能按钮

7．辅助功能设置

"MENU"控制区中的"UTILITY"按钮为辅助系统的功能按钮，如图 1.34 所示。

按"UTILITY"按钮，弹出辅助系统功能设置菜单，如表 1.16 所示。

表 1.16　辅助系统功能设置菜单

功 能 菜 单	设　　定	说　　明
自校正	执行 取消	执行自校正操作 取消自校正操作，并返回上一页
通过检测	见表 2-23	设置波形 Pass/Fail 操作
波形录制	见表 2-22	设置波形录制操作
语言	简体中文 繁体中文 English	选择界面语言
出厂设置		设置出厂设置
界面风格	风格 1 风格 2 风格 3 风格 4	设置数字存储示波器的界面风格，两种风格（单色屏）/四种风格（彩色屏）
网格亮度（彩色）	1%～100%	通过前面板上部的多用途旋钮调节显示屏的网格亮度
系统信息		显示当前示波器系统信息
频率计		打开/关闭频率计功能

（1）自校正程序。自校正程序可以校正环境变化等导致的数字存储示波器产生的测量误差，用户可以根据需要运行该程序。为了校准更为准确，应接通数字存储示波器电源，等待仪器预热 20min，再按"UTILITY"按钮，并按显示屏上的提示进行操作。

（2）语言选择。UTD2000E/3000E 系列数字存储示波器提供多种界面语言，要想设置界面语言,可按"UTILITY"按钮,再选择适当的界面语言。

(3) 自动测量。"MEASURE"按钮为自动测量功能按钮,如图 1.35 所示。

图 1.35　自动测量功能按钮

1.6.2　数字存储示波器的使用方法

UTD2000E/3000E 系列数字存储示波器可测量 28 种波形参数。按"MEASURE"按钮,弹出参数测量显示菜单,该菜单有 5 个可同时显示测量值的显示区域,分别对应功能键 F1～F5。对于任一个显示区域,当需要选择测量种类时,可按相应的功能键,以弹出测量种类选择菜单。

测量种类选择菜单分为电压类和时间类两种,可分别选择进入电压类或时间类的测量种类,并按相应的功能键选择测量种类后,返回参数测量显示菜单。另外,还可按 F5 键,选择"所有参数"选项,显示电压类和时间类的全部测量参数;按 F2 键,选择要测量的通道(通道开启才有效),若不希望改变当前的测量种类,可按 F1 键,返回参数测量显示菜单。

(1) 在"F1"区域显示 CH2 通道的测量峰峰值的具体步骤如下。

① 按 F1 键,弹出测量种类选择菜单。

② 按 F2 键,选择通道 2(CH2)。

③ 按 F3 键,选择电压类。

④ 按 F5 键,可看到"F3"的位置就是"峰峰值"。

⑤ 按 F3 键即选择了"峰峰值"并自动退回到参数测量显示菜单;在参数测量显示菜单中,峰峰值已显示在"F1"区域。

(2) 延迟测量的设置。

延迟测量功能用于测量两个信源的上升沿之间的时间间隔,即从某一信源的第一个周期的上升沿到另一信源的第一个周期上升沿的时间间隔,具体测量步骤如下。

① 在进入测量种类选择菜单后,选择延迟测量值显示的区域。

② 按 F2 键,弹出延迟菜单。

③ 选择参考信源 CH1,再选择延迟信源 CH2。

④ 按 F5 键确认,延迟测量已显示在所选区域。

1. 电压参数的自动测量

UTD2000E/3000E 系列数字存储示波器可以自动测量的电压参数如下。

峰峰值(U_{p-p}):波形最高点至最低点的电压值。

最大值(U_{max}):波形最高点至 GND(地)的电压值。

最小值(U_{min}):波形最低点至 GND(地)的电压值。

幅度(U_{amp}):波形顶端至底端的电压值。

中间值(U_{mid}):幅度值的一半。

顶端值(U_{top}):波形顶端至 GND(地)的电压值。

底端值(U_{base}):波形底端至 GND(地)的电压值。

过冲(Overshoot):最大值与顶端值之差与幅度的比值。

预冲(Preshoot):最小值与底端值之差与幅度的比值。

平均值(Average):1 个周期内信号的平均幅度。

均方根值（U_{rms}）：有效值。交流信号在 1 个周期内换算产生的能量，对应于产生等值能量的直流电压，即均方根值。

2．时间参数的自动测量

UTD2000E/3000E 系列数字存储示波器可以自动测量信号的频率、周期、上升时间、下降时间、正脉宽、负脉宽、延迟 1→2（上升沿）、延迟 1→2（下降沿）、正占空比、负占空比这 10 种时间参数。其中 8 个时间参数的定义分别如下。

① 上升时间（RiseTime）：波形幅度从 10%上升至 90%经历的时间。
② 下降时间（FallTime）：波形幅度从 90%下降至 10%经历的时间。
③ 正脉宽（+Width）：正脉冲在 50%幅度时的脉冲宽度。
④ 负脉宽（-Width）：负脉冲在 50%幅度时的脉冲宽度。
⑤ 延迟 1→2（上升沿）：CH1 通道到 CH2 通道上升沿的延迟时间。
⑥ 延迟 1→2（下降沿）：CH1 通道到 CH2 通道下降沿的延迟时间。
⑦ 正占空比（+Duty）：正脉宽与周期的比值。
⑧ 负占空比（-Duty）：负脉宽与周期的比值。

测量菜单操作说明：先按"MEASURE"按钮，屏幕显示 5 个测量值的显示区域，用户按 F1～F5 中的任一个键，屏幕上即可弹出测量菜单，如表 1.17 所示。

表 1.17　测量菜单

功 能 菜 单	设　　　定	说　　　　明
返回		返回参数测量显示菜单
信源	CH1	选择测量参数的通道为 CH1 通道
	CH2	选择测量参数的通道为 CH2 通道
电压类		弹出电压类的参数菜单
时间类		弹出时间类的参数菜单
所有参数		显示/关闭所有测量参数

3．光标的测量

按"CURSOR"按钮，弹出测量光标和光标菜单，然后使用多用途旋钮改变光标的位置。"MENU"控制区中的"CURSOR"按钮为光标测量功能按钮，如图 1.36 所示。

用户在"CURSOR"模式下可以移动光标进行测量，有三种模式，分别为电压、时间和跟踪。当测量电压时，按面板上的"SELECT"和"COARSE"按钮并调节多用途旋钮，分别调整两个光标的位置，即可测量 ΔU；如果选择时间模式，则可测量 ΔT。在跟踪模式下，当有波形显示时，可以看到数字存储示波器的光标自动跟踪信号变化。

图 1.36　光标测量功能按钮

需要注意的是，"SELECT"按钮的作用是对光标进行选择。"COARSE"按钮的作用是调节光标的移动速度。

（1）电压/时间测量模式：光标 1 和光标 2 同时出现，利用多用途旋钮来调整光标在显示屏上的位置，利用"SELECT"按钮选择调整哪一个光标。显示的读数即两个光标之间的电压值或时间值。

（2）跟踪模式：光标 1 与光标 2 交叉显示为十字光标。十字光标自动定位到波形，通过调节多用途旋钮,可以调整十字光标在波形上的水平位置。数字存储示波器同时显示光标点的坐标。

(3) 当光标功能打开时,测量数值自动显示在显示屏右上角。

4. 使用运行停止按钮

在数字存储示波器前面板右上角有一个"RUN/STOP"按钮,如图 1.37 所示。当按该按钮且绿灯亮时,表示运行状态;如果按下该按钮后红灯亮,则表示停止状态。

1) 自动设置

自动设置功能用于简化操作。按"AUTO"按钮,数字存储示波器能自动根据波形的幅度和频率调整垂直偏转系数和水平时基挡位,并使波形稳定地显示在显示屏上。系统设置如表 1.18 所示。

图 1.37 "RUN/STOP"按钮

表 1.18 系统设置

功 能 菜 单	设 置
获取方式	采样
显示格式	设置为 YT
水平位置	自动调整
秒/格	根据信号频率调整
触发耦合	交流
触发释抑	最小值
触发电平	设置为 50%
触发模式	自动
触发源	设置为 CH1,但当 CH1 无信号,CH2 施加信号时,可设置为 CH2
触发斜率	上升
触发类型	边沿
垂直带宽	全部
伏/格	根据信号幅度调整

2) 运行/停止

利用"RUN/STOP"按钮可实现连续采样或停止采样波形。如果需要数字存储示波器连续采样波形,则可按"RUN/STOP"按钮,再次按此按钮即可停止采样波形。"RUN/STOP"按钮使波形采样可在运行和停止状态间切换。在运行状态下绿灯亮,显示屏上部显示"AUTO",在停止状态下红灯亮,显示屏上部显示"STOP"。

1.7 YB4810A 半导体管特性图示仪

YB4810A 半导体管特性图示仪是一种用阴极射线示波管显示半导体元器件的各种特性曲线,并可测量其静态参数的测试仪器。在不损坏元器件的情况下,YB4810A 半导体管特性图示仪可测量半导体元器件极限参数,如击穿电压、饱和压降等,该仪器广泛地应用于与半导体元器件有关的各个领域,其面板如图 1.38 所示。

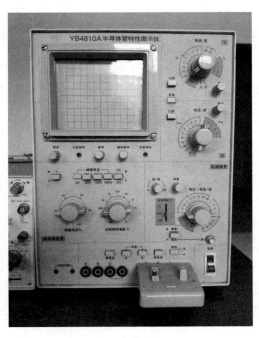

图 1.38　YB4810A 半导体管特性图示仪面板

1．主要技术指标

1）Y 轴偏转系数

（1）集电极电流（I_C）范围：10μA/div～0.5A/div，分 15 挡，误差不超过±5%。

（2）二极管漏电流（I_R）。

0.2～5μA/div，分 5 挡。

2μA/div、5μA/div，误差不超过±5%。

1μA/div，误差不超过±7%。

0.5μA/div，误差不超过±10%。

0.2μA/div，误差不超过±20%。

（3）外接输入。

0.1V/div，误差不超过±5%。

2）X 轴偏转系数

（1）集电极电压（U_{CE}）范围。

YB4810A，0.1～50V/div，分 9 挡，误差不超过±5%。

YB4811，0.1～50V/div，分 12 挡，误差不超过±5%。

（2）基极电压（U_{BE}）范围。

0.1～5V/div，分 6 挡，误差不超过±5%。

（3）外接电压。

0.05V/div，误差不超过±7%。

3）阶梯信号

（1）阶梯电流范围：

0.1μA/级～50mA/级，分 18 挡。

1μA/级～50mA/级，误差不超过±5%。
0.1～0.5μA/级，误差不超过±7%。
（2）阶梯电压范围。
0.05～1V/级，分5挡，误差不超过±5%。
（3）串联电阻器阻值。
10Ω、10kΩ、0.1MΩ，分3挡，误差不超过±10%。
（4）每簇级数。
4～10级连续可调。

4）集电极扫描电源或高压二极管测试电源

峰值电压与峰值电流容量如表1.19所示，集电极扫描电源或高压二极管测试电源的最大输出值不低于表1.19所列数值。

表1.19 峰值电压与峰值电流容量

挡　级	198V	220V	242V
0～10V挡	0～9V/5A	0～10V/5A	0～11V/5A
0～50V挡	0～45V/1A	0～50V/1A	0～55V/1A
0～100V挡	0～90V/0.5A	0～100V/0.5A	0～110V/0.5A
0～500V挡	0～450V/0.1A	0～500V/0.1A	0～550V/0.1A

5）功耗限值电阻值

0.5MΩ，分11挡，误差不超过±10%。

6）其他

（1）校正信号。

$0.5U_{p\text{-}p}$，误差不超过±2%（频率为市电频率）。

$U_{p\text{-}p}$，误差不超过±2%（频率为市电频率）。

（2）示波管。

15SJ110Y14内（U_K=1.5kV，U_{A4}=+1.5kV）。

（3）外形尺寸。

420mm×240mm×320mm，即长×宽×高。

（4）质量。

17kg。

（5）电源电压。

(1±10%)×220V。

（6）电源频率。

(50±2) Hz。

（7）视在功率。

非测试状态约为50W，满功率测试状态约为80W。

2．使用注意事项

（1）不可将半导体管特性图示仪长期暴露在日光下，或者说不可靠近有热源的地方，如火炉。

（2）不可在寒冷天气下放在室外使用，仪器工作温度应为0～40℃。

（3）不可将仪器从炎热环境中突然转到寒冷的环境中或进行相反操作，这将导致仪器内部形成凝结。

（4）如果将仪器放在湿度大或灰尘多的地方，那么可能导致仪器操作出现故障，使用时的相对湿度宜为35%～90%。

（5）不可将物体放置在仪器上，注意不要堵塞仪器通风孔。

（6）仪器不可遭到强烈撞击。

（7）不可将导线和针插入通风孔。

（8）不可用连接线拖拉仪器。

（9）不可将烙铁放在仪器框架及其表面上。

（10）避免长期倒置存放和运输。如果仪器不能正常工作，应重新检查操作步骤；如果仪器确实出现故障，应与厂家联系，进行修理。

（11）使用之前的检查步骤如下。

① 检查电压：额定电压为0～220V，工作电压为交流198～242V。

② 确保所用的熔断器是指定的型号。

为了防止过电流导致电路损坏，应使用正确的熔断值。电源熔断器熔断值应为1A。如果熔断器熔断，应仔细检查，修理之后换上规定的熔断器。

（12）操作注意：面板的测试插孔要避免电源或电信号输入。

3．面板操作键作用说明

1）主机

（1）电源开关：将电源开关按钮按下为关断电源状态，将电源线接入，按电源开关按钮，以接通电源。

（2）辉度旋钮：通过改变示波管栅阴极之间的电压来改变电子束强度，从而控制辉度，顺时针旋转辉度旋钮时，辉度逐渐变亮，使用时辉度应适中。

（3）光迹旋转：当示波管显示屏上水平光迹与水平内刻度线不平行时，可调节该电位器使之平行。

（4）聚焦旋钮：改变示波管第二阳极电压使电子聚焦。

（5）辅助聚热旋钮：改变示波管第三阳极电压使电子聚焦。在使用时，聚焦旋钮与辅助聚热旋钮互相配合，可使图像清晰。

2）Y轴

（1）示波管波形显示：在测试半导体管时可将其特性直观地显示出来。

（2）电流/度开关：具有22挡4种偏转作用的开关。

① 集电极电流I_C（10μA～0.5A/div）：分15挡，是通过集电极取样电阻器R_4～R_{10}来获得电压的，经Y轴放大器的放大而取得被测电流偏转值。

② 二极管漏电流I_R（0.2～5μA/div）：分5挡，通过二极管漏电流取样电阻器$10R_{26}$～$10R_{30}$的作用，将电流转化为电压后，经Y轴放大器的放大而取得被测电流偏转值。基极电流或基极源电压由阶梯分压电阻器$2R_{149}$～$2R_{152}$分压，经Y轴放大器放大而取得其偏转值。

③ 外接电压是由后面板Q_9插座直接输入Y轴放大器，经放大后取得其偏转值的。

（3）Y轴移位旋钮：移位是通过差分放大器的前置级放大管射极电阻器阻值的改变实现的，该旋钮顺时针旋转，光迹向上；反之光迹向下。

3）X 轴

（1）X 轴移位旋钮：移位是通过差分放大器的前置级放大管射极电阻器阻值的改变实现的，该电位器顺时针旋动，光迹向左；反之光迹向右。

（2）电压/度开关：具有 17 挡 4 种偏转作用的开关。

① 集电极电压 U_{CE}（0.05～50V/div）：共 10 挡，其作用是通过电阻器 $10R_{33}$～$10R_{42}$ 的分压，达到不同灵敏度的偏转。

② 基极电流或基极源电压：由阶梯分压电阻器 $2R_{149}$～$2R_{152}$ 分压并经 X 轴放大器放大而取得其偏转值。

③ 外接电压是由后面板 Q_9 插座直接输入 X 轴放大器，经放大后取得其偏转值的。

（3）双簇移位：当测试选择开关置于双簇显示位置时，借助于该电位器，可使双簇特性曲线显示在合适的水平位置。

4）校正及转换开关

校正及转换开关是由三个按钮组成的直键开关，Y 区的 10 度按钮是 Y 轴 10°校正信号按钮，当该按钮按下时，校正信号输入 Y 轴放大器；X 区的 10 度按钮是 X 轴 10°校正信号按钮，当该按钮按下时，校正信号输入 X 轴放大器；转换按钮是转换开关按钮，它有按下和弹出两种状态，以满足 NPN 管、PNP 管的测试需要。

5）阶梯信号

（1）级/簇旋钮：用来调节阶梯信号的级数，能在 4～10 级内任意选择。

（2）调零旋钮：未测试前，应先调整阶梯信号起始级为零电位，当显示屏上可观察到基极阶梯信号后，按下零电压按钮同时观察光点或光迹在显示屏上的位置，然后将零电压按钮复位，调节调零旋钮，使阶梯信号与按下零电压按钮时的基极阶梯信号位置重合，这样阶梯信号的"零电位"被正确校正。

（3）串联电阻选择开关：当电压-电流/级开关置于电压/级位置时，串联电阻器被串联到半导体元器件的输入回路中。

（4）电压-电流/级开关：分 23 挡，具有两种作用的开关。

① 基极电流 0.1μA/级～50mA/级：共 18 挡，其作用是通过改变开关的不同挡级的电阻器（由 $20R_1$～$20R_{20}$ 组成）的阻值，使基极电流按 1-2-5 挡级步进并在被测半导体元器件的输入回路中流过。

② 基极电压源 0.05～1V/级：其作用是通过改变分压电阻器与反馈电阻器（$20R_{21}$～$20R_{25}$）的阻值，使其输出相应 0.05～1V/级的电压。

（5）重复/单次开关："重复"指将阶梯信号连续输出，做正常测试；在使用"单次"功能之前，应预先设置好其他控制件的位置，"单次"功能可实现显示屏上显示一簇特性曲线，利用这一特点，可方便、准确地测试半导体元器件的极限参数。

（6）极性开关：为了满足不同类型半导体元器件的测试需要，可选相应阶梯信号的极性。

6）集电极电源

（1）容性平衡：由于集电极电流输出端存在各种杂散电容，将形成容性电流降压在电流取样电阻器上，造成测量误差，因此，在测试前应调节容性平衡使该容性电流降到最小。

（2）功耗限制电阻旋钮：对应电阻器串联在被测管的集电极电路上，在测试击穿电压或二极管指向特性时，可作为电流限制电阻器。

（3）峰值电压按钮：可以在 0～5V、0～20V、0～100V、0～500V 之间连续选择，而面板上的值只作为近似值使用，精确的读数应由 X 轴偏转灵敏度读取。

（4）+/-开关：可以转换集电极电源的正负极性，按需要选择。

（5）峰值电压旋钮：根据集电极变压器的不同输出电压选择不同电压范围，YB4811 分为 5V（10A）、50V（1A）、500V（0.1A）、3000V（2mA）四挡，YB4810A 分为 5V（5A）、20V（25A）、100V（0.5A）、500V（1A）四挡，在测试半导体管时，应由低挡改换到高挡，在换挡时必须将峰值电压调至 0，慢慢增加，否则易击穿被测半导体管。

7）测试控制器

（1）A 测试插孔：在测试标准型管壳的半导体元器件时，可用附件中的测试盒与之直接相连；当进行其他特殊用途测试时，用导线将插孔与被测元器件进行连接。

（2）B 测试插孔：使用方法同 A 测试插孔。

（3）测试选择开关。

4．半导体管测试举例

1）半导体管输出特性的测试

现以 NPN 型高频小功率管 3DG6 为例，说明 YB4810A 半导体管特性图示仪的使用方法。

（1）将半导体管接在插座上，测试选择开关置于"关"位置。

（2）将 X 区电压/度开关置于"Vce""2V/度"位置。

（3）将 Y 区电流/度开关置于"Ic""1mA/度"位置，倍率开关置于"×1"挡。

（4）将集电极电源区的+/-开关置于"+"位置，功耗限制电阻旋钮旋至"1k"，峰值电压范围设为 0～10V。

（5）将阶梯信号区的极性开关置于"+"位置，重复/单次开关置于"重复"位置，电压-电流/级开关置于"10μA/级"位置，级/簇旋钮旋至"6"。

完成上述设置后，先用测试选择开关接通被测管，然后调整扫描（峰值）电压到 10 格，显示屏上即可显示输出特性曲线簇，再适当修正"Ic"挡级，即可测得输出特性曲线，如图 1.39 所示。

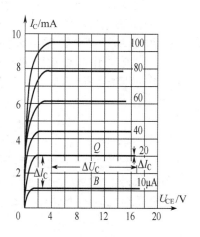

根据输出特性曲线可得被测半导体管的输出电阻值为

$$R_O = 1/\tan a = \Delta U_C / \Delta I_C$$

电流放大倍数为

$$\beta = I_{gC} / I_{gB} \text{和} \beta = \Delta I_C / \Delta I_B$$

例如，在单根输出特性曲线上的 Q 点，取 ΔU_C =12.6V，ΔI_C =0.1mA，则

$$R_O = 12.6/0.1 = 126 \text{k}\Omega$$

若在 Q 点取 I_{QC}=3.2mA，I_{QB}=20μA，则

$$\beta = 3.2/0.02 = 160$$

若在 Q、B 点之间取 ΔI_C=1.8mA，ΔI_B=20-10=10μA，则

$$\beta = 1.8/0.01 = 180$$

图 1.39　输出特性曲线

2）电流放大特性的测试

Y 轴坐标取 I_C，X 轴坐标取 I_B。将 Y 区电流/度开关置于基极电流或基极源电压位置，阶

梯信号区的电压-电流/级开关置于"10μA/级"位置,其他电位器位置同输出特性测试时的设置,可在显示屏上显示出电流放大特性曲线,如图1.40所示。由电流放大特性曲线读取β值方便、准确。将阶梯信号区的电压-电流/级开关置于"10μA/级",表示在X轴坐标上每极I_B相差0.01mA。例如,在A点取I_C=3.5mA,I_B=0.05mA,ΔI_C=1.4mA,ΔI_B=0.02mA,则

$$\beta = 1.4/0.02 = 70 \text{ 和 } \beta = 3.5/0.05 = 70$$

在选择半导体管时,主要观测其电流放大特性。例如,甲管的电流放大特性曲线如图1.41(a)所示,乙管的电流放大特性曲线如图1.41(b)所示,甲管、乙管的β值相同,但甲管线性好,乙管线性差,在选管时要选择线性好的,若选用乙管,则容易产生非线性失真。

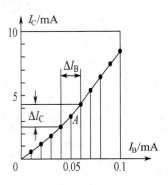

(a)甲管的电流放大特性曲线　　(b)乙管的电流放大特性曲线

图1.40　电流放大特性曲线　　　图1.41　电流放大特性曲线比较图

3)输入特性的测试

峰值电压范围设为0~10V。

X区电压/度开关位置:0.1V/度(基极电压)。

Y区电流/度开关位置:基极电流或基极源电压。

阶梯信号区的电压-电流/级开关位置:0.1mA/级。

重复/单次开关位置:重复。

功耗限制电阻旋钮位置:100。

逐步调高峰值电压,可得到如图1.42所示的输入特性曲线,在选定的工作点,R_i可按下式计算

$$R_i = \Delta U_{BE} / \Delta I_B$$

4)I_{CEO}的测试

将测试选择开关置于"零电流"位置,此时基极开路。将Y区电流/度开关置于"Ic""0.01mA/度"位置,倍率开关置于"×0.1"挡;X区电压/度开关置于"Vce""1V/度"位置,阶梯信号区的极性开关置于"+"位置,重复/单次开关不使用。根据测试条件U_{CE}=10V,可将扫描(峰值)电压调至10格(满格),此时在U_{CE}=10V处对应的I_C即I_{CEO},如图1.43所示。

5)BU_{CEO}的测试

测试条件:I_C=200μA,BU_{CEO}≥30V。将Y区电流/度开关置于"Ic""20μA/度"位置,X区电压/度开关置于"Vce""5V/度"位置,峰值电压范围设为0~100V,其他电位器位置同I_{CEO}测试时的设置。调节扫描峰值电压,当曲线出现拐点且电流上升到200μA时,停止增加峰值电压,此时I_C=200μA,对应的X轴电压即BU_{CEO},如图1.44所示。由BU_{CEO}

特性曲线可知，$BU_{CEO}=35V$。

6）二极管的测试

（1）二极管正向特性的测试。

二极管的主要特性为单向导电性，下面对 2CP6 硅二极管进行测试，步骤如下。

① 二极管接入插座，正极接"C"孔，负极接"E"孔，测试选择开关置于"关"位置。

② 面板各旋钮预置：X 区电压/度开关置于"Vce""0.1V/度"位置，倍率选择开关置于"×1"挡，峰值电压范围设为 0～10V，集电极电源区的+/-开关置于"+"位置，功耗限制电阻旋钮旋至"1k"位置，重复/单次开关不使用。

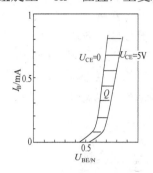

图 1.42　输入特性曲线

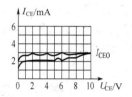

图 1.43　I_{CEO} 特性曲线

③ 测试：将测试选择开关置于被测管插座一侧，逐渐加大扫描电压，在显示屏上即有曲线显示，再微调有关的开关，可得到如图 1.45 所示的二极管正向特性曲线。

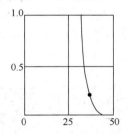

图 1.44　BU_{CEO} 特性曲线

图 1.45　二极管正向特性曲线

④ 参数读测：由二极管正向特性曲线可求出直流电阻和交流电阻的阻值 R_O。

（2）二极管反向特性的测试。在二极管正向特性测试的基础上，返回扫描电压，将集电极电源区的+/-开关由"+"拨向"-"，再加大扫描电压，可测得如图 1.46 和图 1.47 所示的反向电流特性曲线和反向电压特性曲线。由这两条特性曲线可读测规定反向电压下的反向电流 I_B 或规定反向电流下的反向电压 U_B。

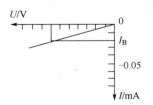

图 1.46　反向电流特性曲线

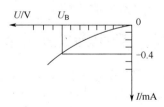

图 1.47　反向电压特性曲线

第 2 章 常用电子元器件的识别与检测

基本电子元器件是构成电子电路的基础。几乎任何一个实际的电子产品，都是由不同种类的电子元器件组合而成的。了解常用电子元器件的电性能、规格型号、分类及识别方法，是选择电子元器件的基础；用简单的测试方法判断这些电子元器件的好坏，是正确使用电子元器件的前提，也是组装、调试电子电路必须具备的实践技能。本章将分别介绍电阻器、电容器、电感器、变压器、二极管、晶体管、晶闸管、集成电路、SMT 元器件、开关及电子继电器的基本知识。

2.1 电阻器的识别与检测

电阻器是为电路提供电阻（此电阻为一个物理量）的电子元器件，又称电阻。它是组成电路不可缺少的元器件，在电子设备中应用十分广泛。电阻器在电路中起限流、分流、降压、分压、负载、阻抗匹配、与电容器构成 RC 充放电回路等作用。电阻的基本单位是欧[姆]，用符号"Ω"表示。在电子工程中通常使用由欧[姆]导出的其他单位，如千欧（kΩ）、兆欧（MΩ）等。

2.1.1 电阻器的分类

电阻器的种类有很多，通常可分为三类，即固定电阻器、可变电阻器（电位器）和敏感电阻器。常见的敏感电阻器有熔断电阻器、热敏电阻器、压敏电阻器等。常见电阻器的外形如图 2.1 所示。

按电阻体材料的不同，电阻器又可分为线绕型电阻器和非线绕型电阻器。非线绕型电阻器又可分为碳膜型、金属膜型、金属氧化膜型、玻璃釉膜型、有机实心型、无机实心型等。

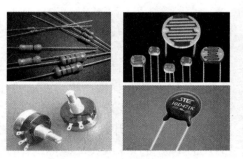

图 2.1 常见电阻器的外形

2.1.2 电阻器的主要参数

电阻器的参数有很多，常用参数主要有标称阻值、允许偏差和额定功率等。对于有特殊要求的电阻器，还要考虑它的温度系数、稳定性、噪声系数和高频特性等。

1．标称阻值

在进行理论计算时，电阻器的阻值可以是 0～∞中的任意数值，但在实际工程中，虽然生产厂家生产了很多种阻值的电阻器，但仍无法做到使用者想要多大阻值的电阻器就有多大阻值的电阻器成品。因此，为了便于生产和使用，国家统一规定了一系列阻值作为电阻器阻值的标准，这一系列阻值称为电阻器的标称阻值。表 2.1 列出了常用的标称阻值，电阻器的阻值应符合表 2.1 中列出的标称阻值或标称阻值乘以 10^n（n 为正整数）。精密电阻器则采用 E48、E96、E192 等阻值系列，表 2.1 中没有列出。

表 2.1 常用的标称阻值

阻值系列	误差等级	标 称 阻 值
E24	I	1.0、1.1、1.2、1.3、1.5、1.6、1.8、2.0、2.2、2.4、2.7、3.0、3.3、3.6、3.9、4.3、4.7、5.1、5.6、6.2、6.8、7.5、8.2、9.1
E12	II	1.0、1.2、1.5、1.8、2.2、2.7、3.3、3.9、4.7、5.6、6.8、8.2
E6	III	1.0、1.5、2.2、3.3、4.7、6.8

2．允许偏差

在实际生产中，加工出来的电阻器的阻值很难做到和标称阻值完全一致，实际阻值相对于标称阻值所允许的最大偏差范围就是电阻器的允许偏差，该参数反映了电阻器的阻值精度。表 2.2 列出了电阻器精度等级与允许偏差的关系。市场上成品电阻器的精度等级大都为Ⅰ、Ⅱ级，Ⅲ级的很少采用。005、01 和 02 精度等级的电阻器一般供精密仪器或特殊电子设备使用，它们的标称阻值属于 E192、E96、E48 阻值系列。

表 2.2 电阻器精度等级与允许偏差的关系

精度等级	005	01 或 00	02 或 0	I	II	III
允许偏差	±0.5%	±1%	±2%	±5%	±10%	±20%

3．额定功率

电阻器的额定功率指电阻器在正常的气候（如大气压、温度等）条件下，长期连续工作时允许消耗的最大功率。电阻器的额定功率如表 2.3 所示。

表 2.3 电阻器的额定功率

类 别	额 定 功 率
线绕型电阻器	0.05、0.125、0.25、0.5、0.75、2、3、4、5、6、6.5、7.5、8、10、16、25、40、50、75、100、150、250、500
非线绕型电阻器	0.05、0.125、0.25、0.5、1、2、5、10、25、50、100

2.1.3 电阻器的标识方法

常用的电阻器标识方法有直标法和色标法两种。

1．直标法

直标法就是将电阻器的类别、标称阻值、允许偏差及额定功率等直接标注在电阻器的外表面上，如图 2.2 所示。

需要注意的是，在标识电阻值单位的文字符号中，R 表示 $10^0\Omega$，k 表示 $10^3\Omega$，M 表示 $10^6\Omega$，R10 表示 0.1Ω，4R7 表示 4.7Ω，图 2.2 中的 120R 表示该电阻器的阻值为 120Ω。

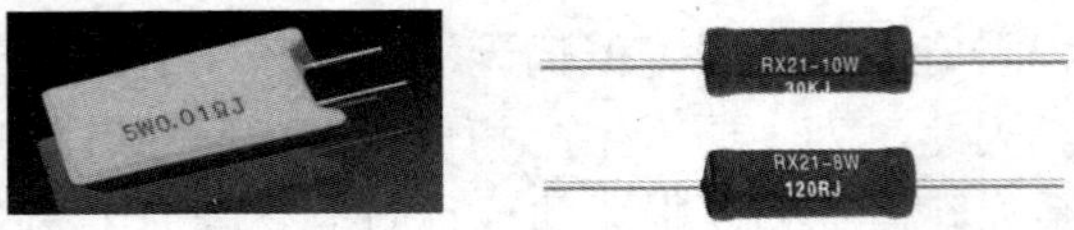

图 2.2　用直标法标识的电阻器

2．色标法

在使用色标法时，用不同颜色的色带或色点标注在电阻器的外表面上，以表示电阻器的标称阻值、允许偏差，如图 2.3 所示。

色标法中不同颜色的色环代表的意义不同，相同颜色的色环排列在不同位置上的意义也不同。色标法中各种颜色表示的意义如表 2.4 所示。

图 2.3　用色标法标识的电阻器

表 2.4　色标法中各种颜色表示的意义

颜 色	有 效 数 字	倍 乘 数	允 许 偏 差
黑色	0	10^0	
棕色	1	10^1	±1%
红色	2	10^2	±2%
橙色	3	10^3	
黄色	4	10^4	
绿色	5	10^5	±0.5%
蓝色	6	10^6	±0.25%
紫色	7	10^7	±0.1%
灰色	8	10^8	
白色	9	10^9	
金色		10^{-1}	±5%
银色		10^{-2}	±10%
无色			±20%

色标法根据标识的有效数字位数分为两位有效数字色标法和三位有效数字色标法，如图 2.4 所示。

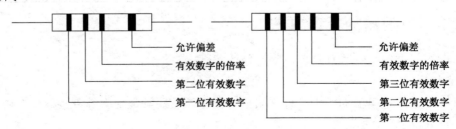

（a）两位有效数字色标法　　（b）三位有效数字色标法

图 2.4　色标法分类

例如，有一五环电阻器，其色环颜色分别为黄色、紫色、黑色、红色、棕色，则其阻值为 $470×10^2Ω=47kΩ$，允许偏差为±1%。

在一般情况下，表示允许偏差的色环距离其他色环较远，且其宽度应是其他色环宽度的 1.5～2 倍。不规范的电阻器不能用上面的特征判断，可利用常识或借助仪表进行测量。

电阻器的额定功率有两种表示方法：一种是 2W 以上的电阻器，直接用阿拉伯数字将其额定功率标注在电阻器外表面上；另一种是 2W 以下的碳膜或金属膜电阻器，可以根据其几何尺寸判断其额定功率的大小，如表 2.5 所示。

表 2.5 碳膜电阻器和金属膜电阻器的尺寸与额定功率

功率/W	碳膜电阻器		金属膜电阻器	
	长度 L/mm	直径 D/mm	长度 L/mm	直径 D/mm
0.125	4～11	1.8～3.9	7～10.8	2.2～4.2
0.25	6.5～18.4	2.5～5.5	8～13	2.5～6.6
0.5	28	5.5	10.8～18.5	4.2～8.6
1	28～30.5	6～7.2	13～18.5	6.6～8.6
2	46～48.5	8～9.5	18.5	8.6

2.1.4 电阻器的选用常识

高增益小信号放大电路应选用低噪声电阻器，如金属膜电阻器、碳膜电阻器和线绕型电阻器，而不能使用噪声较大的合成碳膜电阻器和有机实心电阻器。线绕型电阻器的功率较大、电流噪声小、耐高温，但体积较大。普通线绕型电阻器常用于低频电路中，或者用作限流电阻、分压电阻、泄放电阻或大功率半导体管的偏压电阻。精度较高的线绕型电阻器多用于固定衰减器、电阻箱、计算机及各种精密电子仪器中。

选用电阻器的电阻值应接近应用电路中理论计算值的某个标称阻值，应优先选用标准系列的电阻器。一般电路使用的电阻器允许误差为±（5～10）%。精密仪器及特殊电路应选用精密电阻器。

所选电阻器的额定功率要符合应用电路对电阻器功率容量的要求，一般不应随意加大或减小电阻器的额定功率。若电路要求的是功率型电阻器，则其额定功率应是实际应用电路要求功率的 1～2 倍。

1．熔断电阻器的选用

熔断电阻器是具有保护功能的电阻器。在选用时应考虑其双重性能，根据电路的具体要求选择其阻值和额定功率等参数。既要保证它在过负荷时能快速熔断，又要保证它在正常条件下能长期稳定工作。若电阻值或额定功率偏离设计值过多，则不能达到电路设计的目标。

2．热敏电阻器的选用

热敏电阻器的种类和型号较多，选用的热敏电阻器应根据电路的具体要求而定。

PTC（正温度系数）热敏电阻器一般用于压缩机启动电路、彩色显像管消磁电路、电动机过电流过热保护电路、限流电路及恒温电加热电路等。

压缩机启动电路中常用的热敏电阻器有 MZ-01～MZ-04 系列、MZ81 系列、MZ91 系列、MZ92 系列和 MZ93 系列等。可以根据不同类型压缩机来选用合适的热敏电阻器，以达到较好的启动效果。

彩色电视机、计算机显示器上使用的消磁热敏电阻器有 MZ71～MZ75 系列。可根据电视机、计算机显示器的工作电压（220V 或 110V）、工作电流及消磁线圈的规格来选用标称阻值、最大起始电流、最大工作电压等符合参数要求的消磁热敏电阻器。

用于限流的小功率 PTC 热敏电阻器有 MZ2A～MZ2D、MZ21 系列，用于电动机过热保护的 PTC 热敏电阻器有 MZ61 系列，应选用标称阻值、开关温度、工作电流及耗散功率等符合应用电路参数要求的 PTC 热敏电阻器。

NTC（负温度系数）热敏电阻器一般用于各种电子产品中的微波功率测量、温度检测、温度补偿、温度控制及稳压，在选用时应根据应用电路的需要选择合适的 NTC 热敏电阻器。

常见的用于温度检测的 NTC 热敏电阻器有 MF53 和 MF57 系列，每个系列又有多种型号（同一类型、不同型号的 NTC 热敏电阻器，标准阻值也不相同）可供选择。

常见的用于稳压的 NTC 热敏电阻器有 MF21、RR827 系列等，可根据应用电路设计的基准电压值来选用热敏电阻器的稳压值及工作电流。

常见的用于进行温度补偿、温度控制的 NTC 热敏电阻器有 MF11～MF17 系列。常见的用于进行测温及温度控制的 NTC 热敏电阻器有 MF51、MF52、MF54、MF55、MF61、MF91～MF96、MF111 系列等。MF52、MF111 系列的 NTC 热敏电阻器适用于-80～+200℃的测温与控温电路。MF51、MF91～MF96 系列的 NTC 热敏电阻器适用于 300℃以下的测温与控温电路。MF54、MF55 系列的 NTC 热敏电阻器适用于 125℃以下的测温与控温电路。MF61、MF92 系列的 NTC 热敏电阻器适用于 300℃以上的测温与控温电路。在选用 NTC 热敏电阻器时，应注意 NTC 热敏电阻器的温度控制范围是否符合应用电路的要求。

3．压敏电阻器的选用

压敏电阻器主要用于各种电子产品的过电压保护电路，有多种型号和规格。所选压敏电阻器的主要参数（包括标称电压、最大连续工作电压、最大限制电压等）必须符合应用电路的要求，尤其是标称电压要准确。标称电压过高，压敏电阻器无法实现过电压保护；标称电压过低，压敏电阻器容易误动作或被击穿。

4．光敏电阻器的选用

在选用光敏电阻器时，应先确定应用电路所需光敏电阻器的光谱特性。若用于各种光电自动控制系统、电子照相机和光报警器等电子产品，则应选用可见光光敏电阻器；若用于红外信号检测及天文、军事等领域的有关自动控制系统，则应选用红外光光敏电阻器；若用于紫外线探测等仪器，则应选用紫外光光敏电阻器。

选好光敏电阻器的类型后，还应检查所选光敏电阻器的主要参数（包括亮电阻、暗电阻、最高工作电压、视电流、暗电流、额定功率、灵敏度等）是否符合应用电路的要求。

5．湿敏电阻器的选用

在选用湿敏电阻器时，首先应根据应用电路的要求选择合适的类型。若用于洗衣机、干衣机等的高湿度检测，则可选用氯化锂湿敏电阻器；若用于空调器、恒湿机等的中等湿度检测，则可选用陶瓷湿敏电阻器；若用于气象监测、录像机结露检测等方面，则可选用高分子聚合物湿敏电阻器或硒膜湿敏电阻器。其次，要保证所选用湿敏电阻器的主要参数（包括测湿范围、标称阻值、工作电压等）符合应用电路的要求。

2.1.5 电阻器的检测方法

电阻器的好坏可以用仪表检测，电阻器阻值的大小也可以用有关仪表仪器测出。测试电阻器阻值的方法通常有两种：一种是直接测试法；另一种是间接测试法。

（1）直接测试法就是直接用电桥、欧姆表等测出电阻器阻值的方法。通常测试阻值小于1Ω的电阻器时可用单臂电桥；测试1Ω～1MΩ的电阻器时可用电桥或欧姆表（或万用表）；而测试1MΩ以上电阻器时应使用兆欧表。

（2）间接测试法就是通过测试电阻器两端的电压及流过电阻器的电流，并利用欧姆定律计算电阻器阻值的方法，此方法常用于带电电路中电阻器阻值的测试。

2.2 电容器的识别与检测

电容器是电子设备中不可缺少的电子元器件，在电子电路中发挥着重要作用，应用十分广泛。两个相互靠近的导体中间隔以绝缘介质便构成电容器。电容器是一种储能元器件，在电路中用于耦合、滤波、旁路、调谐和能量转换等。电容器的单位为法[拉]，用字母"F"表示，工程上常用它的导出单位微法（μF）、皮法（pF）等。

2.2.1 电容器的分类

电容器的种类很多，按其容量是否可调分为固定电容器、半可调电容器和可调电容器。常见电容器的外形如图2.5所示。

电容器按所用绝缘介质不同可分为金属化纸介电容器、云母电容器、独石电容器、薄膜介质电容器、陶瓷电容器、铝电解电容器、钽铌电解电容器、空气和真空电容器等。其中，独石电容器、云母电容器具有较高的耐压；电解电容器具有较大的容量。

图2.5 常见电容器的外形

电解电容器具有极性，在使用时不可接反，否则将引起电容器的电容量减小、耐压及绝缘电阻值降低，影响电容器的正常使用。

下面对几种常用电容器的结构和特点做简要介绍。

1．铝电解电容器

铝电解电容器用铝圆筒作为负极且其中装有液体电解质，插入一片弯曲的铝带作为正极。还需要经直流电压处理，正极的铝片表面形成一层氧化膜作为介质。铝电解电容器的特点是容量大，但是漏电大、稳定性差、有正负极性，适用于电源滤波或低频电路，在使用时，正、负极不能接反。

2．钽铌电解电容器

钽铌电解电容器用金属钽或铌作为正极，用稀硫酸等配液作为负极，用钽或铌表面生成的氧化膜作为介质。钽铌电解电容器的特点是体积小、容量大、性能稳定、使用寿命长、绝缘电阻值大、温度性能好。

3. 陶瓷电容器

陶瓷电容器用陶瓷作为介质，在陶瓷基体两面喷涂银层，然后烧成银质薄膜作为极板。陶瓷电容器的特点是体积小、耐热性好、损耗小、绝缘电阻值大，但容量小，适用于高频电路。铁电陶瓷电容器容量较大，但损耗和温度系数较大，适用于低频电路。

4. 云母电容器

云母电容器用金属箔或在云母片上喷涂银层作为电极板，极板和云母一层一层叠合后，压铸在胶木粉或封固在环氧树脂中。云母电容器的特点是介质损耗小、绝缘电阻值大、温度系数小，适用于高频电路。

5. 薄膜电容器

薄膜电容器结构与纸介电容器结构相同，其介质是涤纶或聚苯乙烯。涤纶薄膜电容器的介质常数较高，体积小、容量大、稳定性较好，适合用作旁路电容器。聚苯乙烯薄膜电容器的介质损耗小、绝缘电阻值大，但温度系数大，可用于高频电路。

6. 纸介电容器

纸介电容器用两片金属箔作为电极，夹在极薄的电容纸中，卷成圆柱形或扁柱形芯子，然后密封在金属壳或绝缘材料壳中。纸介电容器的特点是体积较小，容量较大，但是固有电感和损耗比较大，适用于低频电路。

7. 金属化纸介电容器

金属化纸介电容器结构与纸介电容器结构基本相同，它是在电容纸上覆上一层金属膜来代替金属箔的，这种电容器体积小、容量较大，一般用于低频电路。

8. 油浸纸介电容器

油浸纸介电容器将纸介电容器浸在经过特别处理的油里，这样可以增强其耐压性。油浸纸介电容器的特点是电容量大、耐压高，但体积较大。

2.2.2 电容器的主要参数

1. 标称容量及允许偏差

为了生产和使用的方便，国家规定了一系列电容器容量值，这一系列电容器容量值被称为标称容量，它反映了电容器存储电荷能力的强弱。

在实际生产过程中，生产出来的电容器容量不可能同标称容量完全一致，标称容量与实际容量的最大允许偏差范围称为电容器的允许偏差。常用电容器的允许偏差有±2%、±5%、±10%、±20%等。

2. 额定电压

额定电压是指电容器在规定的温度范围内，能够连续可靠地工作的最高电压，有时又分为额定直流电压和额定交流电压（有效值）。

额定电压的大小与电容器使用的绝缘介质和使用环境温度有关。

在实际使用时，最大工作电压一定要小于电容器的额定电压，通常取额定电压的三分之二以下。如果工作电压大于电容器的额定电压，那么电容器就易损坏，呈被击穿状态。

3. 绝缘电阻

电容器的绝缘电阻值等于加在电容器两端的电压除以漏电流，它反映了电容器的漏电性能。电容器的绝缘电阻与电容器的介质材料和面积、引线的材料和长短、制造工艺、温度和湿度等因素有关。

绝缘电阻值越大，电容器质量越好。对于相同介质的电容器，电容量越大，绝缘电阻值越小。

4．温度系数

电容器的温度系数是指在一定的温度范围内，温度每变化 1℃电容量的相对变化值。电容器温度系数主要与电容器的介质材料的温度特性和电容器的结构等因素有关。

在实际使用时，为使电子电路稳定地工作，应尽量选用温度系数小的电容器。

5．损耗因数

理论上，加在电容器上的正弦交流电压与通过电容器的电流之间的相位差为 $\pi/2$，若电容器损耗，会使相位差不是 $\pi/2$，而是稍小于 $\pi/2$，这就形成了偏离角 δ。δ 称为电容器的损耗角。习惯上以 $\tan\delta$ 表示电容器损耗的大小，称为损耗因数。

电容器损耗因数是衡量电容器品质优劣的重要指标之一。各类电容器都规定了在某频率范围内的损耗因数允许值，对于脉冲、交流、高频电路，在选用电容器时，应考虑此参数。

2.2.3 电容器的命名及标注方法

国家标准规定，电容器型号命名由如图 2.6 所示的 4 部分组成。

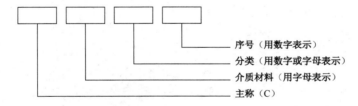

图 2.6 电容器型号的命名

电容器介质材料代号和分类表示方法如表 2.6 所示。

表 2.6 电容器介质材料代号和分类表示方法

第一部分：主称		第二部分：材料		第三部分：特征分类					第四部分：序号
符号	意义	符号	意义	符号	意义				
					瓷介	云母	电解	有机	
C	电容器	C	瓷介	1	圆片	非密封	泊式	非密封	
		Y	云母	2	管形	非密封	泊式	非密封	
		I	玻璃釉	3	叠片	密封	烧结粉、非固体	密封	
		O	玻璃膜	4	独石	密封	烧结粉、固体	密封	
		Z	纸介	5	穿心			穿心	
		B	聚苯乙烯	6	支柱				
		L	涤纶	7			无极性		
		S	聚碳酸酯	8	高压	高压		高压	
		H	复合介质	9			特殊	特殊	
		D	铝	G	高功率				
		A	钽电解	W	微调				
		G	合金						

根据国家标准规定,电容器的容量、允许偏差、精度等级及工作电压等特性参数常采用直标法、文字符号法和色标法进行标识。

1. 直标法

直标法是一种将容量、允许偏差、额定电压等参数值直接标注在电容器上的方法。例如,"CB41 250V 2000pF±5%"标识的内容为 CB41 型精密聚苯乙烯薄膜电容器,其额定电压为 250V,标称容量为 2000pF,允许偏差为±5%。

2. 文字符号法

文字符号法将文字和数字有规律地组合起来,在电容器表面标注主要特性参数,常用来标示电容器的标称容量及允许偏差。

在使用文字符号法时,容量的整数部分写在容量单位符号的前面,容量的小数部分写在容量单位符号的后面,如 0.5pF 写为 p50,6800pF 写为 6n8。

3. 色标法

电容器色标法原则上与电阻器色标法相同。电容器采用的颜色符号级与电阻器采用的颜色符号级相同,其单位为 pF。电解电容器的耐压有时也采用颜色表示:6.3V 用棕色表示,10V 用红色表示,16V 用灰色表示,色点标示在正极。

例如,标称容量为 0.047μF、允许偏差为±5%的电容器,其色环表示为,黄色(第一位有效数字 4)、紫色(第二位有效数字 7)、橙色(倍率 10^3)、金色(允许偏差±5%),即其标称容量为 $47×10^3$=47000pF=0.047μF。

2.2.4 电容器的选用常识

电容器的规格除电压、容量以外,还有因结构不同而产生的各种形体及特性上的差异,若选用错误,不仅电路不能正常工作,甚至会发生危险。下面介绍一些基本的选用常识。

(1)电容器在电路中实际要承受的电压不能超过它的耐压值。在滤波电路中,电容器的耐压值不应小于交流有效值的 1.42 倍。另外,在使用电解电容器的时候,还要注意正负极不要接反。

(2)不同电路应该选用不同种类的电容器。谐振回路可以选用云母、高频陶瓷电容器,隔离直流电路可以选用纸介、涤纶、云母、电解、陶瓷等电容器,滤波电路可以选用电解电容器,旁路可以选用涤纶、纸介、陶瓷、电解等电容器。

(3)电容器在装入电路前要检查它有没有短路、断路和漏电等现象,并且核对它的电容值。安装的时候,要使电容器的类别、容量、耐压等符号容易被看到,以便核实。

2.2.5 电容器的一般检测方法

电容器的常见故障包括击穿短路、断路、漏电、容量变小、变质失效及破损等。电容器引线断线、电解液泄漏等故障可以从外观看出。电容器内部质量的好坏可以用仪表仪器检查。常用的仪表仪器有万用表、数字电容表和电桥等。在一般情况下,可以用万用表判别电容器的好坏并对其质量进行定性分析。

1. 用万用表测量电容器

1)固定电容器漏电阻的判别

将万用表电阻挡置于 10kΩ挡,用万用表表笔接触电容器的两极,表头指针应向顺时针方向摆动一下（5000pF 以下的电容器看不出摆动），然后逐渐逆时针恢复，最终恢复至 $R=\infty$ 处。如果不能恢复至 $R=\infty$ 处，则稳定后的读数表示电容器漏电阻值，其值一般为几百至几千千欧，漏电阻值越大表示电容器的绝缘电阻值越大，绝缘性越好。在判别时要避免用手指同时接触电容器的两个电极，以免影响判别结果。

2）电容器容量的判别

5000pF 以上的电容器可用万用表电阻挡粗略判别其容量的大小。在用表笔接触电容器两极时，表头指针应先向右一摆，然后逐渐复原；将两表笔对调以后，表头指针又向右一摆，且摆动的幅度更大，而后逐渐复原，这就是电容器充、放电的情况。电容器容量越大，指针摆动幅度越大，复原的速度越慢。根据指针摆动幅度的大小可粗略判断电容器容量的大小。同时，所用万用表电阻挡越高，指针摆动的幅度也越大。若万用表指针不动，则说明电容器内部断路或失效。对于 5000pF 以下小容量的电容器，用万用表的最高电阻挡已看不出充、放电现象，应采用专门的仪器进行测试。

3）电解电容器极性的判别

根据电解电容器正接时漏电流小、反接时漏电流大的特性可判别其极性。在测试时，先用万用表测量电解电容器漏电阻值，再将两表笔对调，测量对调后的电容器漏电阻值，两次测试中漏电阻值小的一次漏电流大，为反接，即黑表笔接的是负极，红表笔接的是正极。

2．用电容表测电容器

要准确测出电容器的容量，可以用电容表测量。在测量时，先根据所测电容器容量的大小选择合适的量程，再将电容器的两引脚分别接至电容表两极，最后直接读出电容器的容量。

2.3 电感器的识别与检测

电感器也是电子电路中常用的重要元器件之一。电感器是用导线在绝缘骨架上绕制而成的一种能够存储磁场能量的电气元器件。

电感器在电路中有通直流、阻交流、通低频、阻高频的作用。

2.3.1 电感器的分类

按照外形，电感器可分为空心电感器、实心电感器。按照工作性质，电感器可分为高频电感器、低频电感器。按照封装方式，电感器可分为普通电感器、色环电感器、环氧树脂电感器和贴片电感器等。按照电感量，电感器可分为固定电感器和可调电感器。常见电感器的外形如图 2.7 所示。

图 2.7　常见电感器的外形

2.3.2 电感器的主要参数

1．电感量及允许偏差

电感量是衡量电感器产生电磁感应能力的物理量。电感量的大小取决于线圈的匝数、结构、有无铁芯及绕制方法等。电感量的单位为亨[利]，用字母"H"表示，常用的单位还有毫亨（mH）和微亨（μH）。

电感器的允许偏差是指电感器的实际电感量与要求电感量的偏差，也称电感量精度。对于电感器允许偏差，要根据其用途做不同要求。一般来说，对于振荡电感器，允许偏差为 0.2%～0.5%；对于一般耦合、扼流电感器等，允许偏差为 10%～20%。

2．品质因数

电感器中存储能量与消耗能量的比值称为品质因数，用 Q 表示。品质因数是表示电感器质量的一个重要参数，Q 值的大小表明电感器损耗的大小。Q 值大，电感器损耗小；反之，电感器损耗大。

品质因数定义为电感器的感抗 ωL 和直流等效电阻值 R 之比，即 $Q=\omega L/R$。

3．额定电流

电感器的额定电流是指电感器长期工作所能承受的最大电流，与材料和加工工艺有关。

4．分布电容

电感器的匝与匝之间、多层绕组的层与层之间、线圈与底座之间所具有的电容，统称为电感器的分布电容。

分布电容影响着电感器的稳定性，并使电感器的损耗增大，质量降低。可采用蜂房绕法、减小线圈骨架直径等方法降低分布电容。

2.3.3 电感器在电路中的作用

电感器产生的自感电动势总是阻止电感器中电流的变化，故电感器对交流电有阻力，阻力的大小用感抗 X_L 来衡量。感抗 X_L 与交流电的频率及电感量的大小有关。感抗的这种关系可用下式表示，即

$$X_L = 2\pi f L (\Omega)$$

式中，f 表示交流电频率（Hz）；L 表示电感器的电感量（H）。

从上式可以看出，电感器在低频时 X_L 较小，在通过直流电时，由于 $f=0$，故 $X_L=0$，仅电感器直流电阻起作用，因此电阻值很小，近似电感器短路。所以，在直流电路中一般不用电感器。当电感器在高频下工作时，X_L 很大，近似开路。电感器的这种特性与电容器正好相反，利用电感器、电容器可组成各种高频滤波器、低频滤波器、调谐回路、选频电路、振荡回路、补偿电路、延迟回路及阻流器等。电感器在电路中发挥着重要作用。

2.3.4 电感线圈的绕制方法

在实际使用过程中，有很多品种的电感线圈是非标准件，须根据需要有针对性地进行绕制。在自行绕制时，要注意以下几点。

（1）根据电路需要，选定绕制方法。在绕制空心电感器的电感线圈时，要根据电路的要求、电感量的大小及线圈骨架直径的大小，确定绕制方法。线圈间绕式电感器适合在高频和超高频电路中使用，在圈数为 3～5 圈时，可不用骨架，就能具有较好的特性，Q 值较高，可达 150～400，稳定性也很高。线圈单层密绕式电感器适用于短波、中波回路，其 Q 值可达 150～250，并具有较高的稳定性。

（2）确保电感器载流量和机械强度，选用适当的导线。电感器不宜用过细的导线绕制，

以免增加电感器电阻值，使 Q 值降低。同时，导线过细，电感器载流量和机械强度都较小，容易烧断或碰断线。所以，在保证电感器的载流量和机械强度的前提下，要选用适当的导线绕制。

（3）绕制线圈抽头应有明显标志。带有抽头的线圈应有明显的标志，这样安装与维修都很方便。

（4）具有不同频率特点的电感器，采用不同材料的磁芯。工作频率不同的线圈，具有不同的特点。在音频段工作的电感器，通常采用硅钢片或坡莫合金作为磁芯材料。将用于低频的铁氧体作为磁芯材料，电感量较大，可达几亨到几十亨。频率在几十万赫兹到几兆赫兹之间（如中波广播段）的电感器，一般采用铁氧体芯，并用多股绝缘线绕制。当频率高于几兆赫兹时，电感器采用高频铁氧体作为磁芯，也常采用空心线圈，此情况不宜用多股绝缘线，而宜采用单股粗镀银线绕制。当频率超过 100MHz 时，一般不能用铁氧体芯，只能用空心线圈；如果要做微调，则可用钢芯。用于高频电路的阻流电感器，除了电感量和额定电流应满足电路的要求，还必须注意其分布电容不宜过大。

品质因数 Q 是反映电感器质量的重要参数，在绕制电感线圈的过程中要注意提高线圈的 Q 值。若要提高线圈的 Q 值，则在绕制时须注意以下事项。

（1）根据工作频率，选用线圈的导线。工作于低频段的线圈，一般采用漆包线等带绝缘的导线绕制。在工作频率高于几万赫兹而低于 2MHz 的电路中，采用多股绝缘的导线绕制，这样可有效增加导线的截面积，从而可以克服趋肤效应的影响，使 Q 值比相同截面积的单股导线绕制的线圈的 Q 值高 30%～50%。在频率高于 2MHz 的电路中，电感线圈应采用单股粗导线绕制，导线的直径一般为 0.3～1.5mm。采用间绕法绕制的电感线圈，常用镀银铜线，以增加导线表面的导电性，这时不宜选用多股导线绕制，因为多股绝缘线在频率很高时，线圈绝缘介质将引起额外的损耗，其效果反而不如单股导线好。

（2）选用优质的线圈骨架，减少介质损耗。在频率较高的场合（如短波波段），由于普通的线圈骨架的介质损耗显著增加，因此，应选用高频介质材料（如高频瓷、聚四氟乙烯、聚苯乙烯等）作为骨架，并采用间绕法绕制。

（3）选择合理的线圈尺寸，可以减少其损耗。对于外径一定的单层线圈（$\phi 20 \sim \phi 30$mm），当绕组长度 L 与外径 D 的比值 $L/D=0.7$ 时，其损耗最小；对于外径一定的多层线圈，其 $L/D=0.2\sim 0.5$，当 $t/D=0.1\sim 0.25$ 时，其损耗最小。在绕组厚度 t、绕组长度 L 和外径 D 之间满足 $3t+2L=D$ 的情况下，对应线圈的损耗也最小。对于采用屏蔽罩的线圈，当 $L/D=0.8\sim 1.2$ 时，其损耗最小。

（4）选用合理的屏蔽罩直径。使用屏蔽罩会增加线圈的损耗，使 Q 值降低，因此屏蔽罩的尺寸不宜过小。屏蔽罩的尺寸过大会增大电感器的体积，因而要选用合理的屏蔽罩直径尺寸。当屏蔽罩直径 D_S 与线圈直径 D 之比满足 $D_S/D=1.6\sim 2.5$ 时，Q 值降低不大于 10%。

（5）采用磁芯可使线圈圈数显著减少。线圈中采用磁芯，不仅减少了线圈的圈数，还减小了线圈的电阻值，有利于 Q 值的提高，同时缩小了线圈的体积。

（6）线圈直径适当选大一些，利于减小其损耗。在可能的条件下，线圈直径选得大一些，这样其体积就增大了一些，有利于减小线圈的损耗。对于一般的接收机，其单层线圈直径取 12～30mm；多层线圈直径取 6～13mm，但从体积考虑，也不宜超过 20mm。

（7）减小绕制线圈的分布电容。尽量采用无骨架方式绕制线圈，或者在凸筋式骨架上绕制线圈，能减小分布电容的 15%～20%；分段绕法能减小多层线圈的分布电容的 1/3～1/2。对于多层线圈，直径 D 越小，绕组长度 L 越小或绕组厚度 t 越大，则分布电容越小。应当指出的是，经过浸渍和封涂后的线圈，其分布电容将增大 20%～30%。

总之，绕制线圈，应始终把提高 Q 值、降低损耗作为重点。

2.3.5　电感器的选用

在选用电感器时，首先应考虑其性能参数（如电感量、额定电流、品质因数等）及外形尺寸是否符合要求。

小型固定电感器与色码电感器、色环电感器之间，只要电感量、额定电流相同，外形尺寸相近，就可以直接替换使用。

半导体收音机中的振荡电感器，虽然型号不同，但只要其电感量、品质因数及频率范围相同，也可以相互替换。例如，振荡电感器 LTF-1-1 可以与 LTF-3、LTF-4 直接替换。

CRT 电视机中的行振荡电感器应尽可能选用同型号、同规格的产品，否则会影响其安装及电路的工作状态。偏转电感器一般与显像管及行、场扫描电路配套使用，但只要其规格、性能参数相近，即使型号不同，也可相互替换。

2.3.6　电感器的检测

使用万用表可以对电感器的好坏进行简单检测，具体方法为，用万用表的电阻挡测量电感器的直流电阻值，若测得的直流电阻值等于或十分接近正常电感器的直流电阻值，则说明电感器是好的；若测得的直流电阻值为无穷大，则说明电感器内部断路；若测得的直流电阻值远小于正常电感器的电阻值，则说明被测电感器内部匝间击穿短路，不能使用。

若要测出电感器的准确电感量，必须使用万用电桥、高频 Q 表、数字式电感电容表等仪表仪器。

2.4　变压器的识别与检测

2.4.1　变压器的分类

变压器的种类有很多，变压器根据工作频率的不同可分为低频变压器、中频变压器、高频变压器和脉冲变压器。其中，低频变压器包括电源变压器，用于低频放大器的输入/输出变压器、扩音机的线间变压器、耦合变压器等；中频变压器包括用于收音机、电视机的中频变压器及用于检测仪器的中频变压器等；高频变压器包括收音机中的磁性天线、电视机中的天线阻抗匹配器等；脉冲变压器主要用于脉冲电路，如 CRT 电视机中的行输出变压器就是一种脉冲变压器。根据电感器之间耦合材料的不同，变压器又可分为空心变压器、磁芯变压器及铁芯变压器等。

2.4.2　变压器的主要参数

要正确使用变压器就必须了解它的参数，这样才能正确使用变压器，而不会发生事故。不同类型的变压器有不同的参数，如电源变压器的主要参数有额定功率、额定电压、电压比、额定频率、工作温度等级、温升、电压调整率、绝缘性能和防潮性能等；低频变压器的主要参数有变压比、频率特性、非线性失真、磁屏蔽和静电屏蔽、效率等。下面仅对电源变压器、低频变压器和高频变压器的部分参数进行简要介绍。

1. 电源变压器的参数

（1）工作频率。变压器铁芯损耗与频率关系很大，故应根据其频率来对其进行设计和使用，这种频率称为变压器的工作频率。

（2）额定功率。在规定频率和电压下，变压器能长期工作，而不超过规定温升的输出功率称为变压器的额定功率。

（3）额定电压。额定电压是指在变压器的线圈上允许施加的电压，工作时不得大于规定值。

（4）电压比。电压比是指变压器初级电压和次级电压的比值，有空载电压比和负载电压比的区别。

（5）空载电流。变压器次级开路时，初级仍有一定的电流，这部分电流称为空载电流。空载电流由磁化电流（产生磁通）和铁损电流（由铁芯损耗引起）组成。对于 50Hz 电源变压器，空载电流基本等于磁化电流。

（6）空载损耗。空载损耗是指变压器次级开路时，在初级测得的功率损耗。主要空载损耗是铁芯损耗，其次是空载电流在初级线圈铜阻上产生的损耗（铜损），这部分损耗很小。

（7）效率。效率是指次级功率 P_2 与初级功率 P_1 比值的百分比。通常而言，变压器的额定功率越大，效率就越高。

（8）绝缘电阻。绝缘电阻表示变压器各线圈之间、各线圈与铁芯之间的绝缘性能。绝缘电阻值的大小与所使用的绝缘材料的性能、温度高低和潮湿程度有关。

2. 音频变压器和高频变压器的参数

（1）频率响应。频率响应是指变压器次级输出电压随工作频率变化的特性。

（2）通频带。如果变压器在中间频率的输出电压为 U_0，那么当输出电压（输入电压保持不变）下降到 $0.707U_0$ 时的频率范围就称为变压器的通频带 B。

（3）初、次级阻抗比。变压器初、次级分别接入适当的阻抗 R_o 和 R_i，使变压器初、次级阻抗匹配，则 R_o 和 R_i 的比值称为初、次级阻抗比。在阻抗匹配的情况下，变压器工作在最佳状态，传输效率最高。

2.4.3 变压器的型号命名

变压器的型号是根据变压器的用途来命名的，下面介绍几种常见的变压器命名方法。

1. 低频变压器的型号命名

低频变压器的型号命名由下列三部分组成。

第一部分：主称。

第二部分：功率，用数字表示，单位是 W。

第三部分：序号，用数字表示，用来区分不同的产品。

2. 调幅收音机的中频变压器的型号命名

调幅收音机的中频变压器型号命名由下列三部分组成。

第一部分：主称，用字母的组合表示名称、用途及特征。
第二部分：外形尺寸，用数字表示。
第三部分：序号，用数字表示，代表级数。1 表示第一级中频变压器，2 表示第二级中频变压器，3 表示第三级中频变压器。

例如，TTF-2-2 表示调幅收音机用的是磁芯式中频变压器，其外形尺寸为 10mm×10mm×14mm，为第二级中频放大器。

3．电视机的中频变压器的型号命名

电视机的中频变压器型号命名由下列四部分组成。
第一部分：底座尺寸，用数字表示。
第二部分：主称，用字母表示名称及用途。
第三部分：结构，用数字表示，2 表示磁帽调节式，3 表示螺杆调节式。
第四部分：序号，用数字表示。

例如，10TS2221 表示磁帽调节式伴音中频变压器，底座尺寸为 10mm×10mm，产品区别序号为 221。

2.4.4 变压器的检测

通过观察变压器的外观可以检查其是否有明显异常现象，如线圈引线是否断裂、绝缘材料是否有烧焦痕迹、铁芯紧固螺杆是否松动、硅钢片有无锈蚀、绕组线圈是否外露等。

通过对线圈通断的检测可以判断变压器的功能故障，将万用表置于 R×1Ω 挡进行测试，若某个绕组的电阻值为无穷大，则说明此绕组有断路故障。

2.5 二极管的识别与检测

2.5.1 二极管的分类

二极管的规格品种很多，二极管按所用半导体材料的不同可分为锗二极管、硅二极管和砷化镓二极管；按结构及制作工艺不同可分为点接触型二极管和面接触型二极管；按用途可分为整流二极管、检波二极管、稳压二极管、恒流二极管和开关二极管等；按封装形式可分为玻璃封装二极管、金属封装二极管、塑料封装二极管、环氧树脂封装二极管等。

2.5.2 二极管的主要参数

二极管具有多种用途，本节主要介绍整流二极管和稳压二极管（又称稳压管）的主要参数。

1．整流二极管的主要参数

（1）I_F：最大平均整流电流，指二极管在工作时允许通过的最大正向平均电流。该电流由 PN 结的结面积和散热条件决定。在使用时，应注意通过二极管的平均电流不能大于此值，并要满足散热条件。例如，1N4000 系列二极管的 I_F 为 1A。

（2）U_R：最大反向工作电压，指二极管两端允许施加的最大反向电压。若最大反向电压大于此值，则反向电流（I_R）剧增，二极管的单向导电性被破坏，从而引起反向击穿。通常取反向击穿电压（U_B）的一半作为最大反向工作电压（U_R）。例如，1N4001 的 U_R 为 50V，1N4007 的 U_R 为 1000V。

（3）I_R：反向电流，指二极管未击穿时的反向电流值。温度对 I_R 的影响很大。例如，1N4000 系列二极管在 100℃时的 I_R 应小于 500μA；在 25℃时，I_R 应小于 5μA。

（4）U_R：反向击穿电压，指二极管反向伏安特性曲线上急剧弯曲点的电压。当反向为软特性时，U_R 指给定反向漏电流条件下的电压。

（5）t_{re}：反向恢复时间，指在规定的负载、正向电流及最大反向瞬态电压下的反向恢复时间。

（6）f_m：最高工作频率，主要由 PN 结的结电容及扩散电容决定，若二极管工作频率超过 f_m，则二极管的单向导电性能将不能很好地体现。例如，1N4000 系列二极管的 f_m 为 3kHz。

（7）C_O：零偏压电容，指当二极管两端电压为零时，扩散电容及结电容之和。值得注意的是，受到制造工艺的限制，即使同一型号的二极管，其参数的离散性也很大。二极管使用手册中给出的参数往往是一个范围，若测试条件改变，则相应的参数也会发生变化。例如，在 25℃时测得 1N5200 系列硅塑封整流二极管的 I_R 小于 10μA，而在 100℃时 I_R 会大于 10μA 而小于 500μA。

2．稳压二极管的主要参数

（1）U_Z：稳定电压，指稳压二极管在通过额定电流时两端产生的稳定电压值，该值随工作电流和温度的不同而略有改变。由于制造工艺的差别，同一型号稳压二极管的稳压值也不完全一致。例如，2CW51 型稳压二极管的 U_{zmin} 为 3.0V，U_{zmax} 则为 3.6V。

（2）I_Z：稳定电流，指稳压二极管产生稳定电压时通过该二极管的电流值。当二极管的工作电流低于此值时，虽然其能稳压，但稳压效果会变差；当高于此值时，只要不超过额定功率，也是允许的，而且稳压性能会好一些，但会多消耗电能。

（3）R_Z：动态电阻，指稳压二极管两端电压变化与电流变化的比值，该比值随工作电流的不同而不同，一般工作电流越大，动态电阻越小。例如，当 2CW7C 稳压二极管的工作电流为 5mA 时，R_z 为 18Ω；当工作电流为 10mA 时，R_z 为 8Ω；当工作电流为 20mA 时，R_z 为 2Ω；当工作电流大于 20mA 时，R_z 基本维持 2Ω。

（4）P_Z：额定功耗，由芯片允许温升决定，其数值为稳定电压 U_z 和允许最大稳定电流 I_{zm} 的乘积。例如，2CW51 稳压二极管的 U_z 为 3V，I_{zm} 为 20mA，则该二极管的 P_z 为 60mW。

（5）C_{tv}：电压温度系数，表示稳定电压受温度影响的参数。例如，2CW58 稳压二极管的 C_{tv} 是+0.07%/℃，即温度每升高 1℃，其稳压值将升高 0.07%。

（6）I_R：反向漏电流，指稳压二极管在规定的反向电压下产生的漏电流。例如，当 2CW58 稳压二极管的 U_R=1V 时，I_R=0.1μA；当 U_R=6V 时，I_R=10μA。

2.5.3 二极管型号的命名方法

1．国产二极管型号的命名方法

国产二极管的型号命名由五部分组成，具体如表 2.7 所示。

表 2.7 国产二极管的型号命名

第一部分		第二部分		第三部分		第四部分	第五部分
用数字表示元器件的电极数目		用汉语拼音字母表示器件材料和极性		用汉语拼音字母表示元器件的类别		用数字表示元器件序号	用汉语拼音字母表示规格号
符号	意义	符号	意义	符号	意义		
2	二极管	A B C D	N 型锗材料 P 型锗材料 N 型硅材料 P 型硅材料	P V W C Z L S	普通管 微波管 稳压管 参量管 整流管 整流堆 隧道管		

示例：N 型锗材料检波二极管命名如图 2.8 所示。

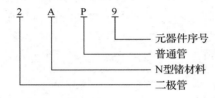

图 2.8　N 型锗材料检波二极管命名

2．日本二极管型号的命名方法

日本二极管的型号命名由七部分构成，通常只用到前五部分，具体如表 2.8 所示。

表 2.8　日本二极管的型号命名

第一部分：元器件类型或有效电极数		第二部分：日本电子工业协会注册产品		第三部分：类别		第四部分：登记序号	第五部分：产品改进序号
数字	意义	字母	意义	字母	意义		
0	光敏二极管、晶体管或其组合管	S	表示已在日本电子工业协会注册登记的半导体分立元器件	A	PNP 型高频管	用两位以上的整数表示在日本电子工业协会注册登记的顺序号	用字母 A、B、C、D 表示对原来型号的改进
				B	PNP 型低频管		
				C	NPN 型高频管		
				D	NPN 型低频管		
1	二极管			F	P 门极晶闸管		
				G	N 门极晶闸管		
2	晶体管或具有两个 PN 结的其他元器件			H	N 基极单结晶体管		
				J	P 沟道场效应管		
3	具有四个有效电极或具有三个 PN 结的晶体管			K	N 沟道场效应管		
				M	双向晶闸管		

3．美国二极管型号的命名方法

美国二极管的型号命名由五部分组成，具体如表 2.9 所示。

表 2.9 美国二极管的型号命名

第一部分		第二部分		第三部分		第四部分		第五部分	
用符号表示用途的类别		用数字表示 PN 结的数目		美国电子工业协会注册标志		美国电子工业协会登记顺序号		用字母表示元器件分挡	
符号	意义	符号	意义	符号	意义	符号	意义	符号	意义
JAN 或 J	军用品	1	二极管	N	该元器件已在美国电子工业协会登记顺序号	多位数字	该元器件已在美国电子工业协会登记的顺序号	A、B、C、D	同一型号不同挡别

2.5.4 二极管的辨别及检测

普通二极管在电路中常用字母"VD"加数字表示,稳压二极管在电路中用字母"VDz"表示。在一般情况下,二极管有色环的一端为负极,有色点的一端为正极。如果二极管是用玻璃壳封装的,那么可直接看出其极性,即内部连触丝的一端是正极,连半导体片的一端是负极。发光二极管则通常用引脚长短来标示正、负极,长脚为正极。

普通二极管的极性除可以通过观察标示判别外,还可以用万用表来判别。根据二极管正向导通时导通电阻小、反向截止时截止电阻大的特点,将万用表拨到电阻挡(一般用 R×1kΩ 挡,不要用 R×1Ω 挡或 R×10Ω 挡,因为 R×1Ω 挡的电流太大,容易烧毁二极管,而 R×10Ω 挡电压太高,可能击穿二极管)。用万用表的表笔分别接二极管的两个引脚,测出一个阻值,然后将两表笔对换,再测出一个阻值,阻值小的那一次黑表笔所接一端为二极管的正极,另一端为负极。若两次测得的阻值都很小,则说明二极管内部短路;若两次测得的阻值都很大,则说明二极管内部断路。在用数字万用表测量时,将数字万用表挡位开关置二极管挡,然后将二极管引脚同万用表表笔相接,当数字万用表显示 0.15~0.7V 的电压值时,同数字万用表红表笔相接的引脚是二极管的正极,同黑表笔相接的引脚是二极管的负极,且显示的电压值是该二极管的正向压降值。不同材料的二极管,其正向压降值不同,锗二极管的正向压降值为 0.15~0.3V,硅二极管的正向压降值为 0.4~0.7V。

2.6 晶体管的识别与检测

晶体管由两个 PN 结组成,根据组合的方式不同,晶体管可分为 NPN 型和 PNP 型两种。晶体管的结构如图 2.9 所示。每种晶体管都由基区、发射区和集电区 3 个不同的导电区域构成,对应这 3 个区域可引出 3 个电极,分别称为基极(B)、发射极(E)和集电极(C),基区和发射区之间的 PN 结称为发射结,基区和集电区之间的 PN 结称为集电结。

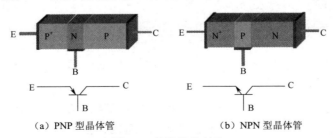

(a) PNP 型晶体管　　　(b) NPN 型晶体管

图 2.9 晶体管的结构

2.6.1 晶体管的分类

晶体管的规格品种很多，晶体管按半导体材料可分为锗晶体管、硅晶体管；按组合方式可分为 PNP 型晶体管、NPN 型晶体管；按耗散功率可分为小功率晶体管、中功率晶体管、大功率晶体管；按功能和用途可分为放大晶体管、开关晶体管、复合晶体管、高反压晶体管；按工作频率可分为低频晶体管、高频晶体管、超高频晶体管等；按封装材料不同可分为金属封装晶体管、塑料封装晶体管、玻璃壳封装晶体管、陶瓷封装晶体管等。

2.6.2 晶体管的主要参数

晶体管的参数可分为直流参数、交流参数、极限参数、特征频率等几类。晶体管的参数是选用合适的晶体管的重要依据，了解晶体管的参数可避免选用不当而引起晶体管的损坏。

1．直流参数

（1）集电极-基极反向电流 I_{CBO}。当发射极开路，在集电极与基极间加上规定的反向电压时，集电结中的漏电流称为 I_{CBO}，此值越小，晶体管的热稳定性越好。一般而言，小功率晶体管的 I_{CBO} 约为 10μA，比硅晶体管的 I_{CBO} 更小一些。

（2）集电极-发射极反向电流 I_{CEO}。I_{CEO} 也称穿透电流，指当基极开路，在集电极与发射极之间加上规定的反向电压时，集电极的漏电流，此值越小越好。硅晶体管的 I_{CEO} 一般较小，约为 1μA 以下。如果测试中发现此值较大，则此晶体管不宜使用。

2．极限参数

（1）集电极最大允许电流 I_{CM}。当晶体管的 β 值下降到最大值的一半时，晶体管的集电极电流就称为集电极最大允许电流。当晶体管的集电极电流 I_C 超过一定值时，将引起晶体管某些参数的变化，最明显的变化是 β 值下降。因此，在实际应用时，I_C 要小于 I_{CM}。

（2）集电极最大允许耗散功率 P_{CM}。当晶体管工作时，集电极要耗散一定的功率，这会使集电结发热，当温度过高时就会导致参数发生变化，甚至烧毁晶体管。为此，规定晶体管集电极温度升高到不会将集电极烧毁所消耗的功率就是集电极最大允许耗散功率。在使用时，为提高 P_{CM} 值，可为大功率晶体管加上散热片，散热片面积越大，其 P_{CM} 值就提高得越多。

（3）集电极-发射极反向击穿电压 U_{CEO}。当基极开路时，集电极与发射极之间允许加的最大电压就是 U_{CEO}。在实际应用时，加到集电极与发射极之间的电压一定要小于 U_{CEO}，否则将损坏晶体管。

3．电流放大系数

（1）直流放大系数 $\bar{\beta}$（或用 h_{FE} 表示）。$\bar{\beta}$ 指当无交流信号时，共发射极电路的集电极输出直流电流 I_B 与基极输入直流电流 I_C 的比值，即

$$\bar{\beta} = I_C / I_B$$

$\bar{\beta}$ 是衡量晶体管电流放大能力的一个重要参数，但对于同一个晶体管，在不同的集电极电流下会有不同的 $\bar{\beta}$。

（2）交流放大系数 β（或用 h_{FE} 表示）。β 是指当有交流信号输入时，在共发射极电路中，集电极电流的变化量 ΔI_C 与基极电流的变化量 ΔI_B 的比值，即

$$\beta = \Delta I_C / \Delta I_B$$

以上两个参数分别表明了晶体管对直流电流的放大能力和对交流电流的放大能力。但由于这两个参数值近似相等,即 $\bar{\beta} \approx \beta$,因此在实际使用中一般不区分。

基于生产工艺的原因,即使同一批生产的晶体管,其 β 值也是不一样的,为方便使用,厂家有时将 β 值标记在晶体管上,供使用者选用。

4. 特征频率

β 值随工作频率的升高而下降,工作频率越高,β 值下降得越快。晶体管的特征频率 $f(T)$ 是指 β 值下降到 1 时的频率值,也就是说,在这个频率下工作的晶体管已失去放大能力,即 $f(T)$ 是晶体管的极限频率。因此,在选用晶体管时,一般要求晶体管的特征频率是电路工作频率的 4 倍以上。但 $f(T)$ 并不是越高越好,如果选得太高,有可能引起电路的振荡。

2.6.3 晶体管型号的命名方法

1. 国产晶体管型号的命名方法

根据国家标准规定,晶体管型号由五部分组成,具体如表 2.10 所示。

表 2.10 国产晶体管的型号命名

第一部分		第二部分		第三部分		第四部分	第五部分
电极数目		材料及极性		类型		产品序号	规格号
符号	意义	符号	意义	符号	意义		
3	晶体管	A B C D E	PNP 型锗材料 NPN 型锗材料 PNP 型硅材料 NPN 型硅材料 化合物材料	X G D A U K T Y B J	低频小功率晶体管(f_a<3MHz,P_{cm}<1W) 高频小功率晶体管(f_a>3MHz,P_{cm}<1W) 低频大功率晶体管(f_a<3MHz,P_{cm}≥1W) 高频大功率晶体管(f_a≥3MHz,P_{cm}≥1W) 光电元器件 开关管 晶闸管 体效应元器件 雪崩管 阶跃恢复管	有时会被省略	

下面给出几个国产晶体管型号命名的实例。

(1) 锗材料 PNP 型高频小功率晶体管的命名如图 2.10 所示。

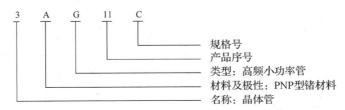

图 2.10 锗材料 PNP 型高频小功率晶体管的命名

（2）硅材料 NPN 型开关管的命名如图 2.11 所示。

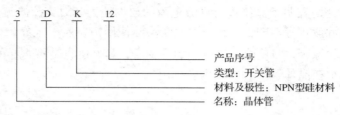

图 2.11　硅材料 NPN 型开关管的命名

2．日本晶体管型号的命名方法

日本晶体管的型号命名可参考表 2.8。日本企业生产的晶体管在我国电子产品中应用广泛，2SC502A 晶体管型号命名中各部分符号的意义如图 2.12 所示。

3．美国晶体管型号的命名方法

美国晶体管的型号命名可参考表 2.9。2N2907A 晶体管型号命名中各部分符号的意义如图 2.13 所示。

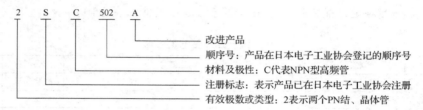

图 2.12　2SC502A 晶体管型号命名中各部分符号的意义

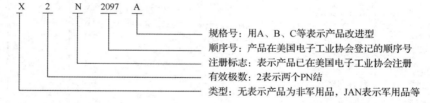

图 2.13　2N2907A 晶体管型号命名中各部分符号的意义

2.6.4　晶体管的选用

晶体管的种类很多，应根据具体电路要求确定晶体管的类型，然后根据晶体管的主要参数进行选用。

在装配晶体管时，不允许在引出线离外壳 5mm 以内的地方进行引出线弯折或焊接。

在晶体管的参数中，有一些参数（如 β 值、I_{CEO}、I_{BEO} 等）易受温度影响，因此晶体管应远离发热元器件，此外，当晶体管的耗散功率大于 5W 时，应为晶体管加装散热器或散热板。

2.6.5　晶体管的检测

1．晶体管类型和电极的判断

晶体管由两个 PN 结构成，可以用万用表判别其引脚，NPN 型晶体管的基极是两个 PN

结的公共正极，PNP 型晶体管的基极是两个 PN 结的公共负极。根据加在晶体管的 BE 结电压为正、BC 结电压为负可知，晶体管工作在放大状态，此时晶体管的穿透电流较大，R_{BE} 较小，可以测出晶体管的发射极和集电极。

首先应判断晶体管的基极和管型。在测试时，先假设某一引脚为基极，将指针式万用表置于 R×100Ω 或 R×1kΩ 挡，用黑表笔接晶体管某一引脚，用红表笔分别接另外两个引脚，若测得的阻值相差很大，则原先假设的基极不正确，需要另外假设。若两次测得的阻值都很大，则该引脚可能是基极，此时将两表笔对换继续测试，若对换表笔后测得的阻值都较小，则说明该引脚是基极，且为 PNP 型。同理，若黑表笔接此晶体管假设为基极的引脚，红表笔分别接其他两个引脚时测得的阻值都很小，则该晶体管的管型为 NPN 型。

在判断出晶体管的基极和管型后，可进一步判断晶体管的集电极和发射极。以 NPN 管为例，在确定了其基极和管型后，假设其他两个引脚中的一个是集电极，另一个为发射极，用手指将已知的基极和假设为集电极的引脚捏在一起（但不要相碰），将黑表笔接在假设为集电极的引脚上，红表笔接在假设为发射极的引脚上，记下万用表指针所指的位置，再做相反的假设（将原先假设为集电极的假设为发射极，原先假设为发射极的假设为集电极），重复上述过程，并记下万用表指针所指的位置。比较两次测得的结果，指针偏转大的（阻值小的）那次假设是正确的。若为 PNP 型晶体管，则在测试时，将红表笔接假设为集电极的引脚，黑表笔接假设为发射极的引脚，其余不变，仍然是电阻小的一次的假设正确。

2．晶体管性能的判别

1）穿透电流 I_{CEO} 大小的判断

用万用表 R×100Ω 或 R×1kΩ 挡测量晶体管集电极、发射极之间的电阻，电阻值应大于数兆欧（锗晶体管应大于数千欧），阻值越大，说明穿透电流越小，阻值越小，说明穿透电流大；若阻值不断地明显下降，则说明晶体管性能不稳；若测得的阻值接近零，则说明晶体管已经击穿；若测得的阻值太大（指针不偏转），则晶体管内部可能断线。

2）电流放大系数 β 的近似估算

用万用表 R×100Ω 或 R×1kΩ 挡测量晶体管集电极、发射极之间的电阻，记下读数，再用手指捏住基极和集电极对应的引脚（不要相碰）并观察指针摆动幅度的大小，摆动幅度越大，说明晶体管的放大倍数越大。但这只是相对比较的方法，因为手捏在两个引脚之间，为晶体管的基极提供了基极电流 I_B，I_B 的大小和手指的潮湿程度有关。也可以接一只 100kΩ 左右的电阻器来进行测试。

以上是对 NPN 型晶体管的判别，黑表笔接集电极对应的引脚，红表笔接发射极对应的引脚。在对 PNP 型晶体管进行测试时，应将两表笔对调，即黑表笔接发射极对应的引脚，红表笔接集电极对应的引脚。

2.7 晶闸管的识别与测量

晶闸管是晶体闸流管的简称，又称可控硅，是一种大功率的半导体元器件。

晶闸管具有体积小、质量轻、容量大、效率高、使用维护简单、控制灵敏等优点。同时，晶闸管的功率放大倍数很高，可以用微小的信号功率对大功率的电源进行控制和变换，广泛应用于可控整流、交流调压、无触点开关、电极调速、逆变及变频等电路中。

第 2 章 常用电子元器件的识别与检测

晶闸管有多种类型，常用的是单向晶闸管和双向晶闸管。常见晶闸管的外形如图 2.14 所示。

图 2.14　常见晶闸管的外形

2.7.1　晶闸管的基本知识

1．单向晶闸管的基本知识

单向晶闸管的符号、结构及测试电路如图 2.15 所示。

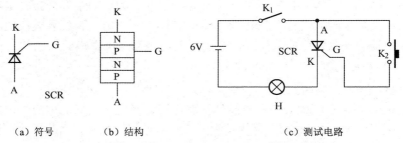

(a) 符号　　　(b) 结构　　　(c) 测试电路

图 2.15　单向晶闸管的符号、结构及测试电路

单向晶闸管内部有 3 个 PN 结，它们是由相互交叠的 P 区和 N 区构成的，共 4 层，可等效为由一只 PNP 晶体管和一只 NPN 晶体管组成的组合管，如图 2.16 所示。单向晶闸管的三个引出电极分别为阳极（A）、阴极（K）和控制极（G，又称门极、栅极）。

根据单向晶闸管的工作原理可知，其导通条件为，除在阳、阴极间加上一定大小的正向电压外，还要在控制极-阴极间加正向触发电压。一旦晶闸管触发导通，控制极即失去控制作用，即使控制极电压变为零，晶闸管仍然保持导通。要使晶闸管阻断，必须使阳极电流降到足够小，或者在阳极和阴极间加反向阻断电压。

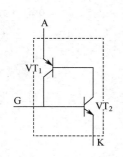

图 2.16　单向晶闸管的等效图

2．双向晶闸管的基本知识

双向晶闸管的结构与符号如图 2.17 所示。双向晶闸管是一个三端五层半导体结构元器件，从管芯结构上可将其看作一对反极性并联的单向晶闸管。双向晶闸管的三个电极分别为主电极 T_1、主电极 T_2 和控制极（门极）G。

双向晶闸管是正反两个方向都可以控制的晶闸管。不管两个主电极（T_1、T_2）间的电压如何，正向和反向控制极信号都可以使双向晶闸管导通。双向晶闸管一旦导通，即使失去触发电压，也能继续保持导通状态。只有当 T_1、T_2 间电流减小至小于维持电流或 T_1、T_2

间电压极性改变且没有触发电压时，双向晶闸管才截止，此时只有重新加触发电压方可使其导通。因此，双向晶闸管一般用于调节电压、电流，或者用作交流无触点开关。

在通常情况下，双向晶闸管的触发方式有四种：Ⅰ+、Ⅰ-、Ⅲ+、Ⅲ-。

Ⅰ+触发方式：T_2为正，T_1为负，G相对T_1为正。

Ⅰ-触发方式：T_2为正，T_1为负，G相对T_1为负。

Ⅲ+触发方式：T_2为负，T_1为正，G相对T_1为正。

Ⅲ-触发方式：T_2为负，T_1为正，G相对T_1为负。

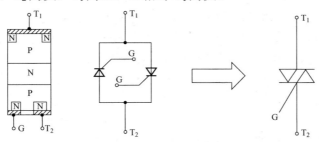

图 2.17 双向晶闸管的结构与符号

四种触发方式所需要的触发电流是不一样的，Ⅰ+和Ⅲ-需要的触发电流较小，Ⅰ-和Ⅲ+需要的触发电流较大，在使用时，一般采用Ⅰ+和Ⅲ-触发方式。

2.7.2 晶闸管的测量

普通晶闸管可根据其封装形式来初步判断各电极。螺栓型晶闸管的螺栓一端为阳极，较细的引线端为控制极，较粗的引线端为阴极。平板型晶闸管的引出线端为控制极，平面端为阳极，另一端为阴极。塑封（TO-220）晶闸管的中间引脚为阳极且多与自带散热片相连。

1．单向晶闸管的测量

根据普通晶闸管的结构可知，控制极与阴极之间有一个PN结，具有单向导电性，而阳极与控制极之间有两个反极性串联的PN结。因此，用万用表R×100Ω或R×1kΩ挡测量普通晶闸管各引脚之间的电阻值，即能确定三个电极。具体测量方法为，将万用表黑表笔任接晶闸管某一引脚，红表笔依次触碰另外两个引脚，若测量结果有一次阻值为几百欧姆，则可判定黑表笔接的引脚是控制极。在阻值为几百欧的测量中，红表笔接的引脚是阴极；而在阻值为几千欧的测量中，红表笔接的引脚是阳极。若两次测得的阻值均很大，则说明黑表笔接的引脚不是控制极，应用同样的方法改测其他引脚，直到找出三个电极为止。

同样，也可以测任两脚之间正反向电阻，若正反向电阻值均接近无穷大，则两电脚分别为阳极和阴极，而另一脚为控制极。

另外，判别晶闸管好坏可采用如图 2.15（c）所示的测试电路。图 2.15（c）中的K_1为电源开关，K_2为按钮开关，SCR 为待测晶闸管，H 为指示灯（不仅用来指示电路的工作状态，还用来限制晶闸管的控制极电流I_G和阳极电流I_A）。

在测量时将K_1闭合，如果 SCR 是好的，应呈现关断状态。因为控制极 G 在开路时，SCR 正向不导通，所以电源电压几乎全部加在阳极 A 和阴极 K 之间，此时电路不通，H 不亮。若 H 亮，则说明 SCR 在控制极开路时，阳极已导通，SCR 已损坏。

再按下 K_2，使阳极与控制极短路，原加在阳极与阴极之间的电压同时也加在控制极与阴极间。若 SCR 是好的，则立即导通触发，阳极（或控制极）与阴极之间的电压迅速降到 1V 左右，同时 H 两端电压迅速上升，H 发光。此时 K_2 对 SCR 失去控制作用，这是因为 SCR 正向导通后，它在撤去控制极电流仍能维持导通，所以 K_2 断开或闭合时，H 均发光。要关断 SCR 必须断开 K_1。若按下 K_2 时 H 不亮，或者按下 K_2 时亮而放开时不亮，则均说明 SCR 已损坏。

2．双向晶闸管的测量

在测量小功率双向晶闸管的电极及好坏时，可采用万用表电阻挡。在测试时，可先根据阻值关系判断出 T_2。具体方法如下：将万用表置于 R×1Ω 挡并校准，用一只表笔接假设为 T_2 的引脚，另一只表笔分别接其他两个引脚，若所测得的阻值均为无穷大，则假设的电极即 T_2。在判断出 T_2 以后，可以采用触发导通的方法进一步判断 T_1 和 G。将黑表笔接 T_2 对应的引脚，红表笔接假设为 T_1 的引脚，电阻值应为无穷大，再用黑表笔把 T_2 和假设的 G 对应的引脚短路，为 G 对应的引脚加正触发信号，晶闸管应导通，阻值应变小（为 10Ω 左右），黑表笔与 G（假设的）对应的引脚脱离后，阻值若维持为较小值不变，则说明假设正确；若黑表笔与 G 对应的引脚脱离后，阻值也随之变为无穷大，则说明假设错误，原先假设为 T_1 的引脚为 G。

也可将红表笔接 T_2 对应的引脚，黑表笔接假设为 T_1 的引脚，电阻值也应为无穷大。再用红表笔把 T_2 和假设的 G 对应的引脚短路，为 G 对应的引脚加负触发信号，晶闸管也应导通，阻值应变小。当红表笔与 G 极（假设的）对应的引脚脱离后，阻值若维持为较小值不变，则说明假设正确；若红表笔与 G 对应的引脚脱离后，阻值也随之变为无穷大，则说明假设错误，原先假设为 T_1 的引脚为 G。用这种方法也可测出双向晶闸管的好坏。

在用万用表测量大功率双向晶闸管时，由于其正向导通压降和触发电流都相应增大，万用表的 R×1Ω 电阻挡提供的电压和电流已不足以使其导通，所以不能采用万用表测试。在测试大功率双向晶闸管时可参考单向晶闸管的测试方法，此处不再赘述。

2.8　集成电路的识别与选用

集成电路（Integrated Circuit，IC）是 20 世纪 60 年代发展起来的一种半导体元器件。集成电路在一块很小的硅单晶片上，利用半导体工艺制作出许多半导体二极管、晶体管、电阻器、电容器等元器件，并将这些元器件连接成能完成特定电子技术功能的电子电路，然后封装在一个便于安装的外壳中。常见集成电路的封装形式如图 2.18 所示。

图 2.18　常见集成电路的封装形式

集成电路实现了元器件、电路和系统的有机结合，具有体积小、质量轻、性能好、功耗低、成本低、适用于大批量生产等优点，同时减少了连线和焊接点，提高了产品的可靠性和一致性。近年来，集成电路生产技术取得了迅速发展，并得到了非常广泛的应用。从某种意义上讲，集成电路是衡量一个电子产品是否先进的主要标志。

2.8.1 集成电路的分类

集成电路的种类繁多，且各自有不同的性能特点。集成电路按制造工艺的不同可以分为半导体集成电路、厚膜集成电路、薄膜集成电路和混合集成电路；按功能和性质可分为数字集成电路、模拟集成电路和微波集成电路；按集成规模可分为小规模、中规模、大规模和超大规模等集成电路。

1．按功能分类

1）数字集成电路

以"开"和"关"两种状态或以高、低电平来对应二进制数字"1"和"0"，并进行数字的运算、存储、传输及转换的集成电路称为数字集成电路。

数字集成电路中基本的逻辑关系有"与""或""非"三种，再由它们组成各类门电路和具有某一特定功能的逻辑电路，如触发器、计数器、寄存器和译码器等。

在实际工程中，常用的数字集成电路有以双极型晶体管为基本元器件制成的 TTL 数字集成电路、以单极型晶体管为基本元器件制成的 CMOS 场效应管型数字集成电路。

常用的 TTL 数字集成电路有 54 系列、74 系列；常用的 CMOS 场效应管型数字集成电路有 4000 系列、54/74HC×××系列、54/74HCT×××系列、54/74HCU×××系列四大类。

2）模拟集成电路

用来产生、放大和处理各种模拟信号的集成电路称为模拟集成电路。模拟集成电路具有精度高、种类多、通用性差的特点。

模拟集成电路按用途可分为集成运算放大器、直流稳压器、功率放大器及专业集成电路等。模拟集成电路还可分为线性集成电路和非线性集成电路两种。

（1）线性集成电路：指输入信号、输出信号成线性关系的集成电路。这类集成电路的型号很多，功能多样，常见的是各类运算放大器。线性集成电路在测量仪器、控制设备、电视机、收音机、通信和雷达等方面得到了广泛应用。

（2）非线性集成电路：指输出信号和输入信号不成线性关系，但也不是开关性质的集成电路。非线性集成电路大多是专用集成电路，其输入、输出信号通常是模拟/数字、交流/直流、高频/低频、正/负极性信号的混合信号，很难用某种模式统一起来。常用的非线性集成电路有用于通信设备的混频器、振荡器、检波器、鉴频器、鉴相器，用于工业检测控制的模/数隔离放大器、交/直流变换器、稳压电路，以及各种家用电器中的专用集成电路。

3）微波集成电路

工作在 100MHz 以上微波频段的集成电路称为微波集成电路。微波集成电路是利用半导体和薄、厚膜技术，在绝缘基片上将有源/无源元器件、微带传输线或其他特种微型波导联系成一个整体的电路。

微波集成电路具有体积小、质量轻、性能好、可靠性高和成本低等优点，在微波测量、微波地面通信、导航、雷达、电子对抗、导弹制导和宇宙航行等重要领域得到了广泛应用。

2. 按集成规模分类

集成度少于 10 个控制电路或 100 个元器件的集成电路称为小规模集成电路；集成度在 10 到 100 个控制电路之间，或者元器件数为 100～1000 个的集成电路称为中规模集成电路；集成度在 100 个控制电路或 1000 个元器件以上的集成电路称为大规模集成电路；集成度达到 10000 个控制电路或 10 万个元器件的集成电路称为超大规模集成电路。

2.8.2 集成电路的引脚识别

集成电路的引脚较多，如何正确识别集成电路的引脚是正确使用集成电路的首要问题。下面介绍几种常用集成电路引脚的排列。

圆形结构的集成电路和金属壳封装的半导体晶体管差不多，只不过前者体积大、电极引脚多。圆形结构的集成电路引脚排列方式为，从标记开始，沿顺时针方向依次为 1、2、3 等，如图 2.19（a）所示。

单列直插型集成电路的识别标记，有的用倒角，有的用凹坑。这类集成电路引脚的排列也是从标记开始的，从左向右依次为 1、2、3 等，如图 2.19（b）所示。

扁平封装集成电路多为双列型集成电路，这种集成电路为了标示引脚，一般在端面一侧有一个类似于引脚的小金属片，或者在封装表面上有一色标或凹口作为标记。其引脚排列方式如下：从标记开始，沿逆时针方向依次为 1、2、3 等，如图 2.19（c）所示。但应注意，有少量的扁平封装集成电路的引脚是顺时针排列的。

双列直插型集成电路的标记多为半圆形凹口，有的用金属封装或凹坑标记。这类集成电路引脚排列也是从标记开始的，沿逆时针方向依次为 1、2、3 等，如图 2.19（d）所示。

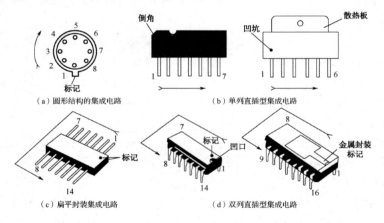

图 2.19 常见集成电路的引脚排列

2.8.3 集成电路的型号命名

近年来，集成电路的发展十分迅速，特别是大中规模集成电路的发展，使各种功能的通用、专用集成电路大量涌现。而国际上对集成电路的型号命名尚无统一标准，各生产厂商都按自己规定的方法对集成电路进行命名。因此，在使用国外集成电路时，应该查阅相关手册或有关产品型号对照表，以便正确选用元器件。

根据国家标准，国产集成电路的型号命名由五部分组成，如表 2.11 所示。

表 2.11 国产集成电路的型号命名

第一部分：国标		第二部分：电路类型		第三部分：电路系列和代号	第四部分：温度范围（℃）		第五部分：封装形式	
字母	含义	字母	含义		字母	含义	字母	含义
C	中国制造	B	非线性集成电路	用数字或数字与字母混合方式表示集成电路系列和代号	C	0～70	B	塑料扁平封装
		C	CMOS 集成电路				C	陶瓷芯片载体封装
		D	音响、电视机集成电路		G	-25～+70	D	多层陶瓷双列直插封装
		E	ECL 集成电路				E	塑料芯片载体封装
		F	线性放大器				F	多层陶瓷扁平封装
		H	HTL 集成电路		L	-25～+85	G	网络阵列封装
		J	接口集成电路					
		M	存储器					
		W	稳压器		E	-40～+85	H	黑瓷扁平封装
		T	TTL 集成电路				J	黑瓷双列直插封装
		μ	微型机集成电路				K	金属菱形封装
		AD	A/D 转换器		R	-55～+85	P	塑料双列直插封装
		DA	D/A 转换器					
		SC	通信专用集成电路		M	-55～+125	S	塑料单列直插封装
		SS	敏感集成电路				T	金属圆形封装

下面给出两个示例。

（1）肖特基 TTL 双四输入与非门集成电路的型号命名如图 2.20 所示。

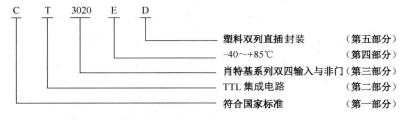

图 2.20 肖特基 TTL 双四输入与非门集成电路的型号命名

（2）CMOS 8 选 1 数据选择器集成电路的型号命名如图 2.21 所示。

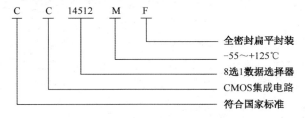

图 2.21 CMOS 8 选 1 数据选择器集成电路的型号命名

2.8.4 集成电路的选用注意事项

集成电路的种类很多，在选用集成电路时，应根据实际情况，查看相关手册，选用功能和参数都符合要求的集成电路。在选用集成电路时，如果选用不当，则极易损坏集成电路。例如，CMOS 集成电路的控制极和基极间的二氧化硅绝缘层的厚度仅为 $0.1～0.2\mu m$，而 CMOS 集成电路的输入阻抗很高、输入电容很小，当不太强的静电加在控制极时，其电场强度将超过 10^5V/cm，这么强的电场极易造成控制极击穿，导致 CMOS 集成电路永久性损坏。因此，在选用集成电路时应注意以下事项。

（1）要根据引脚排列次序或产品手册确定集成电路的引脚。

（2）在选用集成电路时，不允许超过产品手册中规定的参数值。

（3）扁平封装集成电路引脚成型、焊接时，引脚要与印制电路板（Printed Circuit Board，PCB）平行，不得穿引扭焊，不得从根部弯折。

（4）在焊接 CMOS 集成电路时，宜使用 20W 内热电烙铁，电烙铁外壳应接地。为安全起见，也可先拔下电烙铁插头，利用余热进行焊接，每次焊接的时间不得超过 5s。

（5）电路操作者的工作服、手套等应用无静电的材料制成。工作台上要铺有导电的金属板，椅子、工夹器具和测量仪器等均应接地。

（6）当要在印制电路板上插入或拔出大规模集成电路时，一定要先切断电源。

（7）切勿用手触摸大规模集成电路的引脚。

（8）CMOS 集成电路所有不使用的输入端不能悬空，应按工作性能的要求接电源或地。

（9）在存储 CMOS 集成电路时，必须将集成电路放在金属盒内或用金属箔包装起来。

（10）TTL 集成电路电源范围很窄，一般为 4.5～5.5V，典型值 U_{cc}=5V，在使用时不得超出规定范围。

2.9 SMT 元器件的识别

电子装配正朝着多功能、小型化、高可靠性方向发展，实现电子产品"轻、薄、短、小"已成为一种趋势。电子整机产品制造工艺技术的进步，最终取决于电子元器件的发展。SMT（Surface Mount Technology，表面安装技术）元器件也称贴片式元器件或片状元器件，具有以下显著特点。

（1）在 SMT 元器件的电极上，有些焊端完全没有引线，有些只有非常短小的引线；相邻电极引脚之间的距离比传统 THT 元器件的标准引脚间距（2.54mm）小很多，目前引脚中心间距最小能够达到 0.3mm。在集成度相同的情况下，SMT 元器件的体积比 THT 元器件的体积小很多；或者说，与同样体积的 THT 元器件相比，SMT 元器件的集成度提高了很多。

（2）SMT 元器件直接贴装在印制电路板的表面，将电极焊接在与元器件同一平面的焊盘上。这样，印制电路板上通孔的直径仅由制作印制电路板时金属化孔的工艺水平决定，通孔的周围没有焊盘，这使得印制电路板的布线密度和组装密度大大提高。

2.9.1 SMT 元器件的分类

SMT 元器件基本上都是片状结构。片状是广义的概念，从结构形状方面来看，其包括薄片矩形、圆柱形、扁平异形等；SMT 元器件同传统元器件一样，也可以从功能上分为 SMC（无源表面安装元器件）、SMD（有源表面安装元器件）和机电元器件三大类。SMT 元器件的分类如表 2.12 所示。

表 2.12 SMT 元器件的分类

类别	封装形式	示例
SMC	矩形片状	厚膜和薄膜电阻器、热敏电阻器、压敏电阻器、单层或多层陶瓷电容器、钽电解电容器、片状电感器、磁珠、石英晶体等
	圆柱状	碳膜电阻器、金属膜电阻器、陶瓷电容器、热敏电容器等
	异形	电位器、微调电位器、钽电解电容器、微调电容器、线绕电感器、晶体振荡器、变压器等
	复合片状	电阻网络、电容网络、滤波器等
SMD	圆柱状	二极管
	陶瓷组件（扁平）	无引脚陶瓷芯片载体（LCCC）、有引脚陶瓷芯片载体（CBGA）
	塑料组件（扁平）	SOT、SOP、PLCC、QFP、BGA、CSP 等
机电元器件	异形	继电器、开关、连接器、延迟器、薄型微电机等

SMT 元器件按照使用环境可分为非气密性封装 SMT 元器件和气密性封装 SMT 元器件。非气密性封装 SMT 元器件对工作温度的要求一般为 0～70℃。气密性封装 SMT 元器件的工作温度可为-55～+125℃。气密性封装 SMT 元器件价格昂贵，一般应用于高可靠性产品。

片状元器件的主要特点是小型化和标准化。国际上已经有统一标准，对片状元器件的外形尺寸、结构与电极形状等都做出了规定，这对表面安装技术的发展来说，无疑具有重要的意义。

2.9.2 SMT 元器件的封装与参数

1．SMT

随着 SMT 的发展，几乎全部传统电子元器件的每个品种都被"SMT 化"了。

典型 SMC 的外形如图 2.22 所示。SMC 的典型形状是一个矩形六面体（片状），也有一部分 SMC 的形状为圆柱状，这对于利用传统元器件制造的设备、减少固定资产投入很有利。还有一些元器件由于矩形化比较困难，因此制成了异形 SMC。

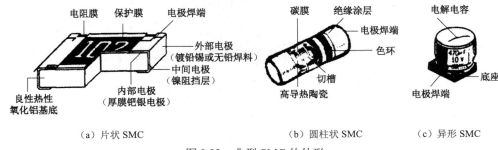

(a) 片状 SMC　　　　　　(b) 圆柱状 SMC　　　　　　(c) 异形 SMC

图 2.22 典型 SMC 的外形

从电子元器件的功能特性来看，SMC 的参数值系列与传统元器件的参数值系列差别不大。长方体 SMC 是根据其外形尺寸划分成几个系列型号的，现有两种表示方法，欧美产品大多采用英制系列，日本产品大多采用公制系列，而在我国这两种系列都可以使用。无论哪种系列，系列型号的前两位数字都用于表示元器件的长度，后两位数字都用于表示元器件的宽度。例如，公制 3216（英制 1206）的矩形 SMC，长度 L=3.2mm（0.12in），宽度 W=1.6mm（0.06in）。此外，系列型号的发展变化也反映了 SMC 的小型化进程：5750（2220）→4532（1812）→3225（1210）→3216（1206）→2520（1008）→2012（0805）→1608（0603）→1005（0402）→0603（0201）。典型 SMC 的外形尺寸如表 2.13 所示。

表 2.13　典型 SMC 的外形尺寸　　　　　　单位（mm/in）

公制 / 英制型号	L	W	a	b	T
3216/1206	3.2/0.12	1.6/0.06	0.5/0.02	0.5/0.02	0.6/0.024
2012/0805	2.0/0.08	1.25/0.05	0.4/0.016	0.4/0.016	0.6/0.016
1608/0603	1.6/0.06	0.8/0.03	0.3/0.012	0.3/0.012	0.45/0.018
1005/0402	1.0/0.04	0.5/0.02	0.2/0.008	0.25/0.01	0.35/0.014
0603/0201	0.6/0.02	0.3/0.01	0.2/0.005	0.2/0.006	0.25/0.01

注：公制/英制转换 1in=1000mil，1in=25.4mm，1mm≈40mil。

　　SMC 的类型用型号加后缀表示。例如，3216C 表示 3216 系列的电容器，2012R 表示 2012 系列的电阻器。

　　1005、0603 系列 SMC 的表面积太小，难以手工装配焊接，所以元器件表面不印刷它的标称数值，而印刷在纸编带的盘上；3216、2012、1608 系列片状 SMC 的标称数值一般用印刷在元器件表面上的三位数字表示（EIA-24 系列），前两位数字是有效数字，第三位数字是倍率乘数。例如，电阻器表面印有 114，表示其阻值为 110kΩ；表面印有 5R6，表示其阻值为 5.6Ω；表面印有 R39，表示其阻值为 0.39Ω。电容器表面印有 103 表示其容量为 10000pF，即 0.01μF（大多数小容量电容器的表面不印刷参数）。圆柱体电阻器用三位或四位色环表示阻值。精度为±1%的 EIA-96 系列精密电阻器的代码如表 2.14 所示。EIA-96 系列精密电阻器的阻值用两位数字代码加一位字母代码表示。与 EIA-24 系列精密电阻器不同的是，EIA-96 系列精密电阻器不能从它的标识上直接读取阻值，前两位数字代码通过查表 2.14 得知数值，再乘以字母代码表示的倍率。例如，元器件上标识为 39X，从表 2.14 中可查得 39 对应值为 249，X 对应值为 10^{-1}，这个电阻的阻值为 $(1\pm1\%)249\times10^{-1}$（Ω）=$(1\pm1\%)\times24.9$（Ω）；又如，元器件上标识为 01B，从表 2.14 中可查得 01 对应值为 100，B 对应值为 10^1，这个电阻的阻值为 $(1\pm1\%)100\times101$（Ω）=$(1\pm1\%)\times1k$（Ω）。

表 2.14　精度为±1%的 EIA-96 系列精密电阻器的代码

代码	阻值	代码	阻值	代码	阻值	代码	阻值	代码	阻值	代码	阻值
01	100	17	147	33	215	49	316	65	464	81	681
02	102	18	150	34	221	50	324	66	475	82	698
03	105	19	154	35	226	51	332	67	487	83	715
04	107	20	158	36	232	52	340	68	499	84	732
05	110	21	162	37	237	53	348	69	511	85	750
06	113	22	165	38	243	54	357	70	523	86	768
07	115	23	169	39	249	55	365	71	536	87	787
08	118	24	174	40	255	56	374	72	549	88	806
09	122	25	178	41	261	57	383	73	562	89	825
10	124	26	182	42	267	58	392	74	576	90	845
11	127	27	187	43	274	59	402	75	590	91	866
12	130	28	191	44	280	60	412	76	604	92	887
13	133	29	196	45	287	61	422	77	619	93	909
14	137	30	200	46	294	62	432	78	634	94	931
15	140	31	205	47	301	63	442	79	649	95	953
16	143	32	210	48	309	64	453	80	665	96	976

注：A=10^0，B=10^1，C=10^2，D=10^3，E=10^4，F=10^5，G=10^6，H=10^7，X=10^{-1}，Y=10^{-2}，Z=10^{-3}。

虽然 SMC 的体积很小，但它的精度并不低。常用典型 SMC 电阻器的主要技术参数如表 2.15 所示。以 SMC 电阻器为例，3216 系列的阻值是 0.39Ω～10MΩ，额定功率可达 1/4W，允许偏差有±1%、±2%、±5%和±10%等四个系列，额定工作温度上限是 70℃。

表 2.15 常用典型 SMC 电阻器的主要技术参数

系列型号	3216	2012	1608	1005
阻值范围	0.39Ω～10MΩ	2.2Ω～10MΩ	1Ω～10MΩ	10Ω～10MΩ
允许偏差/%	±1，±2，±5	±1，±2，±5	±2，±5	±2，±5
额定功率（W）	1/4，1/8	1/10	1/16	1/16
最大工作电压（V）	200	150	50	50
工作温度范围及额定温度（℃）	-55～+125；70	-55～+125；70	-55～+125；70	-55～+125；70

1）表面安装电阻器

表面安装电阻器按封装外形可分为片状和圆柱状两种，分别如图 2.22（a）和图 2.22（b）所示。图 2.23 为片状表面安装电阻器的外形尺寸示意图。表面安装电阻器按制造工艺可分为厚膜型和薄膜型两大类。片状表面安装电阻器一般是用厚膜工艺制作的：在一个高纯度氧化铝（Al_2O_3，96%）基底平面上网印 RuO_2 电阻浆来制作电阻膜；改变电阻浆封料成分或配比，就能得到不同的电阻值，也可以用激光在电阻膜上刻槽微调电阻值；印刷玻璃浆覆盖电阻膜并烧结成釉保护层，最后把基片两端做成焊端。圆柱状表面安装电阻器可以用薄膜工艺来制作：在高铝陶瓷基柱表面溅射镍铬合金膜或碳膜，在膜上刻槽调整电阻值，两端压刷金属焊端，再涂覆耐热漆形成保护层并印刷色环标识。

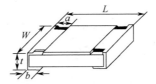

图 2.23 片状表面安装电阻器的外形尺寸示意图

2）表面安装电阻排

表面安装电阻排是电阻网络的表面安装形式。SMT 电阻排（电阻网络）如图 2.24 所示，大功率、多引脚的电阻网络也有封装成 SO 形式的。

   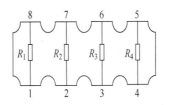

D型电阻排
$R_1=R_2=R_3=R_4=47×10^\circ=47Ω$

（a）外形　　　　　　　　　　　（b）内部电路

图 2.24 SMT 电阻排（电阻网络）

3）表面安装电容器

（1）SMT多层陶瓷贴片电容器。多以陶瓷材料为电容介质，是在单层盘状电容器的基础上构成的，电极深入电容器内部，并与陶瓷介质相互交错。电极的两端露在外面，并与两端的焊端相连。图2.25（a）是多层陶瓷贴片电容器的外形，图2.25（b）是其内部结构，图2.25（c）是一种电容排（电容网络）的外观。

 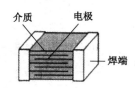

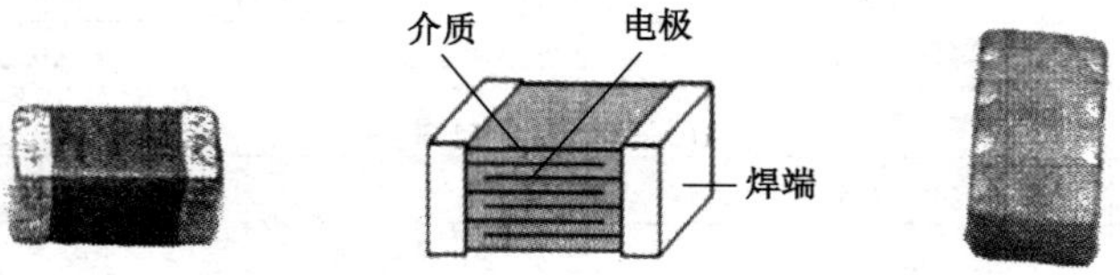

（a）多层陶瓷贴片电容器的外形　（b）多层陶瓷贴片电容器的内部结构　（c）电容排（电容网络）的外观

图2.25　SMT多层陶瓷贴片电容器

SMT多层陶瓷贴片电容器所用介质有三种：COG、X7R和Z5U。SMT多层陶瓷贴片电容器的电容量与尺寸、介质材料均有关，如表2.16所示。

表2.16　不同介质材料的SMT多层陶瓷贴片电容器的电容量范围

型　号	COG	X7R	Z5U
0805C	10～560pF	120pF～0.012μF	
1206C	680～1500pF	0.016～0.033pF	0.033～10μF
1812C	1800～5600pF	0.039～0.12μF	0.12～0.47μF

SMT多层陶瓷贴片电容器的可靠性很高，已经大量用于汽车工业、军事和航天领域。

（2）SMT电解电容器。常见的SMT电解电容器有SMT铝电解电容器和SMT钽电解电容器两种。图2.26（a）是SMT铝电解电容器，它的容量较大且额定工作电压的范围比较广，因此制作成贴片形式比较困难，一般制作成异形。图2.26（b）是SMT钽电解电容器，这类电容器采用金属钽作为电容介质，可靠性很高。SMT钽电解电容器的外形都是片状矩形，按两头的焊端不同，分为非模压式和塑模式两种，目前尚无统一的标注标准。以非模压式SMT钽电解电容器为例，其宽度为1.27～3.81mm，长度为2.54～7.239mm，高度为1.27～2.794 mm，电容量为0.1～100μF，直流工作电压为4～25V。

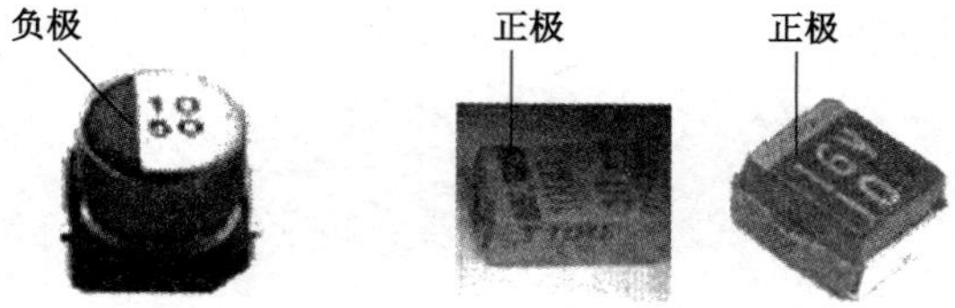

（a）SMT铝电解电容器　　　　（b）SMT钽电解电容器

图2.26　SMT电解电容器

4）SMT电感器

SMT电感器有多种形式。SMT电感器如图2.27（a）所示，其电感量较小，常见的型号是1206（英制），这种电感器的电感量一般为1μH以下，额定电流为10～20mA。图2.27（b）是SMT电感排。其他封装形式的SMT电感器可以获得较大的电感量或更大的额定电流。方形扁平封装的SMT互感器如图2.27（c）所示。

 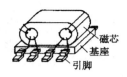

(a) SMT 电感器　　(b) SMT 电感排　　(c) 方形扁平封装的 SMT 互感器

图 2.27　SMT 电感器

5）SMC 的焊端结构

SMC 的焊端一般由三层金属构成。焊端的内部电极通常是采用厚膜技术制作的钯银（Pd-Ag）合金电极，中间电极是镀在内部电极上的镍（Ni）阻挡层，外部电极是铅锡（Sn-Pb）合金。中间电极的作用是避免在高温焊接时，焊料中的铅和银发生置换反应而导致厚膜电极"脱帽"，造成虚焊或脱焊。镍的耐热性和稳定性好，对钯银内部电极起到了阻挡层的作用；但镍的可焊接性较差，镀铅锡合金的外部电极可以提高其可焊接性。随着无铅焊接技术的推广，焊端表面的合金镀层也必须改成无铅焊料。

2．SMD

SMD 包括各种分立元器件，有二极管、晶体管、场效应管，也有由 2～3 个晶体管、二极管组成的简单复合电路。

1）SMD 分立元器件的外形

典型 SMD 分立元器件的电极引脚数为 2～6 个，其外形如图 2.28 所示。

二极管一般采用 2 端或 3 端 SMD 封装，小功率晶体管一般采用 3 端或 4 端 SMD 封装，4～6 端 SMD 元器件内大多封装了 2 个晶体管或场效应管。

2）SMD 二极管

SMD 二极管有无引线柱状玻璃封装和片状塑料封装两种。无引线柱状玻璃封装 SMD 二极管将管芯封装在细玻璃管内，两端以金属帽为电极，常见的有稳压、开关和通用二极管，功耗一般为 0.5～1W。图 2.29（a）是柱状玻璃封装普通二极管，图 2.29（b）是柱状玻璃封装稳压二极管。贴片塑料封装普通二极管一般制作成矩形片状，额定电流为 150mA～1A，耐压为 50～400V，如图 2.29（c）所示。

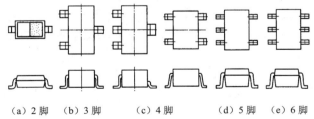

(a) 2 脚　　(b) 3 脚　　(c) 4 脚　　(d) 5 脚　　(e) 6 脚

图 2.28　典型 SMD 分立元器件的外形

(a) 柱状玻璃封装普通二极管　(b) 柱状玻璃封装稳压二极管　(c) 贴片塑料封装普通二极管

图 2.29　SMD 二极管

3）SMD 晶体管

SMD 晶体管采用带有翼形短引线的塑料封装，可分为 SOT23、SOT89、SOT14 等几种结构，产品有小功率 SMD 晶体管、大功率 SMD 晶体管、场效应 SMD 晶体管和高频 SMD 晶体管等，如图 2.30 所示。

小功率 SMD 晶体管额定功率为 100～300mW，电流为 10～700mA。

大功率 SMD 晶体管额定功率为 300mW～2W，两条连接在一起的引脚或与散热片连接的引脚是集电极。

（a）小功率 SMD 晶体管　　　　　　　　（b）大功率 SMD 晶体管

图 2.30　SMD 晶体管

各厂商产品的电极引出方式不同，在选用时必须查阅手册资料。

SMD 分立元器件的包装形式要便于自动化安装设备拾取，电极引脚数目较少的 SMD 分立元器件一般采用盘状纸编带包装。

3．SMD 集成电路

SMD 集成电路包括各种数字集成电路和模拟集成电路的 SSI～ULSI 集成元器件。得益于工艺技术的进步，SMD 集成电路的电气性能比 THT 集成电路的电气性能更好一些。与传统的双列直插、单列直插集成电路不同，SMD 集成电路的封装形式可以分成下列几类。

1）SO 封装

引线比较少的小规模 SMD 集成电路大多采用 SO 封装，如图 2.31（a）所示。SO 封装又分为几种：芯片宽度小于 0.15in，电极引脚数目比较少的（一般为 8～40 个）称为 SOP 封装，如图 2.31（b）所示；宽度为 0.25in 以上，电极引脚数目为 44 以上的称为 SOL 封装，如图 2.31（c）所示，这种封装形式的芯片常见于随机存储器（RAM）；芯片宽度为 0.6in 以上，电极引脚数目为 44 以上的称为 SOW 封装，如图 2.31（d）所示，这种封装形式的芯片常见于可编程存储器（E^2PROM）。有些 SOP 封装采用小型化或薄型化封装，分别称为 SSOP 封装和 TSOP 封装。大多数 SO 封装的引脚采用翼形电极；也有一些存储器采用 J 形电极，有利于在插座上扩展存储容量。SO 封装的引脚间距有 1.27mm、1.0mm、0.8mm、0.65mm 和 0.5mm。

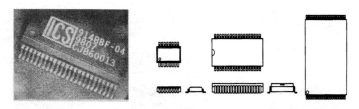

（a）SO 封装的 SMD 集成电路　　（b）SOP 封装　（c）SOL 封装　（d）SOW 封装

图 2.31　常见的 SO 封装的 SMD 集成电路

2）QFP 封装

矩形四边都有电极引脚的封装称为 QFP 封装，其中 PQFP（Plastic QFP）封装的芯片四角有突出（角耳），薄型 TQFP 封装的厚度已经降至 1.0mm 或 0.5mm。QFP 封装也采用翼形的电极引脚。QFP 封装的芯片一般是大规模集成电路，在商品化的 QFP 芯片中，电极引脚数目最少的有 28 个，最多可能达到 300 个，引脚间距最小为 0.4mm（最小极限为 0.3mm），引脚间距最大为 1.27mm。图 2.32（a）是 QFP 封装的 SMD 集成电路，图 2.32（b）是 QFP 封装的一般形式。

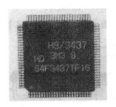

(a) QFP 封装的 SMD 集成电路　　　　　　(b) QFP 封装的一般形式

图 2.32　常见的 QFP 封装的 SMD 集成电路

3）PLCC 封装

PLCC 封装也是一种 SMD 集成电路的矩形封装，它的引脚向内钩回，称为钩形（J 形）电极，电极引脚数目为 16~84 个，间距为 1.27mm，如图 2.33 所示。PLCC 封装的 SMD 集成电路大多是可编程的存储器，这种存储器可以安装在专用的插座上，容易取下来对其中的数据进行改写；为了减少插座的成本，PLCC 封装芯片也可以直接焊接在电路板上，但用手工焊接比较困难。

 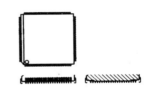

(a) PLCC 封装的 SMD 集成电路　　　　　　(b) PLCC 封装的一般形式

图 2.33　常见的 PLCC 封装的 SMD 集成电路

从图 2.34 中可以看出，SMD 集成电路和传统 DIP 集成电路在内部引线结构上是有差别的。SMD 集成电路内部的引线结构比较均匀，引线总长度更短，这对于元器件的小型化和提高集成度来说是更加合理的方案。

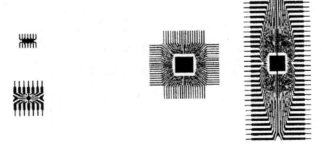

(a) SO-14 与 DIP-14 引线结构比较　　　　　　(b) PLCC-68 与 DIP-68 引线结构比较

图 2.34　SMD 集成电路与传统 DIP 集成电路的内部引线结构比较

2.9.3 SMT 元器件的命名及标注方法

电子整机产品制造企业在编制设计文件和生产工艺文件、指导采购订货及元器件进厂检验、通过权威部门对产品安全性认证时，都需要用到元器件的规格型号。SMT 元器件规格型号的标注方法因生产厂商的不同而不同。我国市场上销售的 SMT 元器件，部分是从国外进口的，其余是用引进生产线生产的，其规格型号的命名难免带有原厂商的烙印。下面分别用一种贴片电阻器和贴片电容器举例说明。

示例：1/8W、470Ω、±5%的陶瓷电阻器的命名和标注如图 2.35 所示。

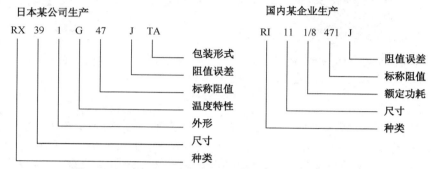

图 2.35 1/8W、470Ω、±5%的陶瓷电阻器的命名和标注

示例：1000pF、±5%、50V 的瓷介电容器的命名和标注如图 2.36 所示。

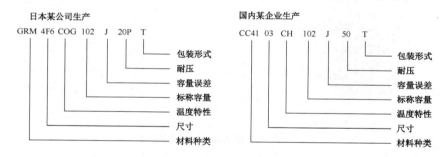

图 2.36 1000pF、±5%、50V 的瓷介电容器的命名和标注

2.10 开关的识别与选用

开关是一种应用十分广泛的电子元器件，它用来接通、断开和转换电路。

1．开关的分类

开关种类繁多，分类方式也各不相同。开关按照控制方式可分为机械式开关和电子开关两大类；按照结构特点可分为按钮开关、钮子开关、滑动开关、微动开关等；根据开关接点的数目可分为单极单位、单极多位、双极双位、多极多位等开关。

2．开关的主要参数

开关的主要参数包括额定电压、额定电流、接触电阻、绝缘电阻、耐压等。

1）额定电压

额定电压是指在正常工作状态下开关允许施加的最大电压。

2）额定电流

额定电流是指在正常工作状态下开关允许通过的最大电流。

3）接触电阻

接触电阻是指当开关接通时两个触点导体之间的电阻值。一般而言，机械开关的接触电阻为20mΩ以下。

4）绝缘电阻

绝缘电阻是指指定的不相接触的开关触点导体之间的电阻值。一般而言，开关的绝缘电阻应大于100MΩ。

5）耐压

耐压又称抗电强度，是指指定的不相接触的导体间所能承受的最大电压。

3．常用开关

1）按钮开关

按钮开关分为大型和小型，形状有圆柱形、正方形和长方形，如图2.37所示。按钮开关有自锁和不自锁之分。有的按钮开关带有指示灯，具有开关和指示灯的组合功能。

按钮开关安装方便、性能可靠，适用于各类仪表仪器、电子设备的通断电源和转换电路。

2）钮子开关

钮子开关有大型、中型、小型和超小型多种，触点有单刀、双刀和三刀等几种，接通状态有单掷和双掷等。钮子开关体积小、操作方便，是电子设备中常用的一种开关，工作电流为0.5～5A。钮子开关如图2.38所示。

图2.37 按钮开关

图2.38 钮子开关

3）船形开关

船形开关也称波动开关，广泛应用于各种仪表仪器、家用电器中，具有开关通断容量大、可靠性高、安全性好的优点。

有的船形开关还带有指示灯，使用方便。船形开关的触点有单刀单掷、单刀双掷、双刀单掷和双刀双掷等几种。船形开关如图2.39所示。

4）波段开关

波段开关有旋转式、拨动式和按钮式三种。每种形式的波段开关又可分为若干种规格的刀和位。在旋转式波段开关中，铆接在旋转轴绝缘体上的金属片称为动片，固定在绝缘体上的接触片称为定片。定片可以根据需要制作成不同的数目，其中始终和开关动片相连的定片称为刀，其他的定片称为位。开关的刀和位通过机械结构可以接通或断开。波段开关有多少个刀，就可以同时接通多少个点；有多少个位，就可以转换多少个电路。波段开关如图2.40所示。

图 2.39　船形开关　　　　　　　　　图 2.40　波段开关

5）微动开关

微动开关是一种通过小行程、小动作力，使电路接通或断开的开关，适用于各种自动控制装置，如图 2.41 所示。微动开关除电气参数外，还有动作压力、反向动作力、动作行程等机械参数，机械参数在选择、使用或安装微动开关时都是很重要的。

图 2.41　微动开关

4．开关的选用

在选用开关时应注意以下事项。

（1）应根据负载的性质选择开关的额定电流。例如，白炽灯的冲击电流是稳态电流的 10 倍，电动机的冲击电流是稳态电流的 6 倍。如果选择的开关在要求的时间内无法承受启动电流的冲击，就会损坏。

（2）开关的额定电压应留有一定的裕量。

（3）尽可能选用接触电阻小的开关。

（4）在开关频繁、负载不大的场合，选择开关时应着重考虑开关的机械使用寿命；在功率较大的场合，则应着重考虑开关的电气使用寿命。

2.11　电磁继电器的识别与检测

电磁继电器是一种当输入量（电、磁、声、光、热）达到一定值时，输出量将发生跳跃式变化的自动控制元器件，是自动控制电路中常用的一种元器件。电磁继电器可以用较小的电流来控制较大的电流，在电路中起着自动操作、自动调节、安全保护等作用。

电磁继电器种类繁多，通常可将其分为直流电磁继电器、交流电磁继电器、舌簧电磁继电器、时间电磁继电器和固体电磁继电器等。下面以应用广泛的电磁继电器为例做简要介绍。

2.11.1　电磁继电器的符号和触点形式

电磁继电器线圈在电路中用一个长方框符号表示，如果电磁继电器有两个线圈，则画两个并列的长方框，并在长方框内或长方框旁标上电磁继电器的文字符号"J"。电磁继电器的触点有两种表示方法：一种是把触点直接画在长方框一侧，这种表示方法较为直观；另一种是按照电路连接的需要，把各个触点分别画到各个控制电路中，通常在同一电磁继电器的触点与线圈旁分别标注相同的文字符号，并将触点组编上号码，以示区分。

电磁继电器的触点有以下三种基本形式。

（1）动合型（H型）：线圈不通电时，两个触点是断开的；线圈通电后，两个触点会闭合，通常以"合"字的拼音字头"H"表示。

（2）动断型（D型）：线圈不通电时，两个触点是闭合的；线圈通电后，两个触点会断开，通常用"断"字的拼音字头"D"表示。

（3）转换型（Z型）：触点组型。这种触点组共有三个触点，即中间触点是动触点，上下各有一个静触点。线圈不通电时，动触点和其中一个静触点断开和另一个静触点闭合；线圈通电后，动触点会移动，使原来断开的触点成闭合状态、原来闭合的触点成断开状态，达到转换的目的。这样的触点组称为转换触点，用"转"字的拼音字头"Z"表示。

2.11.2 电磁继电器的主要参数

电磁继电器的主要参数如下。

1．额定工作电压

额定工作电压是指电磁继电器在正常工作时线圈所需要的电压，即控制电路的控制电压。根据电磁继电器的型号不同，可以是交流电压，也可以是直流电压。

2．直流电阻

直流电阻是指电磁继电器中线圈的直流电阻，可以通过万用表测量。

3．吸合电流

吸合电流是指电磁继电器能够产生吸合动作的最小电流。在正常使用时，给定的电流必须大于吸合电流，这样电磁继电器才能稳定工作。对于线圈上施加的工作电压，一般不应超过额定工作电压的1.5倍，否则会产生较大的电流而把线圈烧毁。

4．释放电流

释放电流是指继电器产生释放动作的最大电流。当电磁继电器吸合状态的电流减小到一定程度时，电磁继电器就会恢复至未通电的释放状态，此时的电流远远小于吸合电流。

5．触点切换电压和电流

触点切换电压和电流是指电磁继电器允许加载的电压和电流。触点切换电压和电流决定了电磁继电器所能控制电压和电流的大小，使用时不能超过此值，否则很容易损坏电磁继电器的触点。

2.11.3 电磁继电器的测量

1．测量触点电阻

使用万能表的电阻挡测量常闭触点与动触点间的电阻，其阻值应为0（在使用更加精确的测量方式时，可测得触点阻值为100mΩ以内）；而常开触点与动触点间的阻值为无穷大，由此可以区分哪个是常闭触点，哪个是常开触点。

2．测量线圈电阻

可用万能表 R×10Ω 挡测量电磁继电器线圈的阻值，从而判断该线圈是否存在开路故障。

3．测量吸合电压和吸合电流

利用可调稳压电源和电流表，为电磁继电器输入一组电压，且在供电回路中串入电流表进行监测。慢慢调高电源电压，当听到电磁继电器的吸合声时，记下此时的吸合电压和吸合电流。为求准确，可以多测量几次求平均值。

4．测量释放电压和释放电流

像测量吸合电压和吸合电流一样连接测试，当电磁继电器吸合后，逐渐降低电源电压，当听到电磁继电器发出释放声音时，记下此时的释放电压和释放电流，也可多测量几次取释放电压和释放电流的平均值。在一般情况下，电磁继电器的释放电压为吸合电压的 10%～50%，如果释放电压太小（小于 1/10 的吸合电压），则无法正常使用，这样会对电路的稳定性造成威胁，使工作不可靠。

2.11.4　电磁继电器的选用

电磁继电器有很多参数，必须根据实际电路选择参数合适的电磁继电器，在选择时主要考虑以下几方面。

（1）电磁继电器线圈工作电压是直流还是交流，工作电压应不低于额定工作电压的 80%，但不能大于额定工作电压，否则容易损坏电磁继电器线圈。

（2）电磁继电器线圈工作时所需要的功率与实际需要切换的触发驱动控制电路所输出的功率是否相当。

（3）电磁继电器触点数量及触点形式必须根据电磁继电器所控制的电路特点来确定，触点的负载不能超过触点的容量。

（4）电磁继电器线圈在断电瞬间会产生线圈额定电压 30 倍以上的反峰电压，该电压对电路有极大的危害，通常采用在线圈两端并联瞬态抑制二极管或电阻器的方法加以抑制。

此外，电磁继电器的体积大小、安装方式、吸合及释放时间、使用环境、绝缘强度、触点数、触点形式、触点使用寿命（次数）、触点是控制交流还是直流等，在设计时都需要考虑。

第 3 章 焊接技术

焊接在电子产品装配中是一项重要的技术。焊接在电子产品实验、调试、生产中应用非常广泛，而且工作量相当大，焊接质量的好坏直接影响产品质量的好坏。

电子产品的故障除元器件的故障之外，大多数是由焊接质量不佳造成的，因此，熟练掌握焊接操作技能非常必要。

焊接的种类很多，本章主要阐述应用广泛的手工焊接技术。

3.1 焊接材料

3.1.1 焊料

凡是用来熔合两种或两种以上的金属面，使之形成一个整体的合金都称为焊料。焊料根据其含铅与否分为有铅焊料和无铅焊料；根据其组成成分分为锡铅焊料、锡银焊料及锡铜焊料；根据其熔点分为软焊料和硬焊料。

通常含铅的焊料是一种锡铅合金，它是一种软焊料，含量比例为锡 63%、铅 37%（也记为 Sn63/Pb37，下同）。而无铅焊料合金配方非常多，可以是锡银合金、锡铜合金和锡银铜合金等，含量方式有 Sn96.5/Ag3.5、Sn99.3/Cu0.7 和 Sn95.5/Ag3.9/Cu0.6 等。

含铅焊料无论在成本上还是在金属接合程度上都要优于无铅焊料，但是含铅焊料有毒且难回收，目前，国际上大量采用无铅焊料。

1. 锡铅焊料

纯锡与多种其他金属有良好的亲和力，在熔化时可与焊接母材金属形成化合物合金层。许多元器件的引脚材料是铜，引脚的合金层是 Cu_6Sn_5，这种化合物虽然坚固，但较脆。如果用铅与锡制成锡铅合金，则既可以降低焊料的熔点，又可以增加焊料的强度。

纯锡的熔点是 232℃，纯铅的熔点是 327℃，而锡铅合金的熔点取决于两种金属所占的比例，常用于电子设备焊接的焊锡的熔点远低于锡或铅各自的熔点。

锡铅合金在一定比例下，可以在某一温度下由固体直接变成液体，按这个配比配制的合金称为共晶合金。焊锡的共晶点配比为锡 63%、铅 37%，熔化温度为 183℃，在共晶温度下，焊锡由固体直接变成液体，无须经过半液体状态。共晶焊锡的熔化温度比非共晶焊锡的熔化温度低，这样就减少了被焊接元器件遭受损坏的机会。同时，由于共晶焊锡由固体直接变成液体，因此减少了虚焊现象。所以，锡铅合金应用非常广泛。

2. 杂质对焊锡的影响

焊锡中往往含有少量其他元素，这些元素会影响焊锡的熔点、导电性、抗张强度等物理、机械性能。

(1) 铜（Cu）：铜成分来源于印制电路板的焊盘和元器件的引线，并且铜的熔解速度随着焊料温度的升高而加快。随着铜的含量增加，焊料的熔点增高，黏度加大，容易产生桥接、拉尖等缺陷。一般焊锡中铜的含量为 0.3%～0.5%。

(2) 锑（Sb）：加入少量锑会使焊锡的机械强度增高，光泽变好，但会使其润滑性变差，对焊接质量产生影响。

(3) 锌（Zn）：锌是锡焊中的有害金属之一。焊料中含有 0.001%的锌就会对焊料的焊接质量产生影响。当含有 0.005%的锌时，会使焊点表面失去光泽，流动性变差。

(4) 铝（Al）：铝也是有害的金属之一，即使含有 0.005%的铝，也会使焊锡出现麻点，并使其黏性、流动性变差。

(5) 铋（Bi）：含铋的焊锡熔点会下降，当焊锡中添加 10%以上的铋时，有使焊锡变脆的倾向，焊锡冷却时易产生龟裂。

(6) 铁（Fe）：铁会使焊锡熔点升高，难于熔接。

3．焊锡的选择

丝状的焊锡比较常见，但也有泥状、锭状和特定形状的焊锡。焊锡泥常用于罐形元器件、管形元器件及贴片元器件的焊接。焊锡丝和焊锡泥分别如图 3.1 和图 3.2 所示。

图 3.1　焊锡丝

图 3.2　焊锡泥

在选用焊锡丝时，要选择符合工作要求的焊锡丝尺寸（规格）。较粗的焊锡丝对小焊点而言供锡量过大，会淹没焊点；较细的焊锡丝可以使锡丝脚易于控制。

目前大多使用松香芯锡丝，焊接时不需要使用助焊剂。松香芯分为 R 型（低活性）、RMA 型（中度活性）和 RA 型（高度活性）三种。松香芯锡丝具有焊接时润湿性佳、焊点可靠、各种技术性能指标优良、用途广泛等特点。

4．安全性

由于焊接是在能引起燃烧的温度下进行的，因此必须注意以下几点。

(1) 焊锡由绝不允许带入人体的金属组成，对人体健康有害。因此，在焊接后，用餐和喝水前必须洗手。

(2) 每次都要小心地将待用的电烙铁置于支架上。

(3) 烙铁头上的焊锡应该在湿海绵上擦拭，绝不能用手直接拨弄。

(4) 更换烙铁头时要小心，尤其是热的烙铁头。

(5) 在焊接时吸烟，肺部会有光气形成，包括对人体危害极大的芥子气，因此，绝对不要在焊接时吸烟。

3.1.2　焊剂

金属表面同空气接触后都会生成一层氧化膜，这层氧化膜会阻断焊锡对金属的润湿，犹如玻璃上沾上油就会使水不能润湿玻璃一样。焊剂就是用于清除金属表面氧化膜的一种专用材料（需要注意的是，焊剂不能除掉焊件上的各种污物）。清除金属表面氧化膜的实质是，温度在 70℃ 以上时，焊剂中的氯化物、酸类物同氧化物发生还原反应，从而除去氧化膜，反应后的生成物变成悬浮的渣，漂浮在焊锡表面。需要注意的是，松香在 300℃ 以上会分解并发生化学变化，变成黑色固体，失去化学活性。松香如图 3.3 所示。

图 3.3　松香

焊剂能防止金属氧化。液态的焊锡及加热的金属焊件都容易与空气中的氧气接触而被氧化。焊剂在熔化后，漂浮在焊锡表面，形成隔离层，从而阻止了焊接面的氧化。

另外，焊剂能减小焊锡的表面张力，增加焊锡流动性，有助于焊锡润湿焊件。

通常，对焊剂的要求如下。

（1）熔点应低于焊锡，只有这样才能发挥焊剂的作用。

（2）表面张力、黏度、比例都小于焊锡。

（3）残渣容易清除。焊剂都带有酸性，且残渣会影响外观。

（4）不能腐蚀母材。焊剂酸性太强，虽然能清除氧化层，但会腐蚀金属，造成危害。

（5）不产生有害气体和刺激性气味。

通常使用的焊剂有松香和松香酒精溶液（又称松香水）。在松香酒精溶液中加入三乙醇胺可增强其活性。

氢化松香是专为锡焊生产的高活性松香，助焊作用优于普通松香。

另外，还有一种常用的焊剂是焊油膏，在电子电路的焊接中，一般不使用它，因为它是强酸性焊剂，对金属有腐蚀作用。

3.2　焊接工具

3.2.1　电烙铁

常用的手工焊接工具是电烙铁，其作用是加热焊料和被焊金属，使熔融的焊料润湿被焊金属表面并生成合金。

1．电烙铁的结构

常见的电烙铁有直热式电烙铁、感应式电烙铁、调温及恒温式电烙铁、吸锡式电烙铁。直热式电烙铁和调温式电烙铁分别如图 3.4 和图 3.5 所示。

图 3.4 直热式电烙铁

图 3.5 调温式电烙铁

直热式电烙铁又可以分为内热式和外热式两种,如图 3.6 所示。直热式电烙铁主要由以下几部分组成。

(1)发热元器件:俗称烙铁芯,是将镍铬发热电阻丝缠在云母、陶瓷等耐热、绝缘材料上构成的。内热式与外热式电烙铁的主要区别在于外热式电烙铁的发热元器件在传热筒的外部,而内热式电烙铁的发热元器件在传热筒的内部。

(2)烙铁头:作为热量存储和传递的元器件,一般用紫铜制成。

(3)手柄:一般用实木或胶木制成,手柄设计要合理,否则会因温升过高而影响操作。

(4)接线柱:发热元器件同电源线的连接柱。必须注意的是,电烙铁一般有三个接线柱,其中一个是用于连接金属外壳的,接线时应用三芯线将外壳接保护零线。

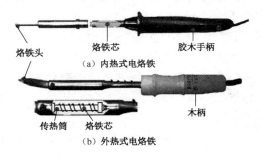
图 3.6 直热式电烙铁的结构示意图

2. 电烙铁的选用

电烙铁的种类及规格很多,被焊工件的大小又各有不同,因而合理地选用电烙铁的功率及种类对提高焊接质量和效率很有意义。如果被焊工件尺寸较大,使用的电烙铁功率较小,则焊接温度过低,焊料熔化较慢,焊剂不能挥发,焊点不光滑、牢固,这样势必造成焊接强度及质量的不合格,甚至焊料不熔化使焊接无法进行。如果电烙铁的功率太大,则使过多的热量传递到被焊工件上,使焊点过热,造成被焊工件的损坏,致使印制电路板的铜箔脱落,焊料在焊接面上流动过快并无法控制。

在选用电烙铁时,可以从以下几方面进行考虑。

(1)在焊接集成电路、晶体管及受热易损元器件时,应选用 20W 内热式电烙铁或 25W 外热式电烙铁。

(2)在焊接导线及同轴电缆时,应选用 45~75W 外热式电烙铁或 50W 内热式电烙铁。

(3)在焊接尺寸较大的元器件时(如行输出变压器的引线脚、大容量电解电容器的引线脚、金属底盘接地焊片等),应选用 100W 以上的电烙铁。

电烙铁功率和类型的选择如表 3.1 所示。

表 3.1 电烙铁功率和类型的选择

被焊工件及工作性质	选用电烙铁	烙铁头温度（室温，220V 电压）
一般印制电路板，安装导线	20W 内热式、30 W 外热式、恒温式	250～400℃
集成电路	20W 内热式、恒温式、储能式	
焊片，电位器，2～8W 电阻器，大容量电解电容器	35～50W 内热式、恒温式、50～75W 外热式	350～450℃
8W 以上电阻器，$\varphi 2$ 以上导线等尺寸较大的元器件	100W 内热式，150～200W 外热式	400～550℃
汇流排、金属板等	300W 外热式	500～630℃
维修、调试一般电子产品	20W 内热式、恒温式、感应式、储能式、两用式	250～400℃

3．烙铁头的选择与使用说明

1）烙铁头的选择

烙铁头是存储热量和传导热量的元器件。在一般情况下，对烙铁头的形状要求并不严格，但是在焊接精细易损件时最好选用尖嘴（圆锥形）烙铁头。电烙铁的温度与烙铁头的体积、形状、长短等都有一定的关系。烙铁头的长短是可以调整的，烙铁头越短，其温度就越高，反之温度就越低，在操作时可根据需要调节。烙铁头类型如表 3.2 所示。

表 3.2 烙铁头类型

图　示	类　型
	中尖嘴
	刀嘴
	小尖嘴
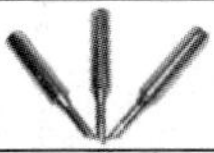	斜嘴
	扁嘴

2）烙铁头的使用说明

（1）尖嘴烙铁头接触面积小，只适合焊接较小的焊接点。

（2）螺钉旋具型或凿子型的烙铁头接触面积大，传热范围广，适合焊接较大的焊接点。

（3）用于无铅焊接的电烙铁优先选用螺钉旋具型或凿子型烙铁头，因为尖嘴烙铁头接触点细小，传热不完全，稍一接触就会使接触面温度明显上升，温度均匀性差，烙铁头前端大小决定着热传导效率，尺寸应该与被焊工件相当。

4．烙铁头温度的调整与判断

电烙铁的温度与烙铁头的体积、形状、长短等都有一定的关系。通常，烙铁头的温度可以通过改变插入烙铁芯的深度来调节。烙铁头插入烙铁芯的深度越深，其温度越高。

在一般情况下，可根据焊锡的熔化情况和焊剂的发烟状态判断烙铁头的温度，如图 3.7 所示。也可在烙铁头上熔化一点松香芯焊剂，根据焊剂的烟量来判断其温度是否合适。当烙铁头温度低时,烟量小,持续时间长;温度高时,烟量大,消散快;在中等发烟状态,6~8s消散时,温度约为300℃,此时是焊接的合适温度。

图3.7 用观察法估计烙铁头温度

5. 电烙铁的接触及加热方法

电烙铁的接触及加热方法:在用电烙铁加热被焊工件时,烙铁头上一定要黏有适量的焊锡,为使电烙铁传热迅速,要用电烙铁的侧平面接触被焊工件表面,同时应尽量使烙铁头接触印制电路板上的焊盘和元器件引线。在对尺寸较大的焊盘(直径大于5mm)进行焊接时,可移动电烙铁,即电烙铁绕焊盘转动,以免长时间停留在某一点而导致局部过热,如图3.8所示。

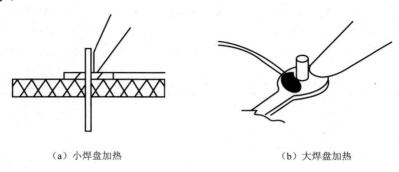

图3.8 使用电烙铁对焊盘进行加热

6. 使用电烙铁的注意事项

(1)在使用前或更换烙铁芯时,必须检查电源线与地线的接头是否正确。尽可能使用三芯的电源插头,注意接地线要正确接在电烙铁的壳体上。

(2)新电烙铁一般不能直接使用,必须对烙铁头进行处理后才能正常使用。也就是说,在使用前先给烙铁头镀上一层焊锡,即对烙铁头进行"上锡"后方能使用。具体的方法为,先用锉刀把烙铁头按需要锉成一定的形状,然后接上电源,当烙铁头温度升至能熔化焊锡时,将松香涂在烙铁头上,等松香冒烟后再涂上一层焊锡,如此进行两三次,直至烙铁头表面薄薄地镀上一层焊锡为止。

当电烙铁使用一段时间后,烙铁头的刃面及其周围会产生一层氧化膜,这样会产生"吃锡"困难的现象,此时可锉去氧化膜,重新镀上焊锡。

(3)电烙铁不易长时间通电而不使用,因为这样容易使烙铁芯加速氧化而烧断,也将使烙铁头长时间加热而被氧化,甚至被烧"死"不再"吃锡"。

(4)在使用电烙铁的过程中,电源线不要被烫破,应随时检查电烙铁的插头、电源线,发现破损老化应及时更换。不可将电源线随着柄盖扭转,以免使电源线接头部位短路。在使用过程中不要敲击电烙铁,烙铁头上过多的焊锡不得随意乱甩,要在松香或软布上擦除。

（5）在使用电烙铁的过程中，一定要轻拿轻放，不焊接时，要将电烙铁放到烙铁架上，以免灼热的电烙铁烫伤自己或他人；若长时间不使用电烙铁，应切断电源，防止烙铁头氧化；不能用电烙铁敲击被焊工件。

（6）在用电烙铁焊接时，最好选用松香焊剂，以保护烙铁头不被腐蚀。氯化锌和酸性焊剂对烙铁头的腐蚀性较大，会使烙铁头的使用寿命缩短，因而不易采用。

操作者头部与烙铁头之间应保持 30cm 以上的距离，以避免过多的有害气体（焊剂加热挥发出的化学物质）被人体吸入。

（7）在更换烙铁芯时，要注意引线不要接错，因为电烙铁有三个接线柱，而其中一个是接地的，另外两个是接烙铁芯两根引线的（这两个接线柱通过电源引线直接与 220V 交流电源相接）。如果将 220V 交流电源线错接到接地线的接线柱上，则电烙铁外壳就会带电，被焊工件也会带电，这样会发生触电事故。

7．电烙铁的常见故障及其维护

电烙铁在使用过程中常见的故障有电烙铁通电后不热、烙铁头带电、烙铁头不"吃锡"、烙铁头出现凹坑等。下面以内热式 20W 电烙铁为例加以说明。

1）电烙铁通电后不热

当遇到此故障时，可以用万用表的电阻挡测量插头的两端，如果指针不动，则说明有断路故障。当插头本身没有断路故障时，可卸下电烙铁的柄，再用万用表测量烙铁芯的两根引线，如果指针仍不动，则说明烙铁芯损坏，应更换新的烙铁芯。如果测量烙铁芯两根引线电阻值为 2.5kΩ左右，则说明烙铁芯是好的，故障在电源引线及插头上，多数故障为电源引线断路，插头中的接点断开。用万用表的 R×1Ω挡进一步测量电源引线的电阻值，便可发现问题。

更换烙铁芯的方法：将固定烙铁芯引线螺钉松开，卸下电源引线，将烙铁芯从连接杆中取出，然后将新的同规格烙铁芯插入连接杆，将电源引线固定在螺钉上，并注意将烙铁芯多余引线头剪掉，以防止两根引线短路。

在测量插头的两端时，如果万用表的指针指示接近零欧姆，则说明有短路故障，故障多为插头内短路，或者是防止电源引线转动的压线螺钉脱落，致使接在烙铁芯接线柱上的电源引线断开而发生短路。当发现短路故障时，应及时处理，不能再次通电，以免烧坏熔断器。

2）烙铁头带电

烙铁头带电的原因除前文所述的电源引线错接在接地线的接线柱上外，还有可能是，当电源引线从压线螺钉上脱落后，又碰到了接地线的螺钉，从而造成烙铁头带电。这种故障最容易造成触电事故并损坏元器件，因此，要随时检查压线螺钉是否松动或丢失。如果压线螺钉丢失、损坏，应及时配好（压线螺钉的作用是防止电源引线在使用过程中因拉伸、扭转而造成引线头脱落）。

3）烙铁头不"吃锡"

烙铁头经长时间使用后，会因氧化而不沾锡，这就是"烧死"现象，也称不"吃锡"。

当出现不"吃锡"的情况时，可用细砂纸或锉刀将烙铁头重新打磨或刮出新茬，然后重新镀上焊锡即可继续使用。

第3章 焊接技术

4）烙铁头出现凹坑

当电烙铁使用一段时间后，烙铁头就会出现凹坑或氧化腐蚀层，使烙铁头的刃面形状发生变化。当遇到此种情况时，可用锉刀将氧化层及凹坑锉掉，并锉成原来的形状，然后镀上锡，即可重新使用。

为延长烙铁头的使用寿命，必须注意以下几点。

（1）经常用湿布、浸水海绵擦拭烙铁头，以保持烙铁头的良好挂锡，并可防止残留焊剂对烙铁头的腐蚀。

（2）在进行焊接时，应采用松香或弱酸性焊剂。

（3）当焊接完毕时，烙铁头上的残留焊锡应该继续保留，以防止再次加热时出现氧化层。

3.2.2 其他常用工具

1．尖嘴钳

尖嘴钳头部较细，如图 3.9 所示。尖嘴钳适用于夹持小型金属零件或使元器件引线弯曲。尖嘴钳一般带有塑料套柄，使用方便，且能绝缘。

尖嘴钳不宜用于敲打物体或装拆螺母，不宜在 80℃以上的环境中使用，以防止塑料套柄熔化或老化。

2．平嘴钳

平嘴钳钳口平直，如图 3.10 所示。平嘴钳可用于夹持元器件引脚与导线，因为其钳口无纹路，所以相比于尖嘴钳，平嘴钳更适于进行导线拉直、整形。但平嘴钳钳口较薄，不易用于夹持螺母或需要施力较大的部位。

图 3.9　尖嘴钳

图 3.10　平嘴钳

3．斜嘴钳

斜嘴钳如图 3.11 所示。斜嘴钳适用于剪除焊后的线头，也可与尖嘴钳合用剥除导线的绝缘皮。在剪线时，要使钳头朝下，在不变动方向时可用另一只手遮挡，防止剪下的线头飞出伤眼。

4．剥线钳

剥线钳专用于剥有包皮的导线，如图 3.12 所示。在使用时注意将需要剥皮的导线放入合适的槽口，剥皮时不能剪断导线，剪口的槽并拢后应为圆形。

图 3.11　斜嘴钳

图 3.12　剥线钳

5. 平头钳

平头钳又称克丝钳或老虎钳,其头部较平宽,如图 3.13 所示。常用的平头钳规格有 175mm 和 200mm 两种。平头钳一般带有塑料套柄,使用方便,且能绝缘。平头钳适用于进行螺母、紧固件的装配操作,一般适用于紧固 M5 螺母。电工常用平头钳剪切或夹持导线、金属线等,但平头钳不能代替锤子敲打零件。

可用平头钳的齿口旋紧或松动螺母,也可用平头钳的刀口进行导线断切。

6. 镊子

镊子有尖嘴镊子和圆嘴镊子两种,如图 3.14 所示。尖嘴镊子用于夹持较细的导线,以便装配焊接。圆嘴镊子用于使元器件引线弯曲和夹持元器件进行焊接等。用镊子夹持元器件进行焊接还起到了散热作用。

图 3.13 平头钳

图 3.14 镊子

7. 螺钉旋具

螺钉旋具又称起子、改锥,有"一"字式和"十"字式两种,专用于拧螺钉,如图 3.15 所示。根据螺钉大小可选用不同规格的螺钉旋具,但在拧螺钉时,不要用力太猛,以免螺钉滑扣。

另外,钢板尺、盒尺、卡尺、扳手、小刀等也是经常用到的工具。

8. 低压验电器

低压验电器又称试电笔,由氖管、电阻器、弹簧和笔身等部分组成,主要用于验证低压导体和电气设备外壳是否带电,如图 3.16 所示。低压验电器有钢笔式和旋具式两种。常用的低压验电器的测试范围是 60~500V,指带电体与大地的电位差。

图 3.15 螺钉旋具

图 3.16 低压验电器

在使用低压验电器时应注意如下事项。

(1)在使用前,一定要在有电的电源上验电,检查氖管能否正常发光。

(2)在使用时,手必须接触金属笔挂或低压验电器顶部的金属螺钉,但不得接触金属笔杆与电源相接触的部分。

(3)应当避光检测,以便看清氖管的光辉。

(4)低压验电器不可受潮,不可随意拆装或受到剧烈震动,以保证测试可靠。

3.3 手工焊接的基本操作过程

3.3.1 焊接操作姿势与注意事项

手工焊接技术是相关从业人员需要掌握的一项基本功,即在大规模生产的情况下,维护和维修也必须采用手工焊接。必须通过学习和实践操作练习才能熟练掌握手工焊接技术。

1. 操作姿势

掌握正确的手握电烙铁的姿势,可以保证操作者的身心健康,减轻劳动伤害。为减小焊剂加热时挥发出的化学物质对人体的危害,减少人体对有害气体的吸入量,一般情况下,电烙铁到鼻子的距离应该不小于 20cm,通常以 30cm 为宜。

握电烙铁的手法如图 3.17 所示。

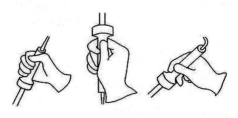

(a) 反握法　　(b) 正握法　　(c) 握笔法

图 3.17　握电烙铁的手法

反握法的动作稳定,长时间操作不易疲劳,适用于大功率电烙铁的操作;正握法适用于中功率电烙铁或带弯头电烙铁的操作;一般在操作台上焊接印制电路板等焊件时,多采用握笔法。

焊锡丝拿法如图 3.18 所示。经常使用电烙铁进行锡焊的人,一般把成卷的焊锡丝拉直,并将其截成一尺长左右的各小段。在进行连续焊接时,应用左手的拇指、食指和小指夹住焊锡丝,用另外两个手指配合使焊锡丝连续向前送进,如图 3.18(a)所示。当断续焊接时,焊锡丝的拿法也可采用如图 3.18(b)所示的形式。

由于焊锡丝中含有一定比例的铅,而铅是对人体有害的重金属,因此,在操作时应戴上手套或操作后洗手,避免食入。电烙铁使用完毕后,一定要将它稳妥放于烙铁架上,并注意导线等物体不要碰触电烙铁。

(a) 连续焊接时

(b) 断续焊接时

图 3.18　焊锡丝拿法

2．锡焊的注意事项

为了提高焊接质量，在进行锡焊时必须注意以下事项。

（1）选用合适的焊锡，应选择用于焊接电子元器件的低熔点焊锡丝。

（2）选用合适的焊剂，将25%的松香溶解在75%的酒精（重量比）中作为焊剂。

（3）电烙铁使用前要上锡，具体方法为，将电烙铁加热，当电烙铁刚好能熔化焊锡时，在烙铁头上涂上焊剂，再将焊锡均匀地涂在烙铁头上，使烙铁头均匀地"吃"一层锡。

（4）焊接方法：把焊盘和元器件的引脚用细砂纸打磨干净，涂上焊剂；用烙铁头取适量焊锡，接触焊点，待焊点上的焊锡全部熔化并浸没元器件引线头后，使电烙铁头沿着元器件的引脚轻轻向上一提离开焊点。

（5）焊接时间不宜过长，否则容易烫坏元器件，必要时可用镊子夹住引脚辅助散热。

（6）焊点应呈正弦波峰形状，表面应光亮圆滑，无锡刺，锡量适中。

（7）焊接完成后，要用酒精把电路板上残余的焊剂清洗干净，以防碳化后的焊剂影响电路正常工作。

（8）集成电路应最后焊接或断电后利用余热焊接，或者使用集成电路专用插座，焊好插座后再把集成电路插上去，焊接过程中电烙铁要可靠接地。

（9）电烙铁应放在烙铁架上。

3.3.2 手工焊接的要求

1．手工焊接工具要求

1）焊锡丝的选择要求

直径为1.0mm的焊锡丝用于铜插孔焊接、焊片和印制电路板的注锡、一些较大元器件的焊接。

直径为0.8mm的焊锡丝用于普通类电子元器件的焊接。

直径为0.6mm的焊锡丝用于贴片及较小型电子元器件的焊接。

2）电烙铁的功率选用要求

在焊接常规电子元器件及其他受热易损的元器件时，优先选用35W的内热式电烙铁。

在焊接导线、铜插孔、焊片，以及为印制电路板镀锡时，要选用60W的内热式电烙铁。

在拆卸一些电子元器件，以及热缩管热缩时，考虑选用热风枪。

3）电子元器件的安装要求

（1）电阻器的安装。在一般情况下，电阻器应该与电路板平行安装在印制电路板上，电阻器应该安装在两孔中间，如图3.19所示。

图3.19　电阻器正确（左）与错误（右）安装示意图

如果电路板上直插元器件的两孔间距离比电阻器的长度小，那么电阻器可竖插式安装，如图3.20所示。

（2）电容器的安装。部分电容器的表面有极性标识，在安装时极性方向必须与印制电路板上标明的方向一致，极性电容器上用+、圆点、细端、缺口端和长引脚等表示正方向，如图 3.21 所示。

电路板上画有竖线的一端为负。

图 3.20　电阻器竖插式安装示意图　　　　图 3.21　印制电路板上的电容器丝印

在安装电容器时应注意极性，电容器底部应紧挨电路板，电容器的引脚插入后，引脚根部与印制电路板之间的距离不小于 1mm，如图 3.22 所示。

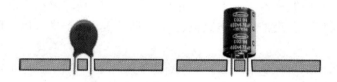

图 3.22　电容器安装示意图

（3）二极管的安装。二极管是有极性的元器件，在安装时要看清印制电路板丝印中的极性标识，以判断二极管的极性。印制电路板上的二极管丝印如图 3.23 所示。

图 3.23　印制电路板上的二极管丝印

对于轴向引线二极管的安装，元器件主体应在两孔中间，如图 3.24 所示。

图 3.24　轴向引线二极管正确（左）与错误（右）安装示意图

（4）晶体管的安装。在安装晶体管时，晶体管的平面必须与印制电路板上的平边对应插放，如图 3.25 所示。

（5）晶体振荡器的安装。晶体振荡器体内的晶片很脆，在放置或搬运过程中勿重压，以防晶片损坏。晶体振荡器安装示意图如图 3.26 所示。

图 3.25　晶体管安装示意图　　　　图 3.26　晶体振荡器安装示意图

（6）集成电路的安装。集成电路是有方向性的元器件，其引脚的排列有顺序规定，集成电路上一般用凹口或圆点表示方向，如图 3.27 所示。集成电路插座和印制电路板丝印上也相应有一个凹口记号,如图 3.28 所示,两者要对应,切勿插反,否则会烧坏集成电路。

图 3.27　集成电路安装示意图

图 3.28　集成电路插座

4）元器件焊接要求

电子产品组装的主要任务是在印制电路板上对电子元器件进行锡焊。焊点的个数从几十个到成千上万个不等,如果有一个焊点达不到要求,就会影响整机的质量,因此,在锡焊时,必须做到以下几点。

（1）焊点的机械强度要足够。为保证被焊工件在受到震动或冲击时不会脱落、松动,要求焊点有足够的机械强度。一般可采用使被焊工件的引线端子弯曲后再焊接的方法,但不能用过多的焊锡堆积,否则容易造成虚焊或焊点与焊点的短路。

（2）焊接可靠保证导电性能。为使焊点有良好的导电性能,必须防止虚焊。虚焊是指焊锡与被焊工件表面没有形成合金结构,焊锡只是简单地依附在被焊工件的表面上,如图 3.29 所示。

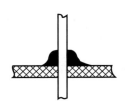

(a) 与引线浸润不好

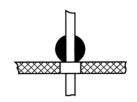

(b) 与印制电路板浸润不好

图 3.29　虚焊现象

在进行锡焊时,如果只有一部分形成合金,而其余部分没有形成合金,则这种焊点在短期内也能通过电流,用仪表测量很难发现问题。但随着时间的推移,没有形成合金的表面就会被氧化,此时便会出现时通时断的现象,这势必会造成产品的质量问题。

（3）焊点表面要光滑、清洁。为使焊点光滑、清洁,不但要具有熟练的焊接技能,还要选择合适的焊锡和焊剂,否则将出现焊点表面粗糙、拉尖、棱角等现象。

3.3.3　五步操作法

有一种通行焊接操作方法,即先用烙铁头蘸一些焊锡,再将烙铁头放到焊点上等待熔化后的焊锡润湿焊件,但这种操作方法并不正确。虽然利用上述方法也可以对被焊工件进行焊接,但是不能保证焊接质量。原因是,当焊锡附着在烙铁头上时,焊锡中的焊剂会附在焊锡表面,而烙铁头温度一般为 250~350℃,在烙铁头放到焊点之前,焊剂将不断挥发,而当烙铁头放到焊点上时,焊接温度低,加热还需要一段时间,在此期间焊剂很可能挥发大半甚至完全挥发,因而在润湿过程中会因缺少焊剂而润湿不良；同时,由于焊锡和被焊工件温度相差很大,结合层不容易形成,很难避免虚焊,而焊剂的保护作用丧失后,焊锡容易被氧化,焊接质量得不到保证。所以熟练掌握五步操作法对手工焊接来说至关重要。

五步操作法如图 3.30 所示。

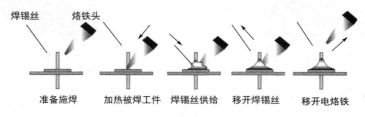

图 3.30　五步操作法

1．准备施焊

准备好焊锡丝和电烙铁。此时,需要特别注意的是,烙铁头要保持干净,即可以"吃锡"。

2．加热被焊工件

使烙铁头接触焊点,注意先要保持电烙铁加热被焊工件各部分,如使印制电路板上引线和焊盘都受热,再让烙铁头的扁平部分(较大部分)接触热容量较大的被焊工件,烙铁头的侧面或边缘部分接触热容量较小的被焊工件,以保持被焊工件均匀受热。

3．焊锡丝供给

当被焊工件加热到能熔化焊锡丝的温度时,将焊锡丝置于焊点,焊锡丝开始熔化并润湿焊点。

4．移开焊锡丝

当熔化一定量的焊锡丝后将焊锡丝移开。

5．移开电烙铁

当焊锡完全润湿焊点后移开电烙铁,注意在移开电烙铁时应该沿大致 45° 的方向。

上述过程对一般焊点而言需要 2~3 秒。对于热容量较小的焊点,如印制电路板上的小焊盘,有时用三步概括操作法,即将上述步骤 2、3 合为一步,步骤 4、5 合为一步。实际上还是五步。所以五步操作法具有普遍性,是进行手工焊接的基本方法。特别是各步骤之间停留的时间,对保证焊接质量来说至关重要,只有通过实践才能逐步掌握这种焊接方法。

3.3.4　焊接的操作要领

焊接的具体操作要领在达到优质焊点的目标下可因人而异,但以下几点实践经验对初学者的指导作用不可忽略。

1．保持烙铁头的清洁

因为焊接时烙铁头长时间处于高温状态,并且接触焊剂等杂质,其表面很容易被氧化并有一层黑色杂质,这些杂质会形成隔热层,使烙铁头失去加热功能。因此,要随时在烙铁架上蹭去烙铁头上的杂质,用一块湿布或湿海绵随时擦拭烙铁头也是常用的方法。

2．采用正确的加热方法

要通过增加接触面积的方式加快传热,而不要用电烙铁对被焊工件加压。有人为了焊接得快一些,在加热时用烙铁头对被焊工件加压,这是徒劳无益而危害不小的。这种做法不但加速了烙铁头的损耗,而且会对被焊工件造成损坏或不易觉察的隐患。正确的做法是根据被焊工件形状选用不同的烙铁头,或自己修整烙铁头,使烙铁头与被焊工件形成面接触而不是点或线接触,这能大大提高焊接效率。

还要注意,在加热时应让被焊工件上需要焊锡浸润的各部分均匀受热,而不是仅加热被焊工件的一部分,如图3.31所示。对于热容量相差较多的两部分被焊工件,加热应偏向需要热量较多的部分。

3. 加热要靠焊锡桥

在非流水线作业中,一次焊接的焊点形状是多种多样的,但又不能不断更换烙铁头,若要提高烙铁头加热的效率,则需要形成热量传递的焊锡桥。焊锡桥就是在电烙铁上保留少量焊锡作为加热时烙铁头与被焊工件之间传热的桥梁。显然,由于金属液的导热效率远高于空气的导热效率,因此会使被焊工件很快被加热到焊接温度。应注意,作为焊锡桥的焊锡保留量不可过多。

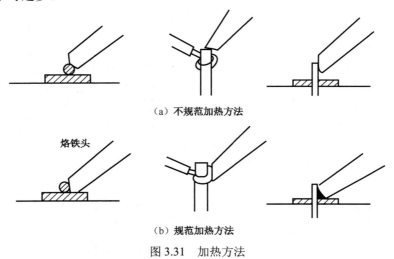

图3.31 加热方法

4. 电烙铁撤离有讲究

电烙铁撤离要及时,而且撤离时的角度和方向对焊点形成有一定影响。图3.32为电烙铁不同撤离方向对焊点的影响。也可以在撤电烙铁时将其轻轻旋转一下,以使焊点留有适当的焊锡。

图3.32 电烙铁不同撤离方向对焊点的影响

5. 在焊锡凝固之前不要使被焊工件移动或振动

当用镊子夹住焊件时,一定要等焊锡凝固后再移去镊子。这是因为焊锡凝固过程是结晶过程，根据结晶理论，结晶物体在结晶期受到外力（被焊工件移动）会改变结晶条件，形成大粒结晶，焊锡迅速凝固会造成"冷焊"。"冷焊"的焊点表面呈豆渣状，焊点内部结构疏松，容易有气隙和裂缝，从而使焊点强度降低、导电性能差。因此，在焊锡凝固前，一定要保持被焊工件静止。

6．焊锡量要合适

过量的焊锡不但会产生浪费，而且增加了焊接时间，相应降低了工作效率。更为严重的是，在高密度的电路中，过量的焊锡很容易造成不易觉察的短路。

但是焊锡过少无法保证焊接可靠，这也是不允许的，特别是在印制电路板上焊接导线时，焊锡不足往往会导致导线脱落，如图3.33所示。

图3.33 焊锡量的掌握

7．不要用过量的焊剂

适量的焊剂是非常有用的，但并不是焊剂越多越好，过量的焊剂不仅增加了焊接结束后擦拭焊点周围的工作量，还延长了加热时间（焊剂熔化、挥发需要并带走热量），降低了工作效率；而当加热时间不足时，焊剂容易夹杂到焊锡中形成"夹渣"缺陷，对于开关的焊接，过量的焊剂容易流到触点处，从而造成开关接触不良。

合适的焊剂量应该是松香水仅能浸润将要形成的焊点。不要让松香水透过印制电路板流到元器件表面或插座（如集成电路插座）孔里。对于使用松香芯的焊锡丝，基本不需要涂松香水。

8．不要用烙铁头作为运载焊锡的工具

用附着有焊锡的电烙铁进行焊接很容易造成焊锡的氧化，焊剂的挥发，因为烙铁头温度一般为300℃左右，焊锡丝中的焊剂在这种温度下容易分解失效。

在调试、维修过程中，当需要用电烙铁焊接时，动作要迅速敏捷，以防氧化造成劣质焊点。

3.4 实用焊接技术

掌握原则和要领是必要的，但仅仅依照这些原则和要领并不能解决实际操作中的各种问题。

3.4.1 印制电路板的焊接

在焊接印制电路板之前要仔细对其进行检查，看其有无断路、短路、孔金属化不良等缺陷，以及是否涂有助焊剂或阻焊剂等。在大批量生产印制电路板时，出厂前必须按检查标准对其进行严格检测，以保证其质量。对于一般研制品或非正规投产的少量印制电路板，必须在焊接前对它们都进行仔细检查，否则会为整机调试带来很大麻烦。

在焊接前，对印制电路板上的所有元器件都要做好焊前准备工作（整形、镀锡）。

在焊接时，一般应先焊接高度较低的元器件，后焊接高度较高的和要求较高的元器件。焊接次序为电阻器→电容器→二极管→晶体管→其他元器件等。但根据印制电路板上的元器件特点，有时也可先焊接高度较高的元器件后焊接高度较低的元器件，使所有元器件的高度不超过最高元器件的高度，保证印制电路板上的元器件比较整齐，并占有最小的空间。不论采用哪种焊接工序，印制电路板上的元器件都要整齐排列，同类元器件要高度一致。

晶体管的焊接一般在其他元器件焊接好后进行，要特别注意的是，每个晶体管的焊接时间不要超过 5s，并使用钳子或镊子夹持引脚散热，防止烫坏晶体管。

涂过焊剂或氯化锌的焊点要用酒精擦洗干净，以免腐蚀印制电路板，用松香作为焊剂的，需要清理干净。

焊接结束后，必须检查有无漏焊、虚焊现象。在检查时，可用镊子将每个元器件引脚轻轻提一提，看是否摇动，若发现摇动，应重新焊接。

3.4.2　导线的焊接

1．导线与接线端子的焊接

导线同接线端子的焊接有以下三种方式。

1）绕焊

导线弯曲形状如图 3.34（a）所示。把经过上锡的导线端头在接线端子上缠一圈，用钳子拉紧缠牢后进行焊接，如图 3.34（b）所示。需要注意的是，导线一定要紧贴接线端子表面，绝缘层不接触接线端子，L 宜为 1～3mm，相较于其他焊接方式，绕焊可靠性最好。

2）钩焊

将导线端头弯成钩形，钩在接线端子上并用钳子夹紧后施焊，如图 3.34（c）所示，导线端头处理与绕焊中的导线端头处理相同。钩焊的焊接强度低于绕焊的焊接强度，但操作简便。

3）搭焊

把经过镀锡的导线搭到接线端子上施焊，如图 3.34（d）所示。相较于其他焊接方式，搭焊最方便，但强度、可靠性最差，仅用于临时焊接，或者不便于缠、钩的地方及某些接插件上。

(a) 导线弯曲形状　　(b) 绕焊　　(c) 钩焊　　(d) 搭焊

图 3.34　导线与接线端子的连接

2．导线之间的焊接

导线之间的焊接以绕焊为主，如图 3.35 所示，具体操作步骤如下。

(1) 去掉一定长度的绝缘皮。
(2) 端子上锡，并加上合适的套管。
(3) 绞合，施焊。
(4) 趁热套上套管，冷却后套管固定在接头处。

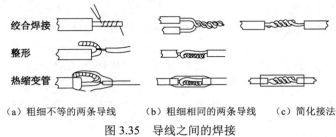

图 3.35　导线之间的焊接

3.4.3　集成电路的焊接

MOS 集成电路，特别是绝缘栅型集成电路，由于输入阻抗很高，稍有不慎就可能使其内部击穿而失效。

双极型集成电路虽然不像 MOS 集成电路那样"娇气"，但由于其内部集成度高，通常管子隔离层很薄，因此一旦受到过量的热也容易损坏。无论哪种集成电路，都不能承受高于 200℃ 的温度，因此，在焊接时必须非常小心。

集成电路的焊接方式有两种：一种是将集成块直接与印制电路板焊接；另一种是通过专用插座（集成电路插座）在印制电路板上焊接，然后将集成块直接插入集成电路插座上。

在焊接集成电路时，应注意下列事项。

(1) 集成电路引线如果是镀金银处理的，不要用刀刮，只需要用酒精擦拭或用绘图橡皮擦干净即可。

(2) 对于 CMOS 集成电路，如果事先已将各引线短路，则在焊接前不要拿掉短路线。

(3) 焊接时间应在保证浸润的前提下尽可能短，每个焊点最好用 3s 焊接好，最多不超过 4s，连续焊接时间不要超过 10s。

(4) 最好使用 20W 内热式电烙铁，接地线应保证接触良好。若用外热式电烙铁，最好在电烙铁断电后用余热焊接，必要时还要采取人体接地的措施。

(5) 若使用低熔点焊剂，则焊接温度一般不要高于 150℃。

(6) 工作台上如果铺有橡皮、塑料等易于积累静电的材料，电路片子及印制电路板等不宜放在台面上。

(7) 若集成电路不使用插座而直接焊接到印制电路板上，则安全焊接顺序为地端→输出端→电源端→输入端。

(8) 在焊接集成电路插座时，必须按集成块的引线排列图焊接每一个焊点。

3.5　焊接质量的检查

虚焊、短路、开路是印制电路板装配焊接中的常见故障。元器件引脚的氧化，印制电路板焊接部分和连接部分的涂覆层质量,以及焊接工具、焊接温度和时间的掌握是保证焊接质量的关键。经验表明,应慎用焊剂,特别是带有腐蚀性的焊剂。

为避免焊接造成断路、开路等难以修复的故障,应在焊接之前对印制电路板做全面的检查。

1. 焊接对元器件的损伤

焊接对元器件的损伤主要表现如下。

(1) 半导体元器件因受热太久而损坏。

(2) MOS 型元器件输入阻抗高,在焊接时,焊接工具外壳不接地会因感应静电而击穿。

(3) 在焊接某些不耐高温的材料(如带有塑料构件的电子元器件)时,若选用焊接工具不当,则在加热时易引起被焊工件变形。

(4) 在焊接大电流的端子时,端子可能因发热而熔脱。

(5) 对于引线密度很大的大规模芯片和有特别要求的芯片,没有使用专门的焊接设备和遵守专门的操作流程会对芯片造成损坏。

2. 电路焊接的一般要求

(1) 元器件在印制电路板上穿孔焊接时,印制电路板金属化孔的两面都应有焊角,单面板仅要求在有电路的一面有焊角,如图 3.36 所示。

(2) 焊点外表应光滑、无针孔,不允许有虚焊和漏焊现象。

(3) 焊点上应没有可见的焊剂残渣。

(4) 焊点上应没有拉尖、裂纹。

(5) 焊点上的焊锡要适量,焊点的湿润角以 15°～30°为佳,焊点的大小要和焊盘相适应,如图 3.37 所示。

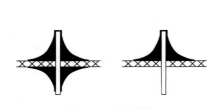

图 3.36　焊角图示

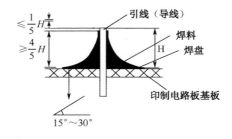

图 3.37　焊点的湿润角图示

(6) 密实焊点是优质合格焊点。密实焊点强度高、导电性好、抗腐蚀性强,不会造成内腐蚀脱焊。焊点上的气孔或空穴不集中在一处且不超过焊点表面积的 5%的焊点即可认为是密实焊点。

(7) 扁平封装集成电路的引线在印制电路板上进行平面焊接时,焊料不可太多,应略显露引线的轮廓,如图 3.38 所示。

(8) 扁平封装集成电路引线最小焊接长度应为 1mm,如图 3.39 所示。

(9) 扁平封装集成电路引线可以伸出电路焊盘,但伸出扁平引线不得影响邻近电路(至少保持 0.3mm 的距离),如图 3.39 所示。

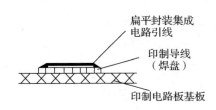

图 3.38　扁平封装集成电路引线焊接示例

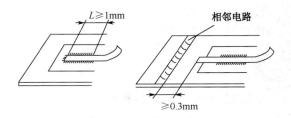

图 3.39　扁平封装集成电路引线焊接长度示例

3．不合格焊点

下列焊点为不合格焊点。

（1）虚焊点：焊接之前加热不够、清洗不充分或焊料中杂质过多等导致的润湿性差、外观呈灰色、多孔、不牢固的焊点。

（2）冷焊点：未达到焊接温度而造成的电气接触不良或根本没有连通的焊点。

（3）夹松香焊点：焊接时间不够，焊剂未充分挥发，从而使得焊剂残留于焊料和被焊工件之间的焊点。

（4）受扰动的焊点：在焊料凝固期间，元器件与印制电路板有相对移动而形成的焊点。受扰动的焊点通常外表粗糙且焊角不匀称。

（5）焊剂残余焊点：明显残留有焊剂的焊点。

（6）拉尖焊点（俗称毛刺）：在焊点表面有锐利的焊料凸起且凸起超过 0.2mm 的焊点。

（7）润湿不良焊点：被焊工件表面可焊性差，焊料不能自由流动，未完全润湿被焊工件表面的焊点。

（8）焊盘不润湿焊点：不润湿面积大于焊盘面积 1/3 的焊点，如图 3.40 所示。

（9）引线不润湿焊点，如图 3.41 所示。

图 3.40　焊盘不润湿焊点示例

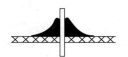

图 3.41　引线不润湿焊点示例

（10）过热焊点：焊接温度过高或加热时间过长而引起焊料变质且焊接表面呈霜斑或颗粒状的焊点。

（11）焊角不对称的焊点：偏锡的长度 L 大于 20%焊盘半径的焊点，如图 3.42 所示。

（12）钮形焊点：焊点形状似钮扣的焊点，如图 3.43 所示。

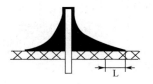

图 3.42　焊角不对称的焊点示例

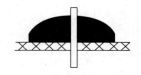

图 3.43　钮形焊点示例

（13）焊盘翘起焊点：焊盘和绝缘基体材料之间的黏接部分出现局部剥离现象的焊点。

（14）凹坑焊点：当焊点上凹坑最大直径大于焊盘直径的 20%，或者一个焊点上的凹坑不止一个，或者凹坑在引线边缘的焊点均为凹坑的焊点。

（15）不透锡焊点：表面金属化孔质量不好的焊点。

（16）扁平封装集成电路引线从焊盘的侧面伸出的焊点。

3.6　拆焊

拆焊又称解焊。在调试、维修或焊错的情况下，常常需要将已焊接的连线或元器件拆卸下来，这个过程就是拆焊，它是焊接技术的一个重要组成部分。在实际操作时，拆焊要比焊接更困难，更需要使用恰当的方法和工具。如果拆焊不当，则很容易损坏元器件或使铜箔脱落而破坏印制电路板。因此，拆焊也是一项应熟练掌握的基本功。

1．拆焊工具

除电烙铁之外，常用的拆焊工具还有如下几种。

（1）空心针管：可用医用针管改装，要选取不同直径的空心针管若干，市场上也会出售维修专用的空心针管，如图 3.44 所示。

（2）吸锡器：用来吸取印制电路板焊盘上的焊锡，一般与电烙铁配合使用，如图 3.45 所示。

图 3.44　空心针管

图 3.45　吸锡器

（3）镊子：拆焊宜选用端头较尖的不锈钢镊子，它可以用来夹住元器件的引脚，挑起元器件的引脚或线头。

（4）吸锡绳：一般利用铜丝的屏蔽线电缆或较粗的多股导线制成。

（5）吸锡电烙铁：主要用于拆换元器件，是手工拆焊的重要工具，用于加热焊点，同时吸去熔化的焊锡。吸锡电烙铁与普通电烙铁的不同之处是，其烙铁头是空心的，而且多了一个吸锡装置。

2．简单拆焊方法

1）用镊子进行拆焊

在没有专用拆焊工具的情况下，可用镊子进行拆焊，这种方法简单，是印制电路板上元器件拆焊常用的方法。焊点的形式不同，拆焊的具体操作也不同。

对于印制电路板上引脚之间焊点距离较大的元器件，拆焊相对容易，一般采用分点拆焊的方法，如图 3.46 所示。分点拆焊的操作步骤如下。

（1）固定印制电路板，同时用镊子从元器件面夹住被拆元器件的一根引脚。

（2）用电烙铁对被夹引脚上的焊点进行加热，以熔化该焊点的焊锡。

（3）待焊点的焊锡全部熔化后，将被夹元器件的引脚轻轻从焊盘孔中拉出。

（4）用同样的方法拆焊被拆元器件的另一根引脚。

（5）用烙铁头清除焊盘上的多余焊锡。

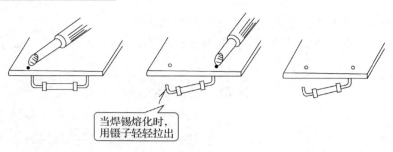

图 3.46 分点拆焊示意图

2）集中拆焊法

对于拆焊印制电路板上引脚之间焊点距离较小的元器件（如晶体管等），拆焊时具有一定的难度，多采用集中拆焊的方法。集中拆焊的操作步骤如下。

（1）固定印制电路板，同时用镊子从元器件一侧夹住被拆焊元器件。

（2）用电烙铁对被拆焊元器件的各个焊点快速交替加热，以同时熔化各焊点的焊锡。

（3）待焊点上的焊锡全部熔化后，将被夹的元器件引脚轻轻从焊盘孔中拉出。

（4）用烙铁头清除焊盘上的多余焊锡。

需要注意的是，在使用此方法时，加热要迅速，注意力要集中，动作要快。如果焊点引脚是弯曲的，则要逐点间断加热，先吸取焊点上的焊锡，露出引脚轮廓，并将引脚拉直后再拆除元器件。

3）同时加热法

当拆焊引脚较多、较集中的元器件（如天线圈、振荡线圈等）时，采用同时加热法比较有效。同时加热法操作步骤如下。

（1）用较多的焊锡将被拆元器件的所有焊点连在一起。

（2）用镊子夹住被拆元器件。

（3）用内热式电烙铁对被拆焊点连续加热，使被拆焊点的焊锡同时熔化。

（4）待焊锡全部熔化后，将元器件引脚从焊盘孔中轻轻拉出。

（5）清理焊盘，用一根没有涂锡 $\phi 3mm$ 的钢针从焊盘面插入焊盘孔中，如果焊锡封住焊盘孔，则需要用电烙铁熔化焊锡。

3．用拆焊工具进行拆焊

1）用专用吸锡电烙铁进行拆焊

对于焊锡较多的焊点，可采用吸锡电烙铁去锡脱焊。在拆焊时，吸锡电烙铁加热和吸锡同时进行，具体操作步骤如下。

（1）在吸锡时，根据元器件引脚的粗细选用大小合适的锡嘴。

（2）吸锡电烙铁通电加热后，将活塞柄推下卡住。

（3）锡嘴垂直对准焊点，待焊点焊锡熔化后，按下吸锡电烙铁的控制按钮，焊锡即被吸入吸锡电烙铁。反复几次，直至元器件从焊点脱离。

2）用吸锡器进行拆焊

吸锡器是专门用于拆焊的工具，其中装有一种小型手动空气泵，如图 3.47 所示。用吸锡器进行拆焊的步骤如下。

（1）将吸锡器的吸锡滑杆按下。

（2）用电烙铁将需要拆焊焊点的焊锡熔化。

（3）将吸锡器锡嘴套入需要拆焊的元器件引脚，并没入熔化的焊锡。

（4）按下吸锡按钮，吸锡滑杆在弹簧的作用下迅速复原，完成吸锡动作。如果一次吸不干净，可多吸几次，直到将焊盘上的焊锡吸净，而使元器件引脚与铜箔脱离。

(a) 吸锡器外形　　　　　　　(b) 吸锡器吸锡法

图 3.47　吸锡器拆焊示意图

3）用热风拆焊器拆焊

热风拆焊器是新型拆焊工具，主要由气泵、印制电路板、气流稳定器、外壳和手柄等部件组成。热风拆焊器利用喷出的高热空气将锡熔化，优点是焊点与焊点之间没有硬接触，不会损伤焊点与被焊工件，适用于高密度引脚微小贴片元器件的拆焊。

热风拆焊器具有以下特点。

（1）热风头不用接触印制电路板，可以使印制电路板免受损伤。

（2）可以完成各类元器件的快速拆卸，包括分立、单列、双列及表面贴片等元器件。

（3）所拆印制电路板的焊盘孔及元器件引脚干净无锡，方便第二次使用。

（4）热风的温度及风量可调节，适用于拆焊各类印制电路板。

（5）一机多用，适用于热风加热、拆焊多种类型元器件、热缩管处理、热能测试等多种需要热能的场合。

下面以热风拆焊器拆卸集成电路为例，介绍其具体操作步骤。

（1）根据集成电路的特点选择合适的热风拆焊器喷嘴，向集成电路的引脚周围加注松香水。

（2）调好热风温度和风速，根据经验，将热风温度设为 300℃，风速设为 3～4m/s。

（3）当热风拆焊器的热风达到一定温度时，把热风拆焊器的热风头放在需要拆焊的元器件上方 2cm 左右的位置，并且沿所拆焊的元器件周围移动。待集成电路的引脚焊锡全部熔化后，用镊子或热风拆焊器配备的专用工具将集成电路轻轻提起。

3.7　贴片元器件的焊接

表面贴装技术是目前电子组装行业极为流行的一种技术。表面贴装技术是一种将无引脚或短引线表面组装元器件安装在印制电路板的表面或其他基板的表面上，通过再流焊或浸焊等方法加以焊接组装的电路装连技术。在通常情况下，人们使用的电子产品都是由印制电路板加上电容器、电阻器等电子元器件并按设计的电路图设计而成的。表面贴装技术的优点是组装密度高、电子产品体积小、质量轻、可靠性高、抗震能力强、焊点缺陷率低、高频特性好，减少了电磁和射频干扰，易于实现自动化，提高了生产效率。

本节重点介绍贴片元器件的手工焊接方法。

1. 焊接贴片元器件的常用物品

1）电烙铁

常使用尖嘴烙铁头，因为在焊接引脚密集的贴片芯片时，使用这种烙铁头能够准确方便地对某个或某几个引脚进行焊接。

2）焊锡丝

优质的焊锡丝对贴片元器件的焊接来说很重要，在焊接贴片元器件的时候，尽可能地使用细的焊锡丝（ϕ0.6mm 以下），这样容易控制给锡量，从而不用浪费焊锡并免去吸锡的麻烦。

3）镊子

镊子主要用于夹起和放置贴片元器件。例如，在焊接贴片电阻的时候，可用镊子夹住贴片电阻并将其放到电路板上进行焊接。要求镊子前端尖而平，以便夹持元器件。另外，对于一些需要防止静电的芯片，需要使用防静电镊子。

4）吸锡带

在焊接贴片元器件时，很容易出现上锡过多的情况，特别是在焊接引脚密集的贴片芯片时，很容易导致相邻的两个引脚或多个引脚被焊锡短路。此时，传统的吸锡器是不管用的，需要使用编织的吸锡带，如果没有吸锡带也可以用铜丝来代替。

5）松香

松香是进行锡焊时常用的焊剂，因为它能使焊锡中的氧化物析出，保护焊锡不被氧化，并增加焊锡的流动性。在焊接贴片元器件时，松香除具有助焊作用之外，还可以配合铜丝作为吸锡带使用。

6）焊锡膏

在焊接难上锡的铁件等物品时，可以使用焊锡膏，它可除去金属表面的氧化物，但其具有腐蚀性。在焊接贴片元器件时，焊锡膏可以用来"吃锡"，使焊点亮泽且牢固。

7）热风枪

热风枪是利用其枪芯吹出的热风来对元器件进行焊接与拆焊的工具。热风枪的工艺要求相对较高。从取下或安装单一元器件到大片的集成电路，都可以使用热风枪。不同的场合对热风枪的温度和风量等有不同要求，温度过低会造成元器件虚焊，温度过高会损坏元器件及印制电路板，风量过大会吹跑小尺寸元器件。普通的贴片焊接可以不用热风枪。

8）放大镜

对于一些引脚特别细小密集的贴片芯片，焊接完毕之后需要检查其引脚是否焊接正常、有无短路现象，此时直接通过人眼观察判断是很费力的，在这种情况下可以使用放大镜，从而方便可靠地查看每个引脚的焊接情况。

9）酒精

当松香作为焊剂时，很容易在电路板上留下多余的松香。为了美观，可以用酒精棉球将电路板上残留松香的地方擦拭干净。

贴片焊接需要的常用物品除了上述这些，还有海绵、洗板水、硬毛刷、胶水等，这里不再赘述。

2. 贴片元器件的手工焊接步骤

1）清洁和固定印制电路板

在焊接前应对要焊接的印制电路板进行检查，确保其干净。对印制电路板表面的油性手印及氧化物等要进行清除（用洗板水或酒精清洗），以免影响上锡。在手工焊接印制电路板时，如果条件允许，可以用焊台等固定好贴片元器件，从而方便焊接，一般情况下用手固定即可。需要注意的是，要避免用手接触印制电路板上的焊盘，以免影响上锡。

2）固定贴片元器件

贴片元器件的固定是非常重要的。根据贴片元器件的引脚多少，其固定方法大体上可以分为两种：单脚固定法和对脚固定法。

对于引脚数目少（5个以下）的贴片元器件，如电阻器、电容器、二极管、晶体管等，一般采用单脚固定法，即先在印制电路板上对其中一个焊盘上锡，然后左手拿镊子夹持元器件将其放到安装位置并轻轻抵住印制电路板，右手拿电烙铁靠近已镀锡焊盘熔化焊锡并将该引脚焊接好。焊接好一个焊盘后，元器件已不会移动，此时镊子可以松开。

对于引脚多且多面分布的贴片芯片，利用单脚固定法是难以将芯片固定好的，一般可以采用对脚固定法，即焊接固定一个引脚后再对该引脚对角的引脚进行焊接固定，从而达到将整个芯片固定好的目的。需要注意的是，对于引脚多且密集的贴片芯片，引脚与焊盘的精准对齐尤其重要，应仔细检查核对，因为其可以决定焊接质量的好坏，如图3.48所示。

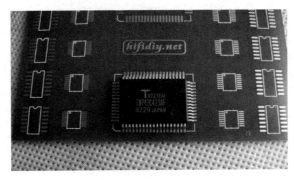

图3.48　引脚多且密集的贴片芯片

3）焊接剩下的引脚

元器件固定好之后，就可以对剩下的引脚进行焊接了。对于引脚较少的元器件，左手拿焊锡，右手拿电烙铁，依次点焊即可。对于引脚多且密集的芯片，除采用点焊方法外，还可以采用拖焊的方法，即在一侧的引脚上足锡，然后用电烙铁将焊锡熔化并向该侧其余的引脚上抹去，熔化的焊锡可以流动，因此有时也可以将印制电路板适当倾斜，从而将多余的焊锡去除。

4）清除多余焊锡

若在焊接时产生了引脚短路现象，一般而言，可以拿吸锡带将多余的焊锡吸掉。吸锡带的使用方法很简单，向吸锡带中加入适量焊剂（如松香），然后将其紧贴焊盘，将干净的烙铁头放在吸锡带上，待需要吸附的焊盘上的焊锡熔化后，慢慢地从焊盘的一端向另一端轻压拖拉，焊锡即可被吸入吸锡带中。吸锡结束后，应使烙铁头与吸入了焊锡的吸锡带同时撤离焊盘。此时如果吸锡带黏在了焊盘上，不要用力拉吸锡带，而应向吸锡带上加焊剂或重新用烙铁头对吸锡带加热后轻拉吸锡带使其顺利脱离焊盘并防止烫坏周围元器件。如果没有吸锡带，可用细铜丝自制吸锡带。自制吸锡带的方法为，将电线的外皮剥去，露出其中的细铜丝，此时用电烙铁熔化一些松香在铜丝上即可。如果对焊接结果不满意，那么可以重复使用吸锡带清除焊锡,再次焊接元器件。

5)清洗焊接的地方

清除多余的焊锡之后,芯片基本就焊接好了。但是由于使用松香助焊和吸锡带吸锡,芯片引脚的周围残留了一些松香,虽然不影响芯片正常工作和使用,但是不美观,而且有可能造成检查时的不方便,因此有必要对这些残余松香进行清理。常用蘸有洗板水或酒精的棉签或用镊子夹着卫生纸进行清洗。在清洗残余松香时应该注意的是,酒精要适量,其浓度最好较高,以快速溶解松香之类的残留物;擦除的力道要控制好,不能太大,以免擦伤阻焊层及芯片引脚等。清洗完毕后,可以用电烙铁或热风枪对酒精擦洗位置进行适当加热以使残余酒精快速挥发。焊接完毕的贴片元器件如图 3.49 所示。

图 3.49　焊接完毕的贴片元器件

第 4 章

模拟电路的设计、安装与调试

4.1 直流稳压电源的设计、安装与调试

1. 电路原理

直流稳压电源是将不稳定的交、直流电压变为稳定的直流电压的电子装置。直流稳压电源应用非常广泛,一般是电子产品制作过程中必须考虑的环节。直流稳压电源的实现有多种方法,本节主要介绍用三端稳压电路制作直流稳压电源的方法。

三端稳压电路分为固定电压输出式三端稳压电路和可调电压输出式三端稳压电路,也可以按输出电压分为输出正电压的三端稳压电路和输出负电压的三端稳压电路。例如,固定电压输出式 LM78 系列集成稳压器输出的是正电压;固定电压输出式 LM79 系列集成稳压器输出的是负电压;可调电压输出式 LM317 系列集成稳压器输出的是正电压;可调电压输出式 LM337 系列集成稳压器输出的是负电压。

78×× 系列固定正电压输出式三端稳压集成电路(通常简称为三端稳压集成块)是目前应用最为广泛的电源类集成电路,采用 TO-220 封装,有三个引脚:电源输入端 U_i、地端 GND 和电源输出端 U_o。LM78 系列集成稳压器的型号为 LM78××,×× 表示输出电压值,常见的电压值有 5V、6V、9V、12V、15V、18V 和 24V 等,分别命名为 LM7805、LM7806、LM7809、LM7812、LM7815、LM7818 和 LM7824 等。生产厂家不同,产品型号前面标注的厂家代号不同。例如,输出电压为 5V 的集成稳压器有 AN7805、CW7805、MC7805、W7805、μA7805、μPC7805 等,它们与 LM7805 的电气性能基本相同,可以直接互换使用,所以在一般技术书籍中省略了代表厂家的词头,简称 78×× 系列集成稳压器。

78×× 系列集成稳压器的外形如图 4.1(a)所示,芯片上自带一片散热片,在使用时应用相应工具将其固定在金属散热器上,以利散热。

图 4.1(b)为 78×× 系列集成稳压器内部结构方框图,该稳压器的工作原理为:取样电路将输出电压 U_o 按比例取出,送入比较放大器与基准电压进行比较,差值被放大后用于控制调整管,以使输出电压 U_o 保持稳定。

图 4.2 是 78×× 系列集成稳压器的典型应用电路,这个电路非常简单,在电路的输入与输出关系比较明确的情况下,一般在电路原理图中不标明稳压器的引脚序号。

在图 4.2 中,C_1 为输入电容,一般情况下可省去不接。但当集成稳压器远离整流滤波电路时应接入一个 0.33μF 左右的电容,其作用是改善纹波和抑制输入的过载电压。C_2 为输出电容,只要接一个 0.1μF 左右的电容就可以改善负载的瞬态响应。在实际应用电路中,C_2 往往使用大容量的电解电容,目的是使输出直流电压更加平滑。但此时如果稳压器的输入端出现短路故障,输出端上大电容存储的电荷将通过稳压器内部的调整管的发射极(基

极）间的 PN 结放电，而大电容释放的能量可能会损坏稳压器。为解决这一问题，可在稳压器的输入端与输出端之间反接一只二极管，如图 4.2（b）中的 VD，这个二极管可在电路出现输入端短路故障时为电容 C_4 提供放电通路，以保护稳压器。

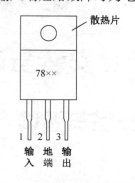 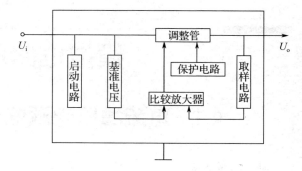

（a）78××系列集成稳压器的外形　　　　　（b）78××系列集成稳压器内部结构方框图

图 4.1　78××系列集成稳压器

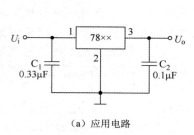 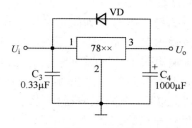

（a）应用电路　　　　　　　　　　　　（b）加入 VD 后的电路

图 4.2　78××系列集成稳压器的典型应用电路

一般地，三端稳压集成电路的最小输入、输出电压差约为 2V，一般应保持为 4～5V。7805 集成稳压器有一个明显缺点，即当输入电压大于 12V 时，发热会很严重（最大的输入电压只能为 15V）。原因在于 7805 集成稳压器属于线性稳压器，即如果输入为 12V，则会有 7V 电压完全因为发热而浪费。

下面介绍本节要组装和调试的电路，该电路是用固定正电压输出式三端集成稳压器 7805 设计制作的连续可调的直流稳压电路，如图 4.3 所示。在图 4.3 中，U_i 为 14V，R_1 阻值为 220Ω，R_p 为可变电阻且阻值为 680Ω，R_p 主要用来调节输出电压，输出电压 $U_o \approx U_i(1+R_p/R_1)$，该电路可在 5～12V 稳压范围内实现输出电压的连续可调。

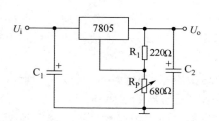

图 4.3　输出电压为 5～12V 的连续可调电路

该电路具有下列特点。

（1）R_1 为固定电阻，改变电阻 R_p 的阻值即可获得连续可调的输出电压，输出电压 U_o 近似等于 $U_i(1+R_2/R_1)$。

（2）最高输出电压受稳压器最大输入电压及最小输入/输出电压差的限制，因为该电路中稳压器的直流输入电压为+14V，所以该电路的最大输出电压为+12V。

（3）在稳压器的稳压范围内，其稳压精度可达±3%。

2．主要元器件清单

LM7805 三端集成稳压器主要元器件清单如表 4.1 所示。

表 4.1　LM7805 三端集成稳压器主要元器件清单

元器件符号	标　称　值	元器件名称
R_1	220Ω	1/8W 碳膜电阻
R_p	680Ω	1/8W 碳膜电阻
C_1	1000μF	铝电解电容
C_2	1000μF	电解电容

3．电路焊接、安装与调试

（1）在组装前要注意三端集成稳压器的引脚不要接错。

（2）注意电解电容的极性，不要接反。

（3）在调试电路时，注意输入电压 U_i 不要过高，以免烧坏稳压器。

4.2　触摸延时开关电路的设计、安装与调试

1．电路原理

在现代建筑中，过道楼梯照明开关常采用触摸延时开关，当人用手触摸这种开关时，照明灯点亮并持续一段时间后自动熄灭。触摸延时开关具有省电、使用方便的优点。

实现延时的电路有很多，但其基本原理都依据 RC 电路中电容 C 两端电压不能突变的特性。本节介绍的是由晶体管和 RC 电路组成的触摸延时电路，只要经适当改装，即可构成一个触摸延时开关电路。

人体本身带有一定电荷，当人用手接触导体时，这些电荷经人手转移到导体上，形成瞬间的微弱电流。这一微弱电流经过晶体管放大后，即可控制较大的负载开关动作。触摸延时开关电路原理图如图 4.4 所示，通过分析可知，此电路是由金属片 M、晶体管放大电路、RC 延时电路、晶体管开关电路及晶闸管执行电路等组成的。

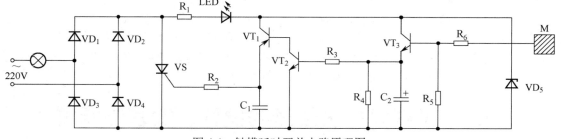

图 4.4　触摸延时开关电路原理图

具体来说，图 4.4 中的 VT_1、VT_2、VT_3 组成直接耦合放大电路，金属片 M 和偏置电阻 R_4、R_5 组成的电路为 VT_3 基极提供导通电压。当金属片 M 悬空时，由于 VT_3 基极开路，VT_3、VT_2 和 VT_1 处于截止状态，因此晶闸管 VS 截止，照明灯不亮。当人手接触金属片 M 时，人体电荷经 R_4 流入 VT_3 基极，VT_3 迅速导通并将此瞬时电流放大后驱动 VT_2 和 VT_1 导通，从而控制晶闸管电路导通，照明灯点亮。

在 VT_2 导通的同时，VT_3 发射极电流对电容 C_2 快速充电，VT_3 基极瞬时电流消失后，VT_3 截止，但由于电容 C_2 放电，因此 VT_2 和 VT_1 在一段时间内继续导通，导通时间由 VT_3、VT_2 电路及 R_3 放电回路决定。在这段时间内，照明灯持续发光，当 VT_1 截止，晶闸管控制极变为低电平且流过晶闸管的电流低于晶闸管的维持电流时，晶闸管关断，照明灯熄灭。

需要指出的是，在此电路中，二极管整流桥、晶闸管组成触摸延时开关电路的主回路，R_1、LED 与稳压二极管 VD_5 组成触摸延时开关电路的次回路。当晶闸管导通时，即主回路导通，照明灯点亮；当晶闸管截止时，由 R_1、LED 与稳压二极管 VD_5 构成的次回路导通，但此时由于次回路中电流很小，故照明灯不亮，但 LED 亮，用于指示触摸延时开关的位置。

2．主要元器件清单

触摸延时开关电路的主要元器件清单如表 4.2 所示。

表 4.2 触摸延时开关电路的主要元器件清单

元器件符号	型号或标称值	元器件名称
VT_1	9012	PNP 小功率晶体管
VT_2	9011	NPN 小功率晶体管
VT_3	9014	NPN 小功率晶体管
VS	MCR-100	单向晶闸管
$VD_1 \sim VD_4$	1N4007	整流二极管
VD_5	12V	稳压二极管
LED		发光二极管
R_1	100kΩ	1/8W 碳膜电阻
R_2	270kΩ	1/8W 碳膜电阻
R_3	1MΩ	1/8W 碳膜电阻
R_4	5.1MΩ	1/8W 碳膜电阻
R_5	1MΩ	1/8W 碳膜电阻
R_6	5.1MΩ	1/8W 碳膜电阻
C_1	0.01μF	电容
C_2	10μF	铝电解电容

3．电路焊接、安装与调试

（1）在组装前要分清晶体管及晶闸管的极性和引脚，不要接错。

（2）照明灯正常发光后，调整电容 C_2 的容量，观察照明灯发光的持续时间。

（3）如果没有触摸金属片 M，照明灯就已经亮了，则可以检查二极管整流桥电路是否出现故障，也可以考虑更换 VT_1、VT_3 及晶闸管 VS。

4.3 函数信号发生器的设计、安装与调试

1．电路原理

在电子技术领域，经常需要使用多种不同波形的信号，如正弦波、三角波、方波等。产生多波形的信号发生器也称函数信号发生器。

制作函数信号发生器的方案有多种，如先产生正弦波，然后通过整形电路将正弦波变成方波，再由积分电路将方波变成三角波；也可以先产生三角波或方波，再将三角波变成正弦波或将方波变成正弦波。利用集成运放可以较容易地实现这些方案。但在实际制作过

程中，这些方案采用的元器件数量较多，并且对参数要求较高。本节采用由集成电路 ICL8038 组成的简单函数信号发生器。集成电路 ICL8038 是一种性能优良的单片函数信号发生器专用集成电路，它只需要外接少量阻容元器件就可以产生正弦波、三角波、方波，其频率为 0.001Hz～300kHz，方波占空比可调，正弦波失真度可调，工作电压范围宽，输出信号幅度大于 1V，使用十分方便。图 4.5 为 ICL8038 的引脚图。

由 ICL8038 组成的简单函数信号发生器如图 4.6 所示，这个函数信号发生器可同时产生正弦波、三角波和方波，并且可在 10Hz～100kHz 的频率范围内连续变化。ICL8038 的外围阻容网络由 R_p、C_1～C_4 组成，它们决定了电路的振荡频率，4 个不同挡位的电容决定了频率的倍率，R_p 则完成频率范围的细调，以获得所需要的输出频率。为确保输出波形的对称度及失真度，电阻 R_2、R_3、R_4 要具有±1%的精度。

由 ICL8038 组成的简单函数信号发生器工作在要求不高的场合，完全可以满足一般使用需求。需要指出的是，该函数信号发生器三种输出波形的电压幅度只有 1V 左右，且带负载能力较差，需要接续放大电路才能使输出信号电压幅度得到提高。

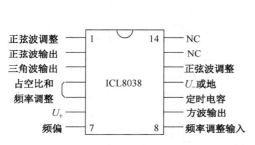

图 4.5 ICL8038 的引脚图

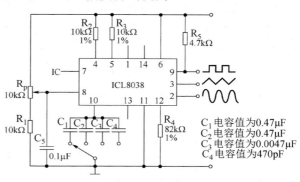

图 4.6 由 ICL8038 组成的简单函数信号发生器

2．主要元器件清单

由 ICL8038 组成的简单函数信号发生器的主要元器件清单如表 4.3 所示。

表 4.3 由 ICL8038 组成的简单函数信号发生器的主要元器件清单

元器件符号	型号或标称值	元器件名称
IC	ICL8038	单片函数信号发生器专用集成电路
R_p	10kΩ	小型碳膜电位器
R_1	10kΩ	1/8W 碳膜电阻
R_2	10kΩ±1%	1/8W 碳膜电阻
R_3	10kΩ±1%	1/8W 碳膜电阻
R_4	82kΩ±1%	1/8W 碳膜电阻
R_5	4.7kΩ	1/8W 碳膜电阻
C_1	0.47μF	小型瓷片电容
C_2	0.047μF	小型瓷片电容
C_3	0.0047μF	小型瓷片电容
C_4	470μF	小型瓷片电容
C_5	0.1μF/63V	小型瓷片电容

3. 电路焊接、安装与调试

(1) 按图 4.6 组装电路，R_2、R_3、R_4 应选用允许标准偏差为±1%的元器件。

(2) 用示波器分别观察三种波形，测量输出电压的幅度。调整电位器 R_p，测量各种波形的输出频率变化范围；用双踪示波器比较三种波形的频率和幅度。

4.4 低频功率放大电路的设计、安装与调试

1．电路原理

人在讲话的时候，其声音的强度是很有限的，在一个成千上万人的会场中，要使每个人都能清楚地听到台上发言人的声音是很难的。这时利用低频功率放大电路，人只要对着话筒讲话，人讲话的声音通过话筒变成了微弱的电信号，微弱的电信号经过低频功率放大器放大，最后从扬声器发出很强的声音，就可以使全会场的人都听到。低频功率放大电路是应用广泛的电路之一。传统的由分立元器件组成的低频功率放大电路已被性能优良的集成电路取代。

目前，随着高保真立体声技术的普及，许多功率放大器应用了高保真技术。高保真是指音频电声系统及其设备或部件保持声音信号原来面貌的能力。对于一般家庭音响，只要低音浑厚丰满，中音坚实有力，高音清脆明亮，能够使听者感到满意就达到了高保真的要求。随着科学技术的发展和人们欣赏水平的提高，现在的高保真还包括对音高、音强、音色，以及临场感、混响度等复杂音质状态的保持能力。

TDA2030 是许多音频功率放大器产品所采用的 Hi-Fi 功率放大集成块（Hi-Fi 是英文 High-Fidelity 的缩写，即高保真）。TDA2030 接法简单、价格实惠、使用方便，在现有的各种功率集成电路中，它的引脚属于较少的一类，只有 5 个引脚，外形如同塑封大功率管，为使用者带来了不少方便。

TDA2030 在电源电压为±14V、负载电阻为 4Ω 时，输出功率为 14W（失真度≤0.5%）；在电源电压为±16V、负载电阻为 4Ω 时，输出功率为 18W（失真度≤0.5%）；在电源电压为 ±(6～18)V 时，输出电流大，谐波失真和交越失真小（±14V/4Ω，THD=0.5%），具有优良的短路和过热保护功能。TDA2030 的接法分为单电源和双电源两种。

TDA2030 集成音频功率放大电路采用双电源供电，其原理图如图 4.7 所示，该电路由左右两个声道组成，其中 W101 为音量调节电位器，W102 为低音调节电位器，W103 为高音调节电位器。输入的音频信号的音量和音调经调节后由 C106、C206 送到 TDA2030 集成音频功率放大电路进行功率放大。TDA2030 集成音频功率放大电路工作于双电源状态，音频信号由引脚 1（同向输入端）输入，经功率放大后的信号从引脚 4 输出。其中，R108、C107、R109 组成负反馈电路，该反馈电路可以使电路工作稳定，R108 和 R109 的比值决定了 TDA2030 集成音频功率放大电路的交流放大倍数；R110、C108 和 R210、C208 组成高频移相消振电路，用于抑制可能出现的高频自激振荡。图 4.8 为 TDA2030 集成音频功率放大电路的电源电路，其为该功率放大电路提供 15～18V 的正负对称电源。

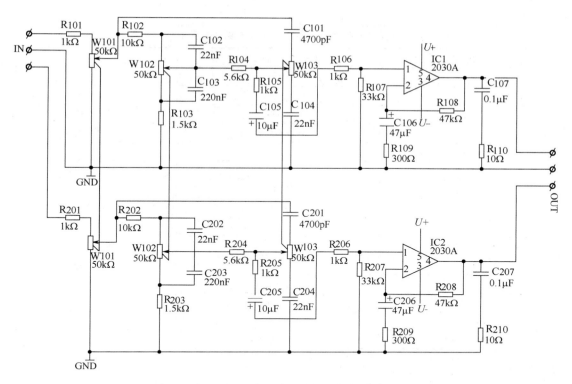

图 4.7 TDA2030 集成音频功率放大电路原理图

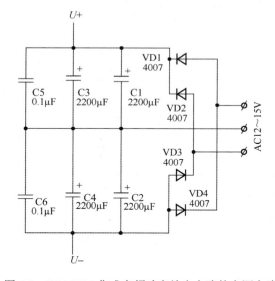

图 4.8 TDA2030 集成音频功率放大电路的电源电路

2．主要元器件清单

TDA2030 集成音频功率放大电路主要元器件清单如表 4.4 所示。

表 4.4 TDA2030 集成音频功率放大电路主要元器件清单

元器件符号	型号或标称值	元器件名称
$VD_1 \sim VD_4$	1N4007	整流二极管
R101、R201	1kΩ	1/4W 碳膜电阻
R102、R202	10kΩ	1/4W 碳膜电阻
R103、R203	1.5kΩ	1/4W 碳膜电阻
R104、R204	5.6kΩ	1/4W 碳膜电阻
R105、R205	1kΩ	1/4W 碳膜电阻
R106、R206	1kΩ	1/4W 碳膜电阻
R107、R207	33kΩ	1/4W 碳膜电阻
R108、R208	47kΩ	1/4W 碳膜电阻
R109、R209	300Ω	1/4W 碳膜电阻
R110、R210	10Ω	1/2W 碳膜电阻
W101、W102、W103	50kΩ	双联电位器
$C_1 \sim C_4$	2200μF	25V 电解电容
C_5、C_6	0.1μF	涤纶电容
C101、C201	4700pF	瓷片电容
C102、C202	22nF	瓷片电容
C103、C203	220nF	瓷片电容
C104、C204	22nF	瓷片电容
C105、C205	10μF	电解电容
C106、C206	47μF	电解电容
C107、C207	0.1μF	涤纶电容
AC12～15V	3 位	7.62mm 接线端子
IN1	3 位	2.54mm 插件座
IN2	2 位	立式 AV 座
OUT	3 位	7.62mm 接线端子
散热片	23.5mm×15mm×25mm	铝散热片
IC1、IC2	TDA2030	功率放大集成电路

3．电路焊接、安装与调试

（1）虽然与分立功率放大电路相比，集成音频功率放大电路结构简单，元器件数量少了很多，但是其调试方法仍可以参考分立元器件功率放大电路。

（2）要求熟悉集成电路的相关引脚功能，可以通过在线测量各引脚的电阻和工作电压，对比正常时的相关参数进行调试与检修。

4.5 温度控制电路的设计、安装与调试

1．电路原理

在工作温度范围内，阻值随温度升高而增加的热敏电阻称为正温度系数热敏电阻，简

称 PTC 电阻。居里点温度是 PTC 电阻的主要技术指标之一，当 PTC 电阻的温度低于居里点温度时，其阻值变化非常缓慢；当 PTC 电阻的温度超过居里点温度时，其阻值急剧增大。PTC 电阻广泛用于温度补偿、电动机过热保护、自动温度控制和调节、恒温发热器等，其电阻-温度特性可分为 A 型和 B 型两种。A 型为缓变型，一般用于温度补偿、温度测量、电子电路的过热保护等；B 型为开关型，常用于电气设备的温度测量及控制、温度报警和恒温发热等。

美国 Tekom 公司将 PTC 电阻与检测电路合为一体，推出温度控制集成电路 TC620，该电路由用户设定上下限温度，在高于上限温度或低于下限温度时，有相应的逻辑电平输出（用作报警信号），并有一个控制信号输出，控制精度可达±3℃。TC620 各引脚可抗 2kV 静电电压，当组成温度系统时，外围元器件少、可靠性高、成本低，该电路或器件广泛用于恒温箱、烘箱、风箱控制及工业温度控制等。

TC620 是 8 脚电路，有 DIP 及 SOIC 两种封装形式，型号的后缀不同，封装就不同，工作温度范围也不同，具体如表 4.5 所示。

表 4.5　TC620 的型号、封装与工作温度范围

型号	封装	工作温度范围
TC620XCOA	SOIC	0～70℃
TC620XCEOA	SOIC	-40～+85℃
TC620XVOA	SOIC	-40～+125℃
TC620XCPA	DIP	0～70℃
TC620XEPA	DIP	-40～+85℃

TC620 的基本工作原理图如图 4.9 所示。TC620 主要由两个运算放大器 A_1、A_2，一个电压比较器 C_1 及一个 1.2V 基准电压源组成。在 A_1 的反相端内接一个 PTC 电阻，在 A_2 的反相端外接一个温度上限或温度下限设定电阻。1.2V 基准电压源作为 A_1、A_2 的偏置电压源，根据"虚短"原理可知 PTC 电阻两端的电压均为 1.2V，流过 R_t 和 R_f 的电流为 $1.2V/R_t$。

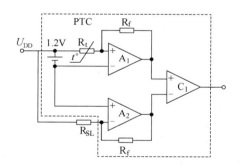

图 4.9　TC620 的基本工作原理图

在设定温度下限电阻时，使 R_{SL} 阻值等于该温度下的 R_t 阻值，则 A_1、A_2 的反馈电阻 R_f 阻值相等，A_1、A_2 的增益相等，输出电压也相等。当温度低于下限温度时，PTC 电阻的阻值变小，即 $R_t<R_{SL}$，流过 PTC 电阻的电流变大，A_1 的增益增大，输出电压也增大，C_1 的输出为高电平；当温度高于下限温度时，PTC 电阻的阻值变大，即 $R_t>R_{SL}$，A_1 的输出电压小于 A_2 的输出电压，C_1 的输出为低电平。

同理，在设定温度上限电阻时，使电阻 R_{SH} 的阻值等于该温度下的 R_t 阻值，若温度高于上限温度，则 C_1 的输出为高电平；若温度低于上限温度，则 C_1 的输出为低电平。

TC620 的实际结构框图如图 4.10 所示。A_1、A_2 及 C_1 组成低于温度下限报警的输出，A_1、A_3 及 C_2 组成高于温度上限报警的输出。C_1 的输出经反相后与 C_2 的输出一起作为 RS

触发器的输入,由 TC620 的引脚 5 输出温度控制信号。外接的两个电阻是 R_{SL} 和 R_{SH},其阻值可由公式 $R_{SL}(R_{SH})=0.5997^{2.1312} \times T$($\Omega$)求出(式中,$T$ 为热力学温度)。

由 TC620 组成的简单恒温控制电路如图 4.11 所示。理论上,恒定温度应是一个"点"。实际上,为了防止在控制温度附近产生频繁的通断信号而损坏继电器,恒定温度应该是一个区间,这个区间的温度差值大小应根据所要求的恒温精度确定,如 3℃。在设计恒温控制电路时,可根据恒定温度选择温度上限电阻 R_{SH},再以低于恒定温度 3℃ 的温度选择温度下限电阻 R_{SL}。这样,当温度高于上限温度时,指示灯 LED_2 亮,继电器断开(保温);当温度低于下限温度时,指示灯 LED_1 亮,继电器吸合,从而实现恒温的目的。

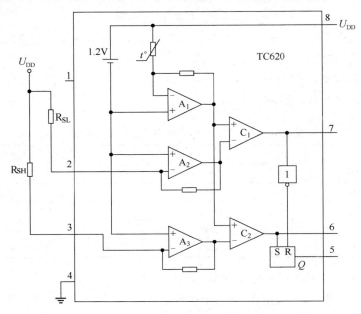

图 4.10 TC620 的实际结构框图

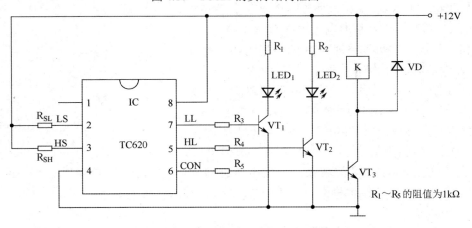

图 4.11 由 TC620 组成的简单恒温控制电路

2.主要元器件清单

由 TC620 组成的简单恒温控制电路主要元器件清单如表 4.6 所示。

表 4.6　由 TC620 组成的简单恒温控制电路主要元器件清单

元器件符号	型号或标称值	元器件名称
IC	TC620	温度控制集成电路
$VT_1 \sim VT_3$	9013	NPN 小功率晶体管
LED_1、LED_2		红、绿发光二极管
$R_1 \sim R_5$	1kΩ	1/8W 碳膜电阻
R_{SH}	120kΩ	1/8W 碳膜电阻
R_{SL}	220kΩ	小型碳膜电位器
VD	1N4148	半导体二极管
K	JRX-13F/012	小型电磁继电器

3．电路焊接、安装与调试

（1）按图 4.11 组装电路，设定恒定温度为 40℃。

（2）电路组装无误后通电。在室温下，LED_1 亮，同时 VT_3 导通，电磁继电器 K 吸合，模拟加温过程。

（3）使用电热吹风机对 TC620 进行加热，当温度上升至 40℃时，电磁继电器断开，LED_1 灭，LED_2 亮，VT_3 截止，电磁继电器断电，模拟保温过程（可用电磁继电器控制电热吹风机的实际工作）。

（4）在实验时，温度不可设定过高，以防烧坏实验设备。

第 5 章

数字电路的设计、安装与调试

5.1 智力竞赛抢答器的设计、安装与调试

智力竞赛是一种生动活泼的教育形式和方法,通过抢答和必答两种方式引起参赛者和观众的极大兴趣,并且能在极短的时间内,使人们增加一些科学和生活知识。

在实际进行智力竞赛时,一般分为若干组,问题分为必答和抢答两种。必答问题有时间限制,到时要告警,根据回答问题的正确与否,由主持人判别加分还是减分,成绩评定结果要用电子装置显示。在抢答时,要判定哪组优先,并予以指示和鸣叫。

智力竞赛抢答器数字逻辑控制电路实现的功能如下:输入抢答信号的控制电路由无抖动开关实现,该电路可准确识别输入信号;判组电路能迅速、准确地判断出抢答者,同时能排除其他组的干扰信号,闭锁其他各路输入,使其他组按开关时失去作用,并能对抢中者进行光显示和鸣叫指示;每组数字逻辑控制电路都有三位十进制计分显示电路,能进行加减计分。必答时,定时指示灯亮,以示开始,当答题结束时要发出单音调"嘟"声,并熄灭定时指示灯。抢答时,抢答指示灯应闪亮,当有某组抢答时,抢答指示灯灭,最先抢答一组的灯亮,并发出音响,同时驱动组别数字显示(用共阴极 LED 数码管显示)。主持台有复位按钮,抢答定时和必答定时都是通过手动控制的。

1. 智力竞赛抢答器数字逻辑控制电路

(1)计分部分。

每组数字逻辑控制电路均由 8421 码拨码开关 KS-1 完成分数的加减,每组数字逻辑控制电路都有三位,即个位、十位、百位,每位都可以单独进行加减。例如,100 分加 10 分变为 110 分,只需要按动 8421 码拨码开关十位"+"一次;若要加 20 分,则要按动两次。减分方法与加分方法相同,即按动 8421 码拨码开关"−"即可完成减分操作。

(2)判组电路。

判组电路的判组功能由三态 RS 锁存触发器 CD4043 实现,当 S_1 按下时,Q_1 为 1,这时双 4 输入端或非门 74LS25 为低电平,封锁了其他组的输入。Q_1 为 1,发光二极管 VD_1 点亮,同时驱动音响电路鸣叫,实现声、光的指示。判组电路的输入端采用了阻容方法,以防止开关抖动。

(3)定时电路。

当进行抢答或必答时,主持人按动单次脉冲启动开关,使定时数据置入计数器,同时使 JK 触发器翻转($\bar{R}_d$=1),定时器进行减计数定时,定时开始,定时指示灯亮。当定时时间到,即减法计数器为 00 时,B_o 为 1,定时结束,此时驱动音响电路鸣叫,并熄灭定时指示灯(JK 触发器的 $\bar{R}_d$=1,Q=0)。CL002 用于定时显示,定时的时标脉冲为秒脉冲。

（4）音响电路。

在音响电路中，f_1 和 f_2 为两种不同的音响频率，当某组抢答时，应为多音，其时序应为间断音频输出；当定时结束时，应为单音，其时序应为单音频输出。音频时序波形图如图 5.1 所示。

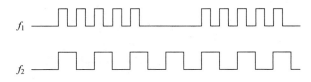

图 5.1　音频时序波形图

根据智力竞赛抢答器的功能要求，其数字逻辑控制电路（部分）如图 5.2 所示。

2．主要元器件清单

智力竞赛抢答器主要元器件清单如表 5.1 所示。

表 5.1　智力竞赛抢答器主要元器件清单

元器件符号	型号或标称值	元器件名称
$IC_1 \sim IC_{12}$	74LS48	七段数码管译码器
IC_{13}	CD4043	三态 RS 锁存触发器
IC_{14}	74LS04	6 非门
IC_{15}	74LS08	2 输入端四与门
IC_{16}	74LS32	2 输入端四或门
IC_{17}、IC_{18}	74LS190	计数器
IC_{19}	74LS112	JK 触发器
IC_{20}	74LS25	双 4 输入端或非门
VT_1	8050	NPN 小功率晶体管
R_1、R_2	1kΩ	1/4W 碳膜电阻
$R_3 \sim R_{10}$	100kΩ	1/4W 碳膜电阻
R_W	10kΩ	小型碳膜电位器
R_{11}、R_{12}	10kΩ	1/4W 碳膜电阻
R_{13}	680Ω	1/4W 碳膜电阻
$C_1 \sim C_4$	0.001μF	瓷片电容
C_5、C_6	0.01μF	瓷片电容
$VD_1 \sim VD_4$		发光二极管
SP	12095	12mm 无源蜂鸣器
$DS_1 \sim DS_{12}$	LC5011-11	共阴极 LED 数码管

3．电路焊接、安装与调试

（1）按照智力竞赛抢答器主要元器件清单清点元器件。

（2）插接并焊接电路。值得注意的是，套件中有管座的，一定不要将集成块直接焊接到板子上面，而应把管座焊接到板子上面，然后将集成块插在管座上面。

（3）焊接好电路后，要检查各元器件极性有没有焊错，尤其是集成块缺口方向不能装反。

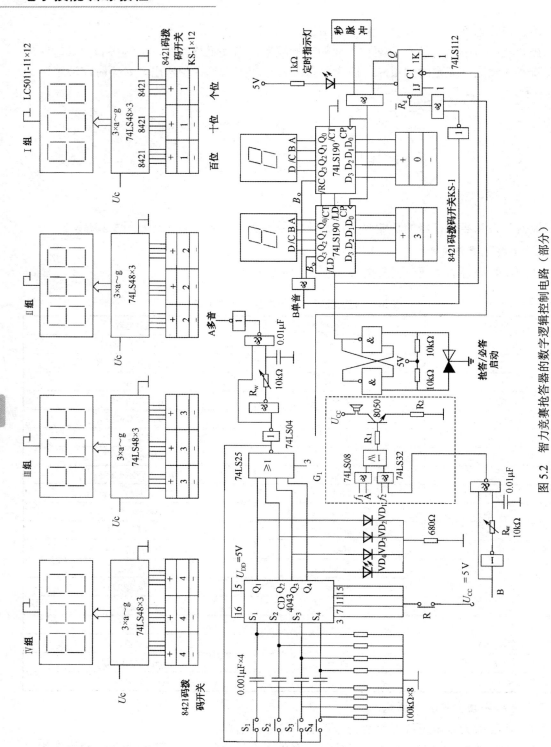

图 5.2 智力竞赛抢答器的数字逻辑控制电路（部分）

5.2 交通信号灯控制电路的设计、安装与调试

5.2.1 电路原理

为了确保十字路口的车辆顺利、畅通地通过，往往会采用自动控制的交通信号灯来进行指挥。其中，红灯（R）亮表示禁止通行；黄灯（Y）亮表示停车；绿灯（G）亮表示允许通行。

交通信号灯控制电路的系统框图如图 5.3 所示。

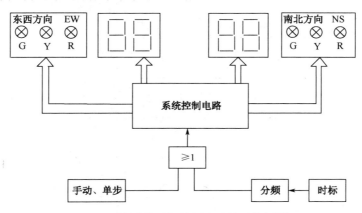

图 5.3 交通信号灯控制电路的系统框图

交通信号灯控制电路的功能如下。

（1）顺序工作功能。设南北方向的红灯、黄灯、绿灯分别为 NSR、NSY、NSG，东西方向的红灯、黄灯、绿灯分别为 EWR、EWY、EWG。有些灯的亮灭必须并行进行，即南北方向绿灯亮，东西方向红灯亮；南北方向黄灯亮，东西方向红灯亮；南北方向红灯亮，东西方向绿灯亮；南北方向红灯亮，东西方向黄灯亮。交通信号灯顺序工作流程图如图 5.4 所示。

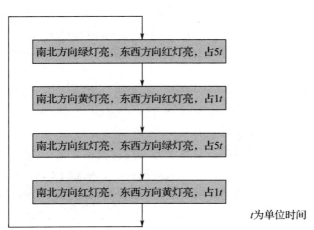

图 5.4 交通信号灯顺序工作流程图

（2）两个方向的工作功能。东西方向亮红灯的时间应等于南北方向亮黄灯、绿灯时间之和，南北方向亮红灯的时间应等于东西方向亮黄灯、绿灯时间之和。交通信号灯时序工作流程图如图5.5所示。

在图5.5中，假设单位时间 t 为3s，则南北、东西方向绿灯、黄灯、红灯亮时间分别为15s、3s、18s，一次循环时间为36s。其中，红灯亮的时间为绿灯、黄灯亮的时间之和，黄灯间歇闪耀。

（3）十字路口数字显示电路的功能。当某方向绿灯亮时，置数字显示计数器为某值，然后其以每秒减1的计数方式工作，直至减为0；十字路口红灯、绿灯的亮灭交换，一次工作循环结束，进入下一个工作循环。

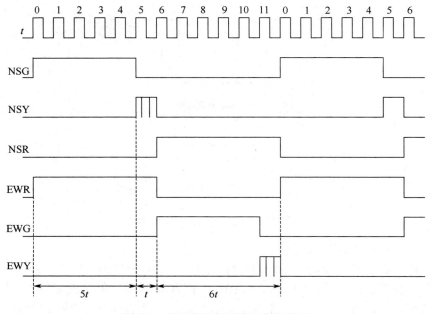

图5.5 交通信号灯时序工作流程图

例如，当南北方向从红灯亮转换成绿灯亮时，置南北方向数字显示为18，并使数字显示计数器开始减1计数，当减到南北方向的绿灯灭而黄灯亮（闪耀）时，数字显示应为3；当减到0时，南北方向的黄灯灭，而红灯亮；同时，东西方向的绿灯亮，东西方向的数字显示为18。

（4）手动调整功能。交通信号灯可以手动调整和自动控制，夜间为黄灯闪耀。

（5）改进或扩展功能。

① 某一方向（如南北方向）为十字路口主干道，另一方向（如东西方向）为次干道；因为主干道的车辆、行人多，而次干道的车辆、行人少，所以主干道绿灯亮时间可以选定为次干道绿灯亮时间的2倍或3倍。

② 用LED模拟汽车行驶电路。当某一方向绿灯亮时，这一方向的共阴极LED数码管接通，并逐位点亮，表示汽车在行驶；当黄灯亮时，共阴极LED数码管停止逐位点亮，而过了十字路口的共阴极LED数码管继续逐位点亮；当红灯亮时，另一方向转为绿灯亮，那么，这一方向的共阴极LED数码管开始逐位点亮（表示这一方向的车辆在行驶）。

交通信号灯控制电路的简要说明如下。

1．单次手动及秒脉冲电路

置开关于手动位置，输入单次脉冲，可使交通信号灯在某一位置上；开关在自动位置时，交通信号灯按自动循环工作方式运行。在夜间时，将夜间开关接通，黄灯闪耀。

单次脉冲是由两个与非门组成的 RS 触发器产生的，当按下 K_1 时，有一个脉冲输出，使八位移位寄存器 74LS164 移位计数，实现手动控制。K_2 在自动位置时，单次脉冲经秒脉冲电路分频后（4 分频）输入 74LS164，这样，74LS164 每 4s 向前移一位（计数 1 次）。秒脉冲电路可由晶体振荡器或 RC 振荡电路构成。

2．控制器

控制器是用中规模 74LS164 组成的扭环形十二进制计数器,译码后输出十字路口南北、东西两个方向的控制信号。其中，黄灯信号必须闪耀，在夜间时使黄灯闪耀，而绿灯、红灯灭。由图 5.5 可知，计数器每次工作循环周期为 12s，所以选用十二进制计数器。扭环形十二进制计数器状态表如表 5.2 所示。

表 5.2　扭环形十二进制计数器状态表

t	计数器输出						南北方向			东西方向		
	Q_0	Q_1	Q_2	Q_3	Q_4	Q_5	NSG	NSY	NSR	EWG	EWY	EWR
0	0	0	0	0	0	0	1	0	0	0	0	1
1	1	0	0	0	0	0	1	0	0	0	0	1
2	1	0	0	0	0	0	1	0	0	0	0	1
3	1	1	1	0	0	0	1	0	0	0	0	1
4	1	1	1	1	0	0	1	0	0	0	0	1
5	1	1	1	1	1	0	0	↑	0	0	0	1
6	1	1	1	1	1	1	0	0	1	1	0	0
7	0	1	1	1	1	1	0	0	1	1	0	0
8	0	0	1	1	1	1	0	0	1	1	0	0
9	0	0	0	1	1	1	0	0	1	1	0	0
10	0	0	0	0	1	1	0	0	1	1	0	0
11	0	0	0	0	0	1	0	0	1	0	↑	0

根据扭环形十二进制计数器状态表，列出东西方向和南北方向绿灯、黄灯、红灯的逻辑表达式。

1）东西方向

绿灯：$EWG = Q_4 \cdot \overline{Q_5}$

黄灯：$EWY = \overline{Q_4} \cdot Q_5$（$EWY' = EWY \cdot CP1$）。

红灯：$EWR = \overline{Q_5}$。

2）南北方向

绿灯：$NSG = \overline{Q_4} \cdot \overline{Q_5}$。

黄灯：$EWY = Q_4 \cdot \overline{Q_5}$（$NSY' = NSY \cdot CP1$）。

红灯：$NSR = Q_5$。

黄灯需要闪耀几次，用时标 1s 和黄灯信号 EWY 或 NSY 相与即可。

3．数字显示部分

数字显示部分实际是定时控制电路。当绿灯亮时，减法计数器开始工作（用对向的红灯信号控制），每来一个秒脉冲，计数器减 1，直到减为 0。译码显示用 74LS248 实现，显示用 LC5011-11 实现，计数用预置加、减法计数器（如 74LS168）实现。

共阴极 LED 数码管是比较常用的显示数码管，其 COM 端一定要接地（如果使用的是共阳极 LED 数码管，则 COM 端接高电平），且在实验时一定要加一个限流电阻（这里使用了一个 390Ω 的限流电阻）。

（1）共阴极 LED 数码管引脚图如图 5.6 所示。

（2）共阴极 LED 数码管使用条件如下。

① 段及小数点上加限流电阻。

② 使用的电压。段及小数点使用的电压由发光颜色决定。

③ 使用的电流。静态时的总电流为 80mA（每段为 10mA）；动态时的平均电流为 4～5mA，峰值电流为 100mA。

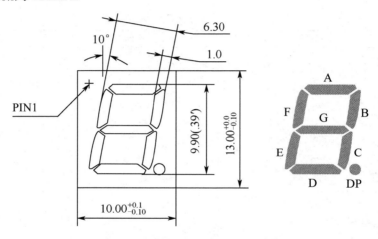

图 5.6　共阴极 LED 数码管引脚图

（3）共阴极 LED 数码管使用注意事项如下。

① 不要用手触摸共阴极 LED 数码管表面，不要用手拨弄其引脚。

② 焊接温度为 260℃，焊接时间为 5s。

③ 表面有保护膜的产品，可以在使用前撕去保护膜。

当南北方向绿灯亮，东西方向红灯亮时，使南北方向的 74LS168 以减法计数器方式工作，从数字 24 开始递减，当减到 0 时，南北方向绿灯灭、红灯亮，而东西方向红灯灭、绿灯亮。东西方向红灯灭信号（EWR 为 0）使与门关断，减法计数器工作结束，而南北方向红灯亮使东西方向减法计数器开始工作。

在减法计数开始之前，黄灯亮信号使减法计数器先置入数据，黄灯灭而红灯亮时开始减法计数。

4．汽车模拟控制电路

用八位移位寄存器组成汽车模拟控制系统，当某一方向绿灯亮时，绿灯亮信号使该方向的移位通路打开；而当黄灯、红灯亮时，使该方向的移位停止。图 5.7 为南北方向汽车模拟控制电路。

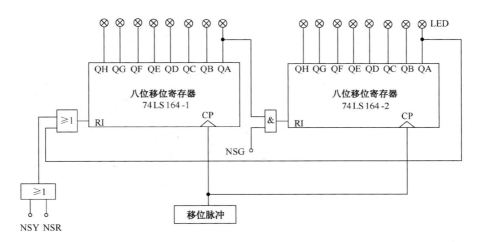

图 5.7 南北方向汽车模拟控制电路

当黄灯（Y）或红灯（R）亮时，此端为高（H）电平，在 CP 移位脉冲作用下向前移位，高电平从 74LS164-1QH 一直移到 74LS164-1QA，由于绿灯在红灯和黄灯都为高电平时为低电平，所以 74LS164-1QA 的信号无法送到 74LS164-2 的 RI 端。这样，就模拟了当黄灯和红灯亮时汽车停止的功能。而当绿灯亮，黄灯和红灯灭时，74LS164-1、74LS164-2 都能在 CP 移位脉冲作用下向前移位。这就意味着实现了绿灯亮时汽车向前运行这一功能。

交通信号灯控制电路的参考电路如图 5.8 所示。

5.2.2 主要元器件清单

交通信号灯控制电路的主要元器件清单如表 5.3 所示。

表 5.3 交通信号灯控制电路的主要元器件清单

元器件符号	型号或标称值	元器件名称
IC_1、IC_2	74LS08	2 输入端四与门
IC_3、IC_4	74LS11	3 输入端三与门
IC_5、IC_6	74LS32	2 输入端四或门
IC_7、IC_8	74LS04	6 非门
IC_9	74LS00	2 输入端四与非门
IC_{10}、IC_{11}	74LS74	双 D 触发器
IC_{12}	74LS164	八位移位寄存器
$IC_{13}\sim IC_{16}$	74LS168	计数器
$IC_{17}\sim IC_{20}$	74LS248	七段数码管译码器
$R_1\sim R_3$	10kΩ	1/4W 碳膜电阻
$DS_1\sim DS_4$	LC5011-11	共阴极 LED 数码管

5.2.3 电路焊接、安装与调试

1. 显示电路不稳定问题

在完成了电路的焊接，进入调试阶段时，若共阴极 LED 数码管不能正常显示数字，则先检查共阴极 LED 数码管是否出现了引脚焊接错误，再检查电路各个芯片引脚是否接错，最后检查共阴极 LED 数码管是否正常。

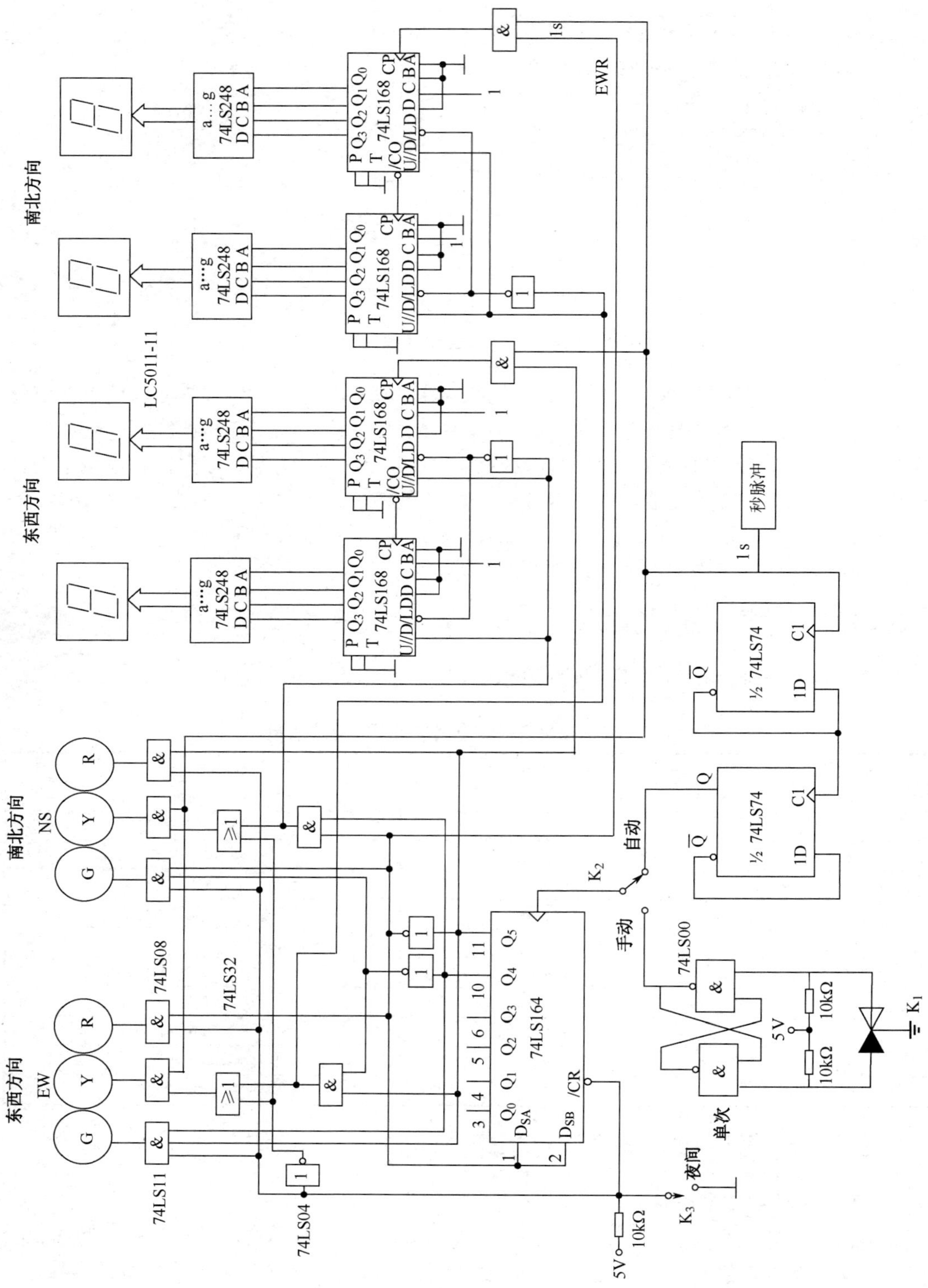

图 5.8 交通信号灯控制电路的参考电路

2．控制电路

若在调试过程中发现数字并不能够按要求每隔 1s 变化一次，则说明电阻值、电容值设置不合理。通过调试，应能够使电阻值、电容值达到要求，共阴极 LED 数码管能够正常显示数字。

5.3　数字电子钟电路的设计、安装与调试

5.3.1　电路原理

数字电子钟是一种用数字显示秒、分、时、周的计时装置，与传统的机械钟相比，它具有走时准确、显示直观、不需要机械传动装置等优点。小到人们日常生活中的电子手表，大到车站、码头、机场等公共场所的大型数显电子钟，它们都是数字电子钟。

数字电子钟框图如图 5.9 所示。

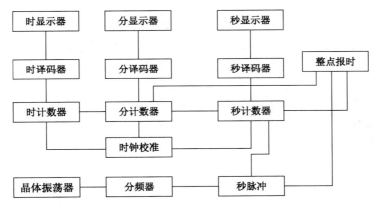

图 5.9　数字电子钟框图

数字电子钟由以下几部分组成：晶体振荡器和分频器组成的秒脉冲发生器；六十进制秒、分计数器，二十四进制时计数器，七进制周计数器；秒、分、时、日的译码显示部分。

数字电子钟电路的简要说明如下。

1．秒脉冲电路

秒脉冲电路是数字电子钟的核心，它的精度和稳定度决定了数字电子钟的质量，通常 1Hz 的秒脉冲由晶体振荡器发出的脉冲经过整形、分频获得。例如，晶体振荡器频率为 32768Hz，经过 15 次二分频后可获得 1Hz 的脉冲输出。秒脉冲电路如图 5.10 所示。

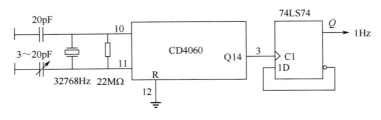

图 5.10　秒脉冲电路

再如，晶体振荡器频率为32768Hz，经14分频器分频为2Hz，再经一次分频，即得1Hz标准秒脉冲，供数字电子钟计数器使用。

2. 单次脉冲、连续脉冲

单次脉冲和连续脉冲主要用于手动校时。若开关K_1置于单次端，按单次脉冲键即可对日、时、分、秒进行校正。若K_1置于单次端，K_2置于手动端，则此时按单次脉冲键可使周计数器从星期一到星期日计数。若K_1置于连续端，则在校正时不需要按单次脉冲键即可进行校正。单次脉冲、连续脉冲均由门电路构成。

3. 秒、分、时、周计数器

秒、分、时、周计数器分别为六十、六十、二十四、七进制计数器。秒、分均为六十进制，即显示为00～59，它们的个位为十进制，十位为六进制；时为二十四进制，显示为00～23；周为七进制。这一部分电路均用中规模计数器74LS161构成的集成电路实现秒、分、时的计数。从图5.11中可以看出，秒、分两组计数器结构完全相同，当计数到59时，再来一个脉冲变成00，然后重新开始计数。秒、分计数器利用"异步清零"反馈到$\overline{CR}$端，从而实现个位十进制、十位六进制的功能。

时计数器为二十四进制计数器，当开始计数时，个位按十进制计数，当计数到23时，再来一个脉冲应该变成0。所以，这里必须使时计数器个位既能完成十进制计数，又能在高低位满足"23"这一数字后清零，图5.11中采用了十位的"2"和个位的"4"相与非后再清零。

周计数器电路由4个D触发器（也可以使用JK触发器）组成，其逻辑功能满足了当计数器计数到6后，再来一个脉冲，用7的瞬态将Q_4、Q_3、Q_2、Q_1置数，即"1000"，从而显示"日"(8)。

4. 译码、显示

译码、显示由共阴极LED数码管LC5011-11和七段数码管译码器74LS248实现。

5. 整点报时

时计数器在每次计到整点前6s需要报时，可用译码电路来实现，即当分为59，秒在计数到54时，译码电路会输出一延时高电平去打开低音与门，使报时声按500Hz频率鸣叫5声，直至秒计数器计数到58结束此高电平脉冲；当秒计数器计数到59时，驱动高音以1kHz频率输出而鸣叫1声。

当计数到整点的前6s时，应该准备报时。当分计数器计数到59时，将分触发器QH置1；当秒计数器计数到54时，将秒触发器QL置1；然后QL与QH相与再与1s标准秒信号相与而控制低音喇叭鸣叫，直至秒计数器计数到59，产生一个复位信号，使QL清零，停止低音鸣叫；同时59s信号的反相又与QH相与后控制高音喇叭鸣叫。当计数到分、秒从59：59到00：00时，鸣叫结束，完成整点报时。

6. 鸣叫电路

鸣叫电路用高、低两种频率通过或门驱动一个晶体管，带动喇叭鸣叫。1kHz和500Hz的频率从晶体振荡器分频器近似获得。例如，在图5.11中，CD4060分频器的输出端Q_5输出频率为1024Hz，Q_6输出频率为512Hz。

数字电子钟参考电路如图5.11所示。

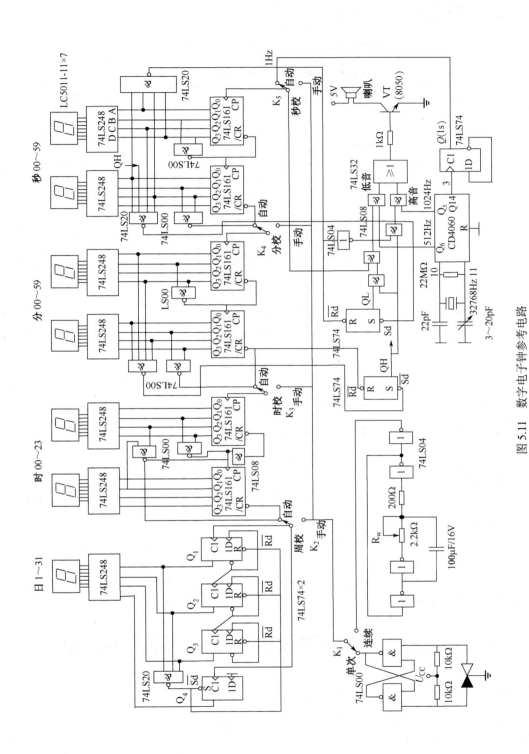

图 5.11 数字电子钟参考电路

5.3.2 主要元器件清单

数字电子钟主要元器件清单如表 5.4 所示。

表 5.4　数字电子钟主要元器件清单

元器件符号	型号或标称值	元器件名称
$IC_1 \sim IC_7$	74LS248	七段数码管译码器
$IC_8 \sim IC_{10}$	74LS20	4 输入端双与非门
$IC_{11} \sim IC_{15}$	74LS00	2 输入端四与非门
$IC_{16} \sim IC_{19}$	74LS74	双 D 触发器
$IC_{20} \sim IC_{21}$	74LS04	6 非门
IC_{22}	74LS08	2 输入端四与门
IC_{23}	74LS32	2 输入端四或门
$IC_{24} \sim IC_{28}$	74LS161	计数器
VT	8050	NPN 小功率晶体管
R_1、R_2	10kΩ	1/4W 碳膜电阻
R_3	200Ω	1/4W 碳膜电阻
R_W	2.2kΩ	小型碳膜电位器
R_4	1kΩ	1/4W 碳膜电阻
C_1	100μF	16V 电解电容
Y	8Ω	1/4W 喇叭
$DS_1 \sim DS_7$	LC5011-11	共阴极 LED 数码管

5.3.3 电路焊接、安装与调试

（1）数字电子钟的调试重点为，在安装前进行集成电路、各单元电路的检测，以及集成电路的安装。

（2）集成电路的检测，主要包括在安装前检查集成电路的引脚是否完整、有无变形，检测重复使用的（旧）集成电路的功能是否正常。

（3）单元电路的检测，主要包括检测其能否完成预定的功能，其提供的信号是否及时、准确，以及是否符合要求。

（4）集成电路的安装，主要包括检查集成电路的型号、位置是否准确；插接是否正确（缺口方向为定位标志），有无反接情况；引脚有无碰焊；印制导线有无短接、开路情况。

5.4　篮球比赛计时器的设计、安装与调试

5.4.1 电路原理

篮球比赛计时器的主要功能：进攻方 30s 倒计时和计时结束的警报提示，当比赛准备开始时，屏幕上显示 30s 字样，当比赛开始后，从 30s 逐秒倒数到 00，这一模块主要利用双向十进制计数器 74LS192 来实现；警报提示，当计数器计时到零时，给出提示音，这部分电路主要利用移位寄存器和一些门电路来实现。

篮球比赛计时器能实现的功能：30s 计时；通过外部操作开关控制计数器的直接清零、启动和暂停/连续；在直接清零时，共阴极 LED 数码管灭灯；计时器工作在 30s 递减计时模式，计时间隔为 1s；计时器递减计时到零时，共阴极 LED 数码管不灭灯，同时发出光电报警信号。

篮球比赛计时器由秒脉冲发生器、计数器、译码显示电路、辅助时序控制电路（简称控制电路）和报警电路五部分构成。其中，计数器和控制电路是系统的主要组成部分。计数器完成 30s 倒计时功能，而控制电路具有直接控制计数器的清零、启动和暂停/连续、译码显示电路的显示与灭灯及光电报警等功能。为满足设计要求，在设计控制电路及控制开关时，应该正确处理各个信号之间的时序关系。在进行直接清零时，要求计数器清零，共阴极 LED 数码管灭灯。当启动开关 S_1 闭合时，控制电路应该封锁时钟信号 CP，同时计数器完成置数，译码显示电路显示 30s 字样，计数器开始递减计数；当暂停/连续开关 S_2 拨到暂停位置时，计数器停止计数，处于保持状态；当 S_1 断开时，计数器继续递减计数。当开关 S_3 闭合与地连接时，计数器直接清零，同时数码显示管灭灯。当开关 S_3 闭合与高位 74LS192 的借位端连接时，计数器正常计数；当计数器递减计数到零（定时时间到）时，控制电路发出报警信号。

篮球比赛计时器的工作原理框图如图 5.12 所示。其中用发光二极管来代替报警电路，发光二极管发光即代表报警。

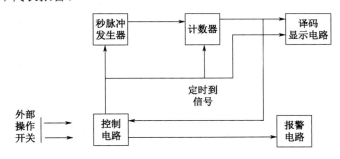

图 5.12　篮球比赛计时器的工作原理框图

篮球比赛计时器电路的简要说明如下。

由 555 时基电路构成的多谐振荡器产生频率为 10Hz 的脉冲信号，即输出周期为 0.1s 的方波，该脉冲信号（周期为 1s）加至 74LS161；之后该信号被送到 74LS192 的 CP 减计数脉冲端；七段数码管译码器 74LS248 把输入的 8421BCD 码用内部和电路"翻译"成七段，然后直接输出到十分频器上；这样由 74LS161 输出的频率为 1Hz 脉冲信号驱动共阴极 LED 数码管，显示十进制数，在适当的位置设置开关或控制电路即可实现计数器的直接清零、启动和暂停/连续，以及译码显示电路的显示、灭灯及光电报警等功能。

篮球比赛计时器各单元电路如下。

1．秒脉冲电路

秒脉冲电路是计时电路的核心，它的精度和稳定度决定了计时电路的质量。秒脉冲电路通常由晶体振荡器或 555 时基电路构成，可参考图 5.13。

2．减计数电路

74LS192 是双向十进制计数器，具有直接清零、置数、加锁计数功能。CP_U 为加计数时钟输入端；CP_D 为减计数时钟输入端；LD 为预置输入控制端，异步预置；CR 为复位输入端，高电平有效，异步清除；CO 为进位输出端，即 1001 状态后负脉冲输出；BO 为借位输出端，即 0000 状态后负脉冲输出。

减计数电路由两个 74LS192 构成。由于 74LS192 用作 30s 倒计时电路，所以计数 CP 脉冲应从 CP_D 端（DOWN 端）输入，并且计数器的预置数（BCD 码）应为 00110000，其中高位 74LS192 置为 0000，低位 74LS192 置为 0011（十进制的 30）。74LS192 计数原理为：只有当低位 BO 端发出借位脉冲时，高位计数器才用作递减计数器；当高、低位计数器都处于全零且 CP_D 为 0 时，LD 端为 0，计数器完成并行置数，在 CP_D 端的输入时钟脉冲的作用下，计数器进入下一次循环减计数。

3．控制电路

此电路的介绍略。

4．译码显示电路

译码显示电路由两个 74LS248 和两个共阴极 LED 数码管组成，将计数器的输出加到 74LS248 的输入端，从而实现共阴极 LED 数码管从 30 递减到 0 的计数功能。

篮球比赛计时器的参考电路如图 5.13 所示。当清零开关闭合与地连接时，计数器清零。当启动开关闭合后，计数器完成置数，显示器显示 30 并断开启动开关，计数器开始进行递减计数。在图 5.13 中，当开关 S_1 闭合时，LD=1，74LS192 进行置数；当 S_1 断开时，LD=0，74LS192 处于减计数工作状态。当定时时间未到时，74LS192 的借位输出信号 $BO_2=0$，CP 信号受暂停/连续开关 S_2 的控制。

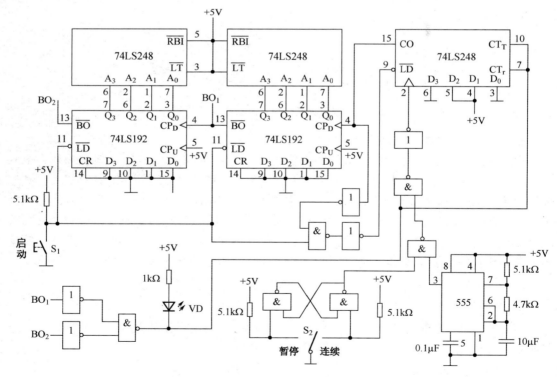

图 5.13 篮球比赛计时器的参考电路

5.4.2　主要元器件清单

篮球比赛计时器主要元器件清单如表 5.5 所示。

表 5.5　篮球比赛计时器主要元器件清单

元器件符号	型号或标称值	元器件名称
IC_1、IC_2	74LS248	七段数码管译码器
IC_3、IC_4	74LS192	双向十进制计数器
IC_5	CC40161	二进制计数器
IC_6	555	定时器
$R_1 \sim R_4$	5.1kΩ	1/4W 碳膜电阻
R_5	1kΩ	1/4W 碳膜电阻
R_6	4.7kΩ	小型碳膜电位器
C_1	0.1μF	瓷片电容
C_2	10μF	电解电容
$DS_1 \sim DS_2$	LC5011-11	共阴极 LED 数码管
VD		发光二极管

5.4.3　电路焊接、安装与调试

（1）安装一般是按照信号流向的顺序，以先单元后系统、边安装边测试的原则进行的。先安装调试单元电路或子系统，在成功确定各单元电路或子系统的基础上，逐步扩大电路的规模。各单元电路的信号连接线最好有标记，以便能断开进行测试。

（2）系统调试指将安装测试成功的各单元连接起来，加上输入信号进行调试，若发现问题则先对故障进行定位并找出问题所在的单元电路。一般采用故障现象估测法（根据故障情况估计问题所在位置）、对分法（将故障大致所在部分的电路对分成两部分，逐一查找）、对比法（对类型相同的电路进行对比或位置对换）等。

系统测试一般分为静态测试和动态测试。在静态测试时，在各输入端加入不同电平值，加高电平（一般接 1kΩ 以上电阻到电源上）、低电平（一般接地）后，用数字万用表测量电路各主要点的电位，分析是否满足设计要求。在动态测试时，在各输入端接入规定的脉冲信号，用示波器观察各点的波形，分析它们之间的逻辑关系和延时。

除调试电路的正常工作状态之外，还要注意调试初始状态、系统清零、预置等功能，检查相应的开关、按钮、拨盘是否可靠，手感是否正常。

第 6 章

印制电路板的设计与制作

印制电路的概念由英国的 Eisler 博士于 1936 年首先提出,且其首创了铜箔腐蚀法工艺。在第二次世界大战中,美国利用铜箔腐蚀法工艺制造出了印制电路板并将其用于军事电子装置,获得了成功,引起了电子制造商的重视。1953 年出现了双面印制电路板,并采用电镀工艺使两面导线互连;1960 年出现了多层印制电路板;20 世纪 90 年代末出现了埋置无源元器件板。

在电子设备中,印制电路板的主要功能如下。
(1)为电路中的各种元器件提供必要的机械支撑。
(2)提供电路的电气连接。
(3)将各个元器件标注出来,便于插装、检查与调试。

6.1 概论

6.1.1 印制电路板相关术语

在学习印制电路板的设计与制作之前,先要了解相关术语,为下一步的学习奠定基础。
(1)基板:常用的基板是覆铜板。覆铜板是将增强材料浸以树脂,一面或两面覆以铜箔,经热压而成的一种板状材料。
(2)印制电路:在绝缘基材上,按照预定设计形成的印制组件或印制线路或两者组合的导电图形。
(3)焊盘:印制电路板上用于固定元器件引脚、放置焊锡、连接导线和元器件引脚的导电图形。
(4)金属化孔:也称过孔。在双面印制电路板和多层印制电路板中,为连通各层之间的印制导线,通常在各层需要连通的导线的交汇处钻上一个公共孔,即过孔。过孔的孔壁圆柱面上具有一层用化学沉积方法镀上的一定厚度的金属,用于连通相应的铜箔。
(5)印制导线:印制电路板上用于连接焊盘的导电图形,又称铜膜导线。
(6)安全间距。在进行印制电路板的设计时,为避免导线、过孔、焊盘及元器件间的相互干扰,必须在它们之间留出一定的距离,这个距离就称为安全间距。
(7)元器件封装:实际元器件焊接到印制电路板时所指示的外观和焊盘位置。元器件封装只是一个空间的概念,没有具体的电气含义。
(8)阻焊膜。印制电路板上非焊盘处的铜箔是不能沾锡的,因此印制电路板上焊盘以外的各部位都要涂覆一层绿色或棕色的涂料——阻焊膜。阻焊膜不仅可以防止铜箔氧化,还可以防止桥焊的产生。

（9）丝印层：印制电路板上的一层丝网印刷面，其上印有标志图案和各元器件的电气符号、文字符号等，主要用于标出各元器件在印制电路板上的位置，方便安装与检测。

（10）印制电路板组装件：印制电路板设计的最终实物产品。印制电路板组装件是安装了电子元器件并具有一定电气功能的印制电路板，是电子产品的基本部件。

6.1.2 印制电路板的分类

基于电子设备的不同需要，印制电路板有许多不同的种类，国内外多按印制电路板的结构和基材对其进行分类。按印制电路板所用的基材名称分类能反映出印制电路板基材的主要性能，但是体现不了印制电路板的特点；按结构（印制电路板的刚性程度）可将其分为刚性、柔性（挠性）两种。印制电路板按基材的特点、导电层数和孔的加工特点又可分为若干子类。

1．按印制电路的分布分类

1）单面印制电路板

单面印制电路板指在厚度为 0.2～5mm 的绝缘基板上，只有一个表面覆有铜箔，通过印制和腐蚀的方法在基板上形成印制电路。单面印制电路板制造简单、装配方便，适用于一般的电子设备，如收音机等，如图 6.1 所示。

2）双面印制电路板

双面印制电路板指在厚度为 0.2～5mm 的绝缘基板两面均印制电路，两面导线的电气连接通过金属化孔实现，如图 6.2 所示。双面印制电路板适用于要求较高的电子设备，如计算机、电子仪表等。双面印制电路板的布线密度较大，能减小设备的体积。

3）多层印制电路板

多层印制电路板指由多于两层的印制电路与绝缘材料交替黏结在一起，且层间导电图形互连的印制电路板，如图 6.3 所示。例如，将一块双面印制电路板作为内层，两块单面印制电路板作为外层，每层板间加一绝缘层后黏牢（压合），便可制成四层印制电路板。印制电路板的层数代表了有几层独立的布线层，层数通常是偶数，并且包含最外侧的两层。例如，大部分计算机的主机板采用 4～8 层的结构。目前，技术上已经可以实现近 100 层的印制电路板。

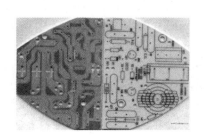

图 6.1　单面印制电路板

图 6.2　双面印制电路板

2．按结构分类

按基材的性质可将印制电路板分为刚性和柔性两种。

1）刚性印制电路板

刚性印制电路板是指以刚性基材制成的印制电路板。常见的印制电路板一般是刚性印制电路板，如计算机中的板卡、家电中的印制电路板等。

常用的刚性印制电路板有纸基印制电路板、环氧玻纤布印制电路板、复合基材印制电路板、特种基材印制电路板等。

2）柔性印制电路板

柔性印制电路板又称挠性印制电路板，是以聚酰亚胺或聚酯薄膜为基材制成的一种具有高可靠性和较高曲挠性的印制电路板，如图 6.4 所示。柔性印制电路板散热性好，既可弯曲、折叠、卷绕，又可在三维空间随意移动和伸缩，为电子产品小型化、薄型化创造了条件，广泛应用于电子计算机、打印机、通信设备、航天设备及家电中。

图 6.3　多层印制电路板

图 6.4　柔性印制电路板

3．按适用范围分类

按适用范围可将印制电路板分为低频和高频两种。

电子设备高频化是发展趋势，尤其是在无线网络、卫星通信日益发达的今天，信息产品向着高速与高频化发展，通信产品向着容量大、传输速度快的方向发展。因此，发展的新一代产品都需要使用高频印制电路板，其覆箔基材可由聚四氟乙烯、聚乙烯、聚苯乙烯、聚四氟乙烯玻璃布等介质损耗及介电常数小的材料构成。

4．特殊印制电路板

目前，已出现了金属芯印制电路板、表面安装印制电路板、碳膜印制电路板等特殊印制电路板。

1）金属芯印制电路板

用一块厚度适当的金属板代替环氧玻璃布板，对金属板进行特殊处理，使其两面的导体电路相互连通而与金属部分高度绝缘，这种电路板即金属芯印制电路板。金属芯印制电路板具有散热性及尺寸稳定性好的优点，这是因为铝、铁等磁性材料有屏蔽作用，可以防止互相干扰。

2）表面安装印制电路板

表面安装印制电路板是为了满足电子产品"轻、薄、短、小"的需要，配合引脚密度高、成本低表面贴装元器件的安装工艺而开发的。表面安装印制电路板具有孔径、线宽及间距小，精度高，基板要求高等特点。

3）碳膜印制电路板

在覆铜箔板上制成导体图形后，再印制一层碳膜形成触点或跨接线即得碳膜印制电路板。碳膜印制电路板生产工艺简单、成本低、周期短，具有良好的耐磨性、导电性，能使单面印制电路板实现高密度化，产品小型化、轻量化，适用于电视机、电话机、录像机及电子琴等产品。

6.2　印制电路板的设计

印制电路板的设计是一项复杂的工作，它要在满足工作原理图要求的基础上，充分考虑印制电路板的制造和安装等方面的可制造性、可测试性和可维修性。

6.2.1　印制电路板设计的基本原则

印制电路板种类繁多，不同种类的印制电路板具有不同的特点，具体设计要求也不一样，但在设计中有一些通用原则，在设计任何类型的印制电路板时都必须考虑这些通用原则。

1．准确性原则

这是一项基本原则，应准确实现电路原理图的连接关系，避免出现"短路"和"断路"这两个常见且致命的错误。印制电路板上导电图形的连接关系应与电路原理图的逻辑关系相一致。

2．可靠性原则

这是一项较高层次的原则。连接正确的印制电路板不一定可靠性高，元器件布局、布线不当也有可能导致印制电路板不能安全可靠地工作。从可靠性的角度来看，结构越简单、使用元器件体积越小、板层越少的印制电路板可靠性越高。印制电路板的可靠性与印制电路板的结构、使用环境、基材的选择、布局和布线、制造和安装工艺等因素有关。

3．合理性原则

这是一项更深层次的原则。合理性是决定印制电路板的可制造性和影响产品生产质量的重要因素。印制电路板的结构、元器件布局、导线宽度和间距、孔径大小等要素，应在满足电气要求的情况下有利于制造、安装和维修。一般来说，布线密度和导线精度越高、板层越多、结构越复杂、孔径越小，印制电路板制造的难度越大。所以，没有绝对合理的设计，只有不断合理化的过程。

4．经济性原则

经济性是必须达到的目标，廉价的板材、较小的板子尺寸、生产水平落后的加工厂都可能造成印制电路板工艺性、可靠性变差，从而使维修费用、制造费用增加，总体经济性不一定合算。所以在设计时应在满足使用安全、可靠的前提下力求经济适用。

5．环境适应性和环保性原则

根据印制电路板使用的环境条件，合理选择印制电路板的基材和涂覆层，可以延长印制电路板的使用寿命。对于一些有较高可靠性要求的印制电路板，必须考虑其电路兼容性，不能对其他电子设备造成电磁干扰，并且其本身应具有一定的抗干扰能力。

不同的产品侧重点不同。关乎国家安全、防震救灾、生命安全的产品，可靠性是第一位的。如果属于低价值产品，则其经济性应放在首位。具体产品具体对待，要综合考虑以求最好。

6.2.2 印制电路板的设计内容

印制电路板的设计内容包括两方面：电路设计和电路板设计。电路设计是根据系统或整机提出的参数要求，进行电路原理图的设计，属于电子电路的设计范畴。电路板设计就是印制电路板设计，它是根据电路设计的意图，将电路原理图转换成印制电路板，确定印制电路板的结构、尺寸，选择基材，考虑机械和电气性能、布局、布线，提出加工要求的全过程。印制电路板的主要设计内容包括以下几方面。

（1）正确选择基材。
（2）确定印制电路板的结构、外形尺寸和公差。
（3）确定印制导线宽度和间距。
（4）孔和连接盘尺寸设计。
（5）机械性能设计。
（6）电气性能设计。
（7）电磁兼容性设计。
（8）印制电路板的热设计。
（9）印制电路板表面涂层的选择。
（10）导电图形设计（印制电路板的布局、布线、孔和焊盘图形设计等）。
（11）非导电图形设计（阻焊图形和标志字符图形设计）。
（12）印制电路板加工所需要的其他技术文件、资料等。

印制电路板的结构、尺寸，导线宽度和间距，各类孔的连接方式，印制电路板上的缺口、槽口，以及印制电路板的涂层、镀层等是印制电路板设计的基本要素，这些要素影响印制电路板的功能和生产成本，设计时应全面考虑。

6.2.3 印制电路板基本要素设计

1. 印制电路板基材、厚度、结构及尺寸的确定

1）选择基材

基材是印制电路板的基本结构件，用于制作导电图形、支撑安装元器件。根据印制电路板的制作工艺和不同品种的要求，印制电路板使用的基材可以分为覆铜箔层压板、半固化片（黏结片）、覆树脂铜箔（RCC）、感光性树脂或薄膜等几类。用减成法（铜箔蚀刻法）制造印制电路板所用的基材——覆铜箔层压板是目前国内外用量最大的印制电路板基材。

2）印制电路板厚度

成品印制电路板的厚度包括绝缘基材和铜箔、镀层和阻焊层的厚度。因为镀层很薄，所以在确定成品印制电路板厚度时可以忽略。在确定成品印制电路板的厚度时，应考虑对印制电路板的电气性能（耐压和绝缘）和机械性能的要求，与厚度相匹配的连接器的规格、尺寸，印制电路板单位面积承受的元器件质量。从相关基材的厚度标准尺寸系列中选取合适厚度的基材，一般不选择非标准厚度的基材。常用的基材厚度有 0.12mm、0.165mm、0.30mm、0.50mm、0.8mm、1.0mm、1.2mm、1.6mm、2.0mm。多层印制电路板的内层可以根据印制电路板总厚度和布线层数的匹配要求，选择更薄的基材。

3）印制电路板的结构

印制电路板的结构包括导电层数、导孔的互连方式等。一般根据电路特性、布线密度要求，整机给予印制电路板的空间尺寸、元器件特性等选择单面、双面、多层、柔性或刚性印制电路板。

4）印制电路板的形状

原则上，印制电路板的外形可以是任意的，如正方形、长方形、圆形或其他形状。但是考虑到美观和加工的难易，在满足整机空间布局要求的前提下，外形力求简单，长宽比为 3∶2 或 4∶3 的矩形是印制电路板的常用形状。

5）印制电路板的尺寸

印制电路板的尺寸由整机能给予印制电路板的空间尺寸大小、印制电路板上安装的元器件密度、使用时的机械环境条件和基材的结构强度决定。外形尺寸的确定必须考虑在进行印制电路板的安装及采用波峰焊或回流焊时，留出的合理工艺裕量。工艺裕量的大小与采用的设备和夹具有关，裕量应大于布线区 3mm，以便在整机安装时固定印制电路板。

2．坐标网格和参考基准

1）坐标网格

印制电路用的坐标网格是由两组平行且等距的直线组成的正交网格，用于确定孔和导电图形的位置，保证元器件能在印制电路网格的交点位置连接或安装。在进行印制电路板的设计时，应采用 GB/T 1360－1998《印制电路网格体系》规定的网格系统，基本网格采用的间距为 2.54mm，辅助网格采用的间距为 1.24mm 或 0.635mm。按坐标网格系统进行布局和布设焊盘及过孔，有利于印制电路板的设计、制造和元器件的安装及自动化测试。

2）参考基准

为了在制造和检查导电图形及加工印制电路板的外形时定位，建议使用参考基准。参考基准是两条正交的基准直线，交点为坐标原点，位于某一个孔的中心。当同一块板上有几个图形时，所有的图形都应使用相同的参考基准。

3．印制导线宽度、长度和间距

印制导线的宽度、长度和间距不仅影响印制电路板的电气性能、电磁兼容性，还影响印制电路板的可制造性，必须根据电路需要认真计算和设计。

1）印制导线的宽度

在确定了所要使用的覆铜板铜箔的厚度后，印制导线的宽度主要由导线的负载电流、允许的温升和铜箔的附着力决定。印制导线的宽度和厚度决定了其截面积，印制导线的截面积越大，载流量就越大，但是电流流过印制导线会产生热量并引起印制导线温度升高，而电路的特性、元器件的工作温度和整机工作的环境等要求温升必须限制在一定的范围内，否则会损坏印制电路板，因此要合理选择印制导线的宽度。

通常，地线宽度设计为 0.51～2.03mm（20～80mil），电源线宽度设计为 0.51～1.27mm（20～50mil），信号线宽度设计为 0.1～0.3mm（4～12mil）。地线和电源线的宽度应根据载流量来计算，信号线宽度应根据电流负载能力和特性阻抗要求来计算。只要密度允许，应尽可能使用宽线，尤其是电源线和地线，这样既有利于降低印制导线的温升，又方便制造。同一印制电路板的印制导线宽度（除电源线、地线外）应尽可能一致。

印制导线的宽度一般要小于与之相连焊盘的直径，一般取 1/3～2/3 焊盘直径。

2）印制导线的长度

印制导线的长度在低频电路中一般没有要求，但从电磁兼容性的角度来看，在高频电路（音频以上的电路）中必须考虑最大电长走线。当印制导线的长度对应于特定频率波长 λ 的 1/4 或 1/2 时，印制导线会成为有效的辐射源，建议将印制导线的长度设计为小于特定频率波长 λ 的 1/20，以免使印制导线成为辐射源。

3）印制导线的间距

印制导线的间距由印制导线间的绝缘电阻、耐压要求、电磁兼容性及基材的特性决定，也受制造工艺的制约。一般来说，当绝缘电阻和耐压要求较高时，印制导线间距应适当加宽，当导线负载电流较大时，印制导线间距小会不利于散热。地线、电源线的宽度和间距通常大于信号线的宽度和间距。考虑到电磁兼容性问题，高速信号传输线相邻导线边缘间距应不小于信号线宽度的 2 倍，这样可以大大降低信号的串扰，也方便制造。表 6.1 给出了印制导线间距及最大允许工作电压参考值。

表 6.1　印制导线间距及最大允许工作电压参考值

印制导线间距（mm）	0.5	1	1.5	2	3
最大允许工作电压（V）	100	200	300	500	700

4．焊盘与孔

焊盘与孔是印制电路板的重要元素，它们不仅影响印制电路板的电气性能，还影响印制电路板的可制作性。

1）焊盘形状

焊盘是导电图形的重要组成部分，也是对印制电路板安装和焊接的可制造性影响最大的元素。如果设计不当，则会影响印制电路板的可制造性和加工质量，且极大影响安装工艺。

焊盘的形状根据布局、布线密度要求和安装元器件引脚的匹配需要有多种形状。一般地，多层印制电路板的内层和通孔上的焊盘多为圆形，与孔同心环绕。常用的焊盘形状有岛形、圆形、方形、椭圆形、泪滴形、开口形、矩形、多边形和异形等，如图 6.5 和图 6.6 所示。

在选择元器件的焊盘形状时要综合考虑该元器件的形状、大小、布置形式、震动、受热情况和受力方向等，不可只使用圆形焊盘。例如，岛形焊盘与印制导线合为一体，铜箔面积加大，使焊盘和印制导线的抗剥强度增加，能降低所选用覆铜板的档次，从而降低产品成本；方形焊盘制作简单，易于实现，多用于一些大电流的印制电路板；椭圆形焊盘既有足够的面积有利于增强抗剥能力，又在一个方向上尺寸较小而有利于中间走线；泪滴形焊盘与印制导线过渡圆滑，在高频电路中有利于减少传输损耗、提高传输速率；开口形焊盘能够保证在波峰焊后，手工补焊的焊盘孔不被焊锡封死等。

 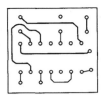

（a）岛形　　　　　　（b）圆形　　　　　　（c）方形

图 6.5　焊盘形状（一）

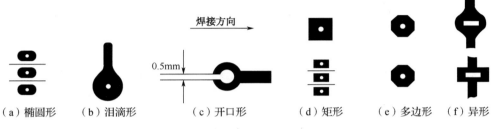

（a）椭圆形　　（b）泪滴形　　（c）开口形　　（d）矩形　　（e）多边形　　（f）异形

图 6.6　焊盘形状（二）

2）焊盘外径

焊盘外径主要由焊盘孔的大小确定。

对于单面印制电路板而言，焊盘抗剥能力较差，焊盘外径应大于引线孔 1.5mm 以上，即

$$D \geqslant |d+1.5| \text{（mm）}$$

式中，D 为焊盘外径；d 为引线孔径。

对于双面印制电路板而言，$D \geqslant |d+1.0|$（mm），可根据表 6.2 所列内容选择焊盘外径。

表 6.2　圆形焊盘最小允许直径

引线孔径（mm）	0.5	0.6	0.8	1.0	1.2	1.6	2.0
最小允许直径（mm）	1.5	1.5	2	2.5	3.0	3.5	4.0

在高密度精密印制电路板上，由于制作要求高，焊盘最小外径可为 $D=|d+0.7|$（mm）或更小。以上焊盘外径的确定方法是相对于圆形焊盘而言的，其他形状焊盘外径的确定可参考圆形焊盘外径的确定方法。

3）元器件孔

元器件孔具有电气连接和机械固定双重作用。元器件孔过小会安装困难，焊锡不能润湿金属孔，影响焊接质量；孔过大容易形成气孔等焊接缺陷。一般要求

$$d_1+0.2 \leqslant d \leqslant (d_1+0.4) \text{（mm）}$$

式中，d 为引线孔径；d_1 为元器件引脚直径。

通常取 $d=(d_1+0.3)$（mm）。

4）过孔

过孔也称导通孔，其作用是实现不同导电层之间的电气连接，分为通孔、盲孔和埋孔三种。

通孔是贯通整个印制电路板、连接有互连关系的内层和两个外层导线的孔。通孔孔径的大小和孔的位置由布线空间的大小和布线要求决定，其直径一般为 0.1～0.6mm，在布线

空间允许时，应适当加大直径到 0.8mm。

盲孔是连接多层印制电路板的一个表面和几个内层而不贯通整个板的孔。盲孔孔径可以设计得比通孔孔径小一些。

埋孔是连接多层印制电路板的某几个内层，不贯穿上下两个外表面而埋在板内部的孔，其孔径也可以设计得较小。

5）安装孔

安装孔是用机械方法将其他零部件、插接件、元器件安装到印制电路板上或将印制电路板安装到部件及整机上的一种孔。安装孔孔径可按照安装需要选取，优选系列为 2.2mm、3.0mm、3.5mm、4.0mm、4.5mm、5.0mm、6.0mm，最好排列在网格上。

6）定位孔

定位孔用于加工和检测定位印制电路板，可以用安装孔代替，也可以单设，一般采用三孔定位方式，孔径根据装配工艺确定。

5．接插区和印制插头

当一个印制电路板需要与其他印制电路板组装件或部件进行电气连接时，需要设计电连接器安装区或用于接插的印制插头。接插区和印制插头的设计是保证组装件之间电气可靠互连的关键，必须认真考虑和设计。

1）焊接方式

（1）导线焊接：焊接导线的焊盘尽可能放在印制电路板边缘。

（2）排线焊接：两个印制电路板之间采用排线焊接，可不受两个印制电路板的相对位置限制。

（3）印制电路板之间直接焊接：直接焊接常用于两个印制电路板之间 90°夹角的连接，连接后的两个印制电路板成为一个整体印制电路板部件。

2）接插区

印制电路板与相应的连接器连接的部位称为接插区，一般设置在印制电路板的边缘。接插区的尺寸应与连接器的尺寸相匹配，以保证连接可靠。必要时在接插区的长度方向上对印制电路板的翘曲度单独提出要求。连接器有插针式和插头座式两种。当采用插针式连接器时，应保证印制电路板上的插孔、连接器安装孔的设计及定位与连接器的尺寸、公差相匹配。

3）印制插头

（1）插头设计。在采用插头连接时，应考虑印制插头（俗称金手指，见图 6.7）部位板的厚度及公差，根据与其相配合插座的相关尺寸、公差和装配要求进行设计。印制插头接触片的宽度一般为插座两相邻簧片中心距×0.55。印制插头接触片的长度应能保证其在插入插座后，簧片能与其完全接触，簧片长度一般为印制插头接触片长度的 2/3 以上。

图 6.7　金手指

（2）工艺导线设计。为对印制插头部位的簧片电镀镍金，在每个印制插头接触片圆弧的顶端引出 0.2mm 宽的工艺导线，在靠近印制电路板的边线外侧用 0.3mm 的导线将其短路。作为汇总的工艺导线用作生产中插头电镀的阴极，在加工外形时丢掉，并要求在加工边倒角时去掉加工的毛刺，以保证插入顺利，不允许有残余的工艺导线，以免造成短路。

6．整机印制电路板整体布局

整机印制电路板整体布局，即确定印制电路板的整体布局是单板结构还是多板结构，多板结构如何分板、相互如何连接等。

1）单板结构

单板结构是在电路较简单或整机电路功能唯一确定的情况下应用的，其将所有元器件尽可能布设在一块印制电路板上。单板结构优点是结构简单、可靠性高、使用方便；缺点是改动困难，功能扩展性、工艺可调试性、维修性差。

2）多板结构

多板结构也称积木结构，该结构将整机电路按原理功能分为若干部分，分别设计各自独立的功能。多板结构是大部分中等复杂程度以上电子产品采用的结构。分板原则如下。

（1）将能独立实现某种功能的电路放在同一印制电路板上，要求单点接地的电路部分尽量置于同一印制电路板上。

（2）高低电平相差较大、相互容易干扰的电路宜分板布置，如电视机中电源与前置放大部分应分板放置。

（3）电路分板部位应选择相互之间连线较少，以及频率、阻抗较低的部位，这不仅有利于抗干扰，还便于调试。多板结构的优缺点与单板结构的优缺点正好相反。

6.2.4 印制电路板图的设计

1．元器件排列及安装尺寸

1）元器件排列方式

元器件在印制电路板上的排列与产品种类和性能要求有关，常用的排列方式有以下三种。

（1）随机排列，也称不规则排列，即元器件可在轴线任意方向排列，如图 6.8 所示。用这种方式排列的元器件看起来杂乱无章，但由于元器件不受位置与方向的限制，因此印制导线布设方便，并且可以做到短而少，使板面印制导线大为减少，这对减少印制电路板的分布参数，抑制干扰，特别是对高频电路及音频电路有利。

（2）坐标排列，也称规则排列，即元器件在轴线方向排列一致，并与印制电路板的四边垂直平行，如图 6.9 所示，电子仪器常采用此种排列方式。使用坐标排列方式的元器件排列规范，板面美观整齐，安装调试及维修均较方便。但由于元器件排列要受到一定方向或位置的限制，因此导线布设要复杂一些，印制导线也会相应增加，这种排列方式常用于板面宽裕、元器件种类少及数量多的低频电路中。当元器件卧式安装时一般以规则排列为主。

（3）网格排列，这种排列方式与坐标排列类似，但板上每一个孔位均在网格交点上，如图 6.10 所示。网格为等距正交网格，目前通用的网格尺寸为 2.54mm，在高密度布线中也常采用 1.27mm 或更小的尺寸。采用网格排列方式的元器件整齐美观，便于测试维修，特别有利于机械化、自动化作业。

2）元器件安装尺寸

（1）IC 间距。设计印制电路板时常采用一种特殊的单位，即 IC 间距，1 个 IC 间距为 0.1in，即 2.54mm。标准双列直插封装集成电路端子间距、列间距及晶体管等引线尺寸均为

2.54mm 的倍数，在设计印制电路板时应尽可能采用 IC 间距作为单位，这样可以使安装规范，便于印制电路板的加工和检测。当不同种类元器件混合排列时，相互之间的距离也以 IC 间距为参考尺寸。

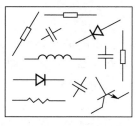 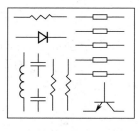 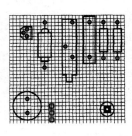

图 6.8　随机排列　　　　图 6.9　坐标排列　　　　图 6.10　网格排列

（2）软引线元器件与硬引线元器件。当元器件安装到印制电路板上时，一部分元器件（如普通电阻、电容、小功率晶体管等）的引线对焊盘间距要求不是很严格，称之为软引线元器件（见图 6.11）；另一部分元器件（如大功率晶体管、继电器、电位器等）的引线不允许折弯，对安装尺寸有严格要求，称之为硬引线元器件（见图 6.12）。

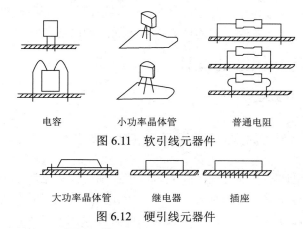

图 6.11　软引线元器件

图 6.12　硬引线元器件

虽然软引线元器件对安装尺寸要求不严格，但为了使元器件排列整齐、装配规范，以及方便元器件成形设备的使用，设计应按最佳跨距选取，表 6.3 及表 6.4 分别给出了常用金属膜电阻及常用电解电容的安装跨距，其他类型元器件可按其相应外形尺寸确定最佳安装跨距。

表 6.3　常用金属膜电阻的安装跨距

功率（W）	0.125	0.25	0.5	1	2
最佳跨距（mm/in）	10/0.4	10/0.4	15/0.6	17.5/0.7	25/1.0
最大跨距（mm/in）	15/0.6	15/0.6	25/1.0	30/1.2	35/1.4

表 6.4　常用电解电容的安装跨距

电容器直径（mm）	4	5	6	8	10, 13	16, 18
最佳跨距（mm）	1.5	2	2.5	3.5	5	7.5

2．元器件布局

元器件布局就是将电路元器件放置在印制电路板布线区内。元器件布局不仅关系到后面的布线工作，而且对整个印制电路板的电气性能有重要影响。元器件布局是印制电路板设计中最耗费精力的工作，往往要经过若干次布局比较才能得到一个比较满意的布局结果。

下面介绍布局要求、布局原则、布放顺序和布局方法。

1) 布局要求

布局要求主要涉及以下几方面。

（1）要保证电路功能和性能指标满足使用要求。

（2）适当兼顾美观性。元器件要排列整齐、疏密得当。

（3）在上述基础上满足工艺性、检测、维修等方面的要求。

工艺性包括元器件排列顺序、方向、引线间距等，在批量生产及采用自动插装机时，工艺性要求尤为突出。考虑到进行印制电路板检测时的信号注入或测试，应设置必要的测试点或调整空间及有关元器件的替换维护性能等。

2) 布局原则

（1）就近原则：当印制电路板对外连接方式和位置确定后，相关电路应就近安放，避免走远路、绕弯子，尤其忌讳交叉穿插。

（2）信号流向原则：元器件的布局应便于信号的流通，使信号尽可能保持一致的流向。在多数情况下，信号的流向安排为从左到右或从上到下。

（3）提高机械强度：质量较重、尺寸较大的元器件尽量安置在印制电路板上靠近固定端的位置，并降低重心；15g 以上的元器件还应当使用支架或卡子加以固定，以提高机械强度和耐震、耐冲击的能力，以及减小印制电路板的负荷和变形。

（4）应充分考虑电磁干扰和热干扰的抑制。

3) 布放顺序

先大后小，先布放占面积较大的元器件；先集成后分立；先主后次，在采用多块集成电路时先放置主电路。

4) 布局方法

布局方法主要有实物法、模板法和经验对比法。

（1）实物法：将元器件和部件样品在 1∶1 的草图上排列出来，寻找最优布局。实物法是最简单、可靠的方法。实际应用中一般将关键的元器件或部件实物作为布局依据。

（2）模板法：有时实物摆放不方便或没有实物，可按样本或有关资料制作主要元器件部件的图样模板，代替实物进行布局。实物法和模板法适用于初学者和比较简单的电路。

（3）经验对比法：根据经验参照可对比的已有印制电路板重新设计布局。这种方法适合具有一定设计经验的工作人员使用。

3．布线

布线指按照电路原理图要求将元器件和部件通过印制导线连接成电路。布线是印制电路板设计中的关键环节之一，可以说前面的准备工作都是为布线而做的。在进行具体布线时要把握以下要点。

1）布线原则

（1）连接要正确：要保证所有连接正确不是一件容易的事，特别是较复杂的电路，应利用 CAD 并进行必要的校对检查以减小失误。

（2）走线要简捷：除某些兼有印制元器件作用的连线外，其他所有印制电路板连线都力求简捷，尽可能使走线短、直、平滑，特别是低电平、高阻抗电路部分的走线。

（3）粗细要适当：电源线（包括地线）和大电流线必须保证足够宽度，特别是地线，在板面允许的条件下应尽可能宽一些。

2）布线要求

（1）避免布设环路导线：环路导线容易引起电磁辐射，相当于天线，既能发射磁场又可接收空间磁场，从而引起电磁兼容性问题。

（2）两焊盘间的导线布设应尽量短：特别是放大电路的输入线和高频信号线，应尽量短距离布线。

（3）双面印制电路板的两面及多层印制电路板相邻两个信号线层的导线要相互垂直布设，以减小寄生电容。

（4）尽量避免较长距离的平行布线，以减小耦合电容和导线间绝缘电阻。

（5）高速、高频信号线和不同频率的信号线应尽量避免相互靠近、平行布设，以免引起信号串扰，必要时可在两条信号线间加地线隔离。对于高频信号线，应在其一侧或两侧布设地线进行屏蔽。

（6）导线的拐弯处应为直角或钝角，尽量避免尖角：尖角部位在制造过程中容易起翘，在高频电路中容易产生信号反射而引起电磁干扰。

（7）印制导线在与焊盘连接时应注意焊盘图形的热分布，保证焊接时能形成可靠的焊点。

（8）时钟电路和高频电路传输导线是主要的骚扰源和辐射源，应单独布设，远离模拟电路和其他敏感电路，当布线空间允许时，最好布设在大的地线面积中间，将其隔离，并尽量在同一层布线以减少过孔；不允许分支走线。

（9）同一高频信号线宽度应一致，以避免导线阻抗的不连续而引起电磁辐射。

（10）靠近印制电路板边缘的导线和焊盘应距离板边缘不小于 5mm。

3）布线顺序

（1）同一布线层的布线顺序：先布设地线，再布设电源线，最后布设信号线。

（2）信号线的布设顺序：模拟小信号线→对串扰特别敏感的信号线→系统时钟信号线→一般信号线。

在布线阶段，往往会发现布局方面存在不足，如改变某个集成电路方向可使布线更简单，增加某两个元器件的距离可使布线更合理等。因此，在一般情况下，布线和布局有一两次反复是正常的，有些复杂电路要反复三四次甚至更多次才能获得比较满意的效果。

6.2.5 印制电路板的设计技巧

1．印制电路板散热设计

印制电路板及印制电路板组装件在焊接和使用过程中会面临温度的变化，温度的变化会引起材料的膨胀和收缩，不同热膨胀系数的材料组合在一起会产生一定的热应力，不同大小的热应力对印制电路板及印制电路板组装件的性能和结构有不同的影响，严重时能使印制电路板组装件无法正常工作。

元器件在工作时都有不同程度的发热,温度过高就会影响元器件的性能,在进行印制电路板布局时必须考虑元器件的散热和冷却问题,把元器件产生的热量传递到其他介质中,降低元器件本体的温度。要综合考虑哪些是发热元器件、哪些是热敏元器件、板上的热分布状态、散热措施等。

在进行印制电路板的散热设计时,应根据电路的特点有针对性地采取措施,具体方法如下。

1) 热膨胀系数的匹配

在进行印制电路板的设计时,尤其是在设计用于表面安装的印制电路板时,首先应根据焊接要求和印制电路板基材的耐热性,选择耐热性好、热膨胀系数较小、与元器件的热膨胀系数相适应的印制电路板基材,以降低热膨胀系数差异引起的热应力。

2) 加大印制电路板上作为大功率元器件散热面铜箔的面积

如果采用宽的印制导线作为发热元器件的散热面,则应选择铜箔加厚的基材,并尽可能将铜箔设计成网状,以防止铜箔过热而起泡、板翘曲。

3) 导体网状设计

对于宽度大于或等于 3mm 的导线和大面积导体,由于其热容量大,在波峰焊或再流焊过程中,会延长焊接时间而引起铜箔起泡或与基材分离,因此应在不影响电磁兼容的情况下将其设计成网状结构。

4) 焊盘隔热环设计

对于面积较大的焊盘和大面积(大于 ϕ25mm)铜箔上的焊盘,应设计焊盘隔热环(见图 6.13),在保证大导电面积的同时,将焊盘周围部分导体蚀刻掉形成隔热区,从而减小焊盘加热时间,避免出现起泡、膨胀等现象。

5) 热敏元器件远离发热元器件

在进行印制电路板的布局设计时,要使电解电容、晶体振荡器、热敏电阻等对热敏感或怕热元器件远离大功率发热元器件(如大功率 MOS 元器件、CPU、超大规模集成电路、A/D 转换模块等)。

6) 外加散热器

发热量过大的元器件不贴板安装,并应为其加装散热器(见图 6.14)或散热板,为减小元器件与散热器间的热阻,在必要时可以涂覆导热绝缘硅脂。

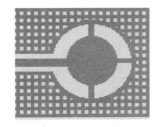

图 6.13 焊盘隔热环

图 6.14 散热器

7) 通风散热通道设计

在进行元器件布局时,应在印制电路板上留出通风散热的通道,通风入口处不能设置高度过大的元器件,以免影响散热。

在采用自然对流冷却方式时，元器件纵向排列；在采用强制对流冷却方式时，元器件横向排列，如图 6.15 所示。发热量大的元器件设置在冷却气流的末端，对热敏感或发热量小的元器件应设置在冷却气流的前端，避免空气提前预热，降低冷却效果。

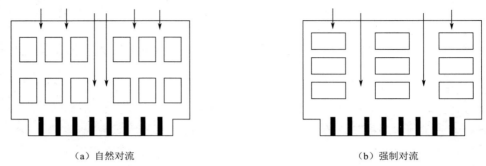

（a）自然对流　　　　　　　　　　　　　　（b）强制对流

图 6.15　空气冷却方式

2．印制电路板地线设计

在电子设备中，接地是控制干扰的重要方法，如果能将接地和屏蔽正确结合并合理使用，那么可解决大部分干扰问题。电子设备中地线结构大致有系统地、机壳地（屏蔽地）、数字地（逻辑地）和模拟地等。

在印制电路板的地线设计中，接地技术既应用于多层印制电路板，也应用于单面印制电路板。接地技术的目标是最小化接地阻抗，从而减少从电路返回到电源之间的接地回路的电势。

1）正确选择单点接地与多点接地

在低频电路中，信号的工作频率小于 1MHz，布线和元器件间的电感影响较小，而接地电路形成的环流为主要干扰，因而应采用单点接地。当信号工作频率大于 10MHz 时，地线阻抗变得很大，此时应尽量降低地线阻抗，采用就近多点接地。当信号工作频率为 1～10MHz 时，如果采用单点接地，那么地线长度不应超过波长的 1/20，否则应采用多点接地。高频电路宜采用多点串联接地，地线应短而粗，高频元器件周围尽量布置网格状大面积接地铜箔。

并联单点接地示例和串并联混合单点接地示例分别如图 6.16 和图 6.17 所示。

2）将数字电路与模拟电路分开

印制电路板上既有数字电路，又有模拟电路，应尽量使它们分开，且两者的地线不要相混，要分别与电源端地线相连，并尽量加大模拟电路的接地面积。

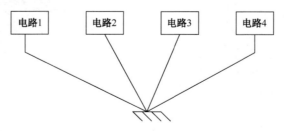

图 6.16　并联单点接地示例

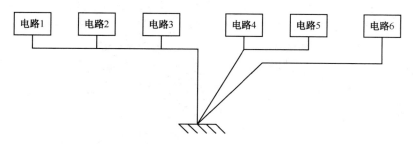

图 6.17　串并联混合单点接地示例

3）尽量加粗接地线

若接地线很细，则接地电位随电流的变化而变化，从而使电子设备的定时信号电平不稳，抗噪声性能变差，因此应尽量将接地线加粗，使它能通过三倍于印制电路板允许电流的电流。在条件允许时，接地线的宽度应大于 3mm。

4）使接地线构成闭环路

在设计仅由数字电路组成的印制电路板的地线系统时，将接地线制作成封闭环路可以显著提高其抗噪声能力，这是因为印制电路板上有很多集成电路元器件，尤其是其中耗电多的元器件，它们受接地线粗细的限制，会在地结上产生较大的电位差，引起电路板抗噪声能力下降，若将接地线制作成环路，则可以缩小电位差，提高印制电路板的抗噪声能力。

5）布设较宽的地线

当采用多层印制电路板时，可将其中一层作为"全地平面"，这样既可减降低接地阻抗，又可起到屏蔽作用。人们常常在印制电路板周边布设一圈较宽的地线来实现上述目的。

6）单面印制电路板的接地线

在单面印制电路板中，接地线的宽度应尽可能大，且至少应为 1.5mm（60mil）。由于在单面印制电路板上无法实现星形布线，因此跳线和地线的宽度应当保持为最小，否则会引起线路阻抗与电感的变化。

7）双面印制电路板的接地线

在双面印制电路板中，数字电路应优先使用地线网格/点阵布线，这种布线方式可以降低接地阻抗，减少接地回路和信号环路。地线和电源线的宽度最少应为 1.5mm。

另外一种布线方式是将接地线放在一边，信号线和电源线放于另一边。采用这种布线方式可进一步减少接地回路，降低接地阻抗。此时，去耦电容可以放置在距离集成电路供电线和接地线之间尽可能近的地方。

8）印制电路板电容

在多层印制电路板上，分离电源面和地面的绝缘薄层会产生印制电路板电容。在单面印制电路板上，电源线和地线的平行布放也会产生这种电容。印制电路电容的优点是其具有非常高的频率响应并具有均匀分布在整个面或整条线上的低串联电感，它等效于一个均匀分布在整个印制电路板上的去耦电容，没有任何一个单独的分立元器件具有这种特性。

9）高速电路与低速电路

在布放高速电路和元器件时应使其接近接地面，而低速电路和元器件应接近电源面。

10）地线铜填充

在某些模拟电路中，没有用到的印制电路板区域是用一个大的接地面来覆盖的，以此提供屏蔽和增加去耦能力。但是如果这片印制电路板区域是悬空的，那么它可能表现为一个天线，并引起电磁兼容问题。

11）多层印制电路板中的接地面和电源面

在多层印制电路板中，推荐把电源面和接地面尽可能近地放置在相邻的层中，以便产生一个大的印制电路板。电容速度最快的关键信号应当临近接地面的一侧，非关键信号则应靠近电源面。

12）电源要求

当电路不止需要一个电源供给时，可采用多点接地将每个电源分隔开。但是在单面印制电路板中，多点接地是无法实现的，一种解决方法是把从一个电源中引出的电源线、地线同其他的电源线、地线分隔开，这同样有助于避免电源之间的噪声耦合。

3．印制电路板的电磁兼容设计

电磁兼容包含两方面，即产品的电磁辐射和抗电磁干扰性（电磁敏感性）。印制电路板作为电子设备的基础部件，同样存在引起电磁辐射和受电磁干扰的因素，所以电磁兼容设计是印制电路板设计的重要内容。

1）印制电路板的电磁兼容问题

根据电磁理论，变化的磁场可产生电场，变化的电场又可产生磁场，随时间变化的电流（时变电流）既产生电磁又产生磁场。印制电路板在工作时，通过的时变电流是引起电磁兼容问题的根本原因。印制电路板上高速、高频数字电路和逻辑电路的广泛应用，又大大增加了时变电流的强度。产生电磁兼容问题的主要原因如下。

（1）印制导线的阻抗与电路不匹配。目前，一般数字高速电路的频率为40～50MHz。印制导线在传输这样的高频信号时呈现出的电感特性大于电阻特性，在设计时若对导线的阻抗考虑不周，则印制导线的阻抗不匹配，就会引起信号反射，使印制导线成为有效的能量发射天线。所以，在设计印制导线时，应使印制导线长度远不匹配信号波长的1/4，一般采用小于波长的1/20的导线长度。

（2）布局、布线不当。印制电路板上的时钟电路和振荡电路等有高频周期信号存在。若这类电路布局、布线不当，则会产生较强的干扰。当数字电路与模拟电路共存于同一印制电路板上时，如果布局不合理或使两者共地或共电源，数字电路的噪声就会对模拟电路造成干扰。

（3）接地不当。

（4）基材选择不当。对于高频、微波电路，如果选用介电常数及介质损耗大的基材，则会使导线阻抗不匹配，从而引起信号的反射。

（5）导孔分布参数的影响。导孔结构会产生寄生电容和寄生电感。寄生电容和寄生电感对高频信号呈现出的阻抗也是引起高频电路和数字电路电磁兼容问题的原因之一。

除以上原因外，地线的结构、高频电流、绝缘沟槽分割不当、大功率元器件的屏蔽等都会对印制电路板的电磁兼容性产生影响。

2）电磁干扰的抑制

电磁干扰无法完全避免，只能在设计中设法抑制。

（1）对于容易受干扰的导线（如低电平、高阻抗端的导线），在布设时应注意以下几点。

① 越短越好，平行导线间的信号耦合与长度成正比。

② 顺序排列，按信号流向顺序布线，忌迂回穿插。
③ 远离干扰源，尽量远离电源线、高电平导线。
④ 交叉通过，当无法避开干扰源时，不能与之平行走线；双面印制电路板交叉通过，单面印制电路板飞线过度。
⑤ 避免成环，印制电路板上的环形导线相当于单匝线圈或环形天线，会使电磁感应和天线效应增强。在布线时尽可能避免成环或减小环形面积，如图6.18所示。

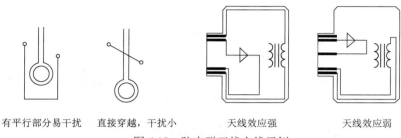

图6.18 防电磁干扰布线示例

（2）反馈元器件和反馈导线连接输入端和输出端时，布设不当容易引起干扰。在图6.19（a）中，反馈导线越过放大器基极电阻，这样可能产生寄生耦合，影响电路工作。在图6.19（b）中，反馈元器件布设于中间，输出导线远离前级元器件，避免了干扰。

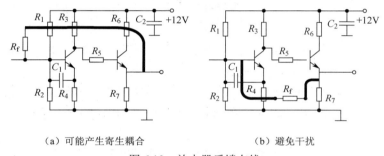

图6.19 放大器反馈布线

（3）设置屏蔽地线。印制电路板内设置的屏蔽地线有以下几种形式。
① 大面积屏蔽地线。注意此处的地线不是信号地线，只是用于屏蔽。
② 设置地线环。设置地线环可以避免输入线受干扰，这种屏蔽地线可以在单侧、双侧，也可以在另一层。
③ 专用屏蔽线。在高频电路中，印制导线分布参数对信号影响大且不容易匹配阻抗，这时可使用专用屏蔽线。
（4）设置滤波去耦电容。为防止电磁干扰通过电源及配线传播，通常采用在印制电路板上设置滤波去耦电容器的方法。这些电容通常不在电路原理图中反映出来。
① 一般在印制电路板电源入口处并联一个 10~100μF 或更大容量的电解电容和一个 0.1μF 的陶瓷电容。当电源线在板内走线长度大于 100mm 时应再加一组电容。
② 在集成电路电源端加 0.01μF 的陶瓷电容，多片数字集成电路电源端必须加该电容。需要注意的是，电容必须加在靠近集成电路电源端处且与该集成电路地线相连。

③ 在操作印制电路板上的接触器、继电器、按钮等元器件时,均会产生较大的火花放电,必须采用 RC 电路吸收放电电流。一般地,R 取 1～2kΩ,C 取 2.2～47μF。

电容量根据集成电路速度和电路工作频率选用。集成电路速度越快,频率越高,电容量越小,且须选用高频电容。

6.3 印制电路板制造工艺

一般来说,设计者在完成印制电路板图的设计后,印制电路板的制造将由专业的生产厂家按照印制电路板设计文件,经过一系列的特殊加工制成符合设计要求和相关标准的、可供安装使用的印制电路板成品。而对于科技研发、小产品等制作周期短、成本低、要求不太高或比较简单的印制电路板的制作,则可以采用雕刻或手工制作的方法完成。

6.3.1 印制电路板制造工艺的分类

印制电路板的制造工艺虽然繁多,但可以大致分为三种:减成法、加成法和半加成法。

1. 减成法

减成法是目前应用最广泛、成熟的制造工艺,是一种在覆铜板上通过钻孔、孔金属化、图形转移、电镀、蚀刻或雕刻等工艺选择性地去除部分铜箔,形成导电图形的方法,又称铜箔蚀刻法。

根据印制电路板结构的不同,减成法的工艺流程也有所不同,下面以有金属化孔的双面印制电路板为例介绍印制电路板制造的典型工艺流程。

(1)光绘。将设计者提供的 CAD 文件转化为 CAM 文件,用此文件控制光绘机生成印制电路板上各种图形的潜像,进而生成照相原版,并复制出用于生产的照相底片,供图形转移工序使用。

(2)下料,又称开料。将按设计要求选择的整张覆铜板按加工的需要切割成小块的在制板。

(3)钻孔。将裁好的在制板按工艺要求先冲(钻)定位孔,再用数控机床根据事先生成的数控钻孔程序对在制板进行钻孔。

(4)孔金属化。将钻完孔的在制板放在相应化学溶液中处理,使孔壁沉积一层导电的金属,再通过电镀铜加厚使镀层达到一定厚度以保证后续的加工。孔金属化是连接双面印制电路板两面导电图形的可靠方法,是一道必不可少的工序。

(5)贴感光胶膜。化学沉铜后,要把照相底片或光绘片上的图形转印到在制板上,为此,应先在在制板上贴一层厚度均匀的感光胶膜。目前的感光胶膜基本上都是液体,俗称湿膜。

(6)图形转移。把照相底片上的印制电路图形通过感光化学法转移到在制板上。

(7)去膜蚀刻。图形转移后,在制板上需要留下的铜箔表面已被抗蚀层保护起来,未被保护的部分则需要通过化学蚀刻将其去除,然后将暴露在基板上的铜用特定的蚀刻液腐蚀掉,以留下需要的电路图形。

(8)图形电镀。为提高印制电路板的导电、可焊、耐磨、装饰等性能,并提高其电气连接的可靠性，同时延长印制电路板的使用寿命，一般可以在印制电路板图铜箔上涂覆一层金、银或铅锡合金等。

（9）印制阻焊膜和标记字符。将电镀后的在制板清洗干净并烘干后，用光化学法或网印法按设计要求在不焊接的部位印制阻焊膜和标记字符。

（10）热风整平：又称喷锡。已印制完阻焊膜和标记字符的在制板浸过热风，整平熔剂后，浸入熔融的焊料槽，然后从两个风刀间通过，风刀里的热压缩空气把印制电路板板面和孔内的多余焊料吹掉，得到光亮、均匀、平滑的焊料涂覆层。

（11）检验。对印制电路板产品进行外观检验合格后，在专用的通断测试设备上对与孔相关的连通网络按 CAD 文件提取的测试程序进行电路的通断或绝缘测试，剔除不合格产品。如果设计文件有要求，那么还应按相关标准规定进行其他测试。

2．加成法

加成法指通过丝网印刷或化学沉积法，把导电材料直接印制在绝缘基材上形成导电图形。采用较多的两种加成法：通过丝网印刷把导电材料印制在绝缘基材上，如陶瓷或聚合物；在活化处理含有催化剂的绝缘基材后，制作与所需导电图形相反的电镀抗蚀层图形，在抗蚀剂的窗口中（露出的活化面）进行选择性的化学镀铜，直至得到所需的铜层厚度。

3．半加成法

半加成法是运用减成法和加成法的工艺特点制造印制电路板的一种方法。目前，利用半加成法可制成线宽为 0.025mm、线间距为 0.05mm 的精细导线，甚至可以制作出 12μm 线宽的导线。半加成法广泛用于高密度互连印制电路板的制作工艺中。

6.3.2　印制电路板的雕刻制作工艺

随着微电子技术的发展，为适应一些特殊场合的试验、小产品制作、科技研发、产品调试等项目的应用，印制电路板目前采用雕刻方式。因为如果送到工厂进行加工制造，不仅费时，成本也高；同时采用手工制作的印制电路板不够精确，所以目前采用的是雕刻制作方式，这种方式不仅快，还比较可靠，精密度也高。图 6.20 为雕刻机。下面简单介绍雕刻制作印制电路板的步骤。

首先，利用电路原理图绘制软件生成相应的印制电路图。例如，在 Altium Designer 10 中打开 PCB 或 DDB 文件，执行"File"→"Cammanager"命令，在弹出的"Output Wizard"对话框中单击"Next"按钮，生成 Gerber 格式的数据文件。

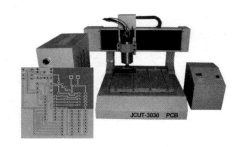

图 6.20　雕刻机

然后，利用 CircuitCAM 软件将由 Protel 99 SE 生成的 Gerber 格式数据文件导入制板文件，对数据进行处理，确定绝缘通道、边框、设置断点等，并将制板文件导出。

之后，利用 BoardMaster 软件制作电路板。一定要保证可靠定位，将垫板及电路板装在定位销上，并用胶条固定在工作台上，再进行电路板制作。需要孔金属化处理的，还应进行孔金属化处理。

最后，利用万用表进行电路检查，查看电路板是否存在短路及断路现象。检查无误后，应涂抹焊剂，方便焊接与保存。

6.3.3　手工制作印制电路板工艺

手工制作印制电路板的方法有漆图法、贴图法、铜箔粘贴法、热转印法等。下面简单介绍如何采用热转印法自制单面印制电路板，此方法简单易行、精度较高，制作过程如下。

1．绘制印制电路原理图

利用电路原理图绘制软件或能生成图像的软件生成图像文件，如用 Altium Designer 10 生成网络表文件，再利用网络表文件设计相应印制电路原理图。

2．打印印制电路原理图

利用激光打印机将图像文件或印制电路原理图打印在热转印纸光滑的纸面上。

3．裁剪电路板

先确定印制电路原理图的大小，再利用裁板机将一块完整的覆铜板裁减到与图纸尺寸相当的大小（应该比图纸大 1cm 左右，以便图纸在覆铜板上固定）。

4．清洁覆铜板表面

将覆铜板放入腐蚀液中浸泡 2～3s，取出用水冲洗并擦干，以去除覆铜板铜箔表面的油污及氧化层。

5．热转印印制电路原理图

将打印的电路原理图用胶带固定在覆铜板上，并放入热转印机（见图 6.21），加温、加压后移出。等覆铜板自然冷却后，揭去热转印纸，印制电路板图形便转印到覆铜板铜箔表面。

6．图形检查、修复

检查图形中有无砂眼、断线等情况，并用油性笔进行修复。

7．腐蚀电路板

图 6.21　热转印机

将检查完后的覆铜板完全浸入由三氯化铁与水混合（比例为 1∶2）的腐蚀药液中进行腐蚀，为加快腐蚀速度，可使用 40～50℃的腐蚀药液，并用软毛刷轻刷覆铜板表面；待把没有油墨的地方都腐蚀掉后，即可完成电路板的腐蚀；取出腐蚀完成的电路板用水清洗并擦干。

8．钻孔

根据设计孔的大小选择合适规格的钻头，使用台钻或手电钻对覆铜板上的焊盘进行钻孔。在钻孔时应使用钻床的高速，钻头进给速度不宜过快，以免出现毛刺。

9．铜箔表面处理

用去污粉或细砂纸将覆铜板上的污迹去除干净，再用水冲洗，使焊盘和导线光洁明亮。

10．涂焊剂

用吹风机将印制电路板吹干并加热，然后在其表面涂焊剂（松香、酒精溶液）以防止铜箔表面氧化并提高其可焊性。

对于电路比较简单、要求不高或不具备用 EDA 设计和热转印机转印图形的，可手工绘制印制电路板布线图，并用复写纸将印制电路板图形复印到覆铜板上，用油性笔或调和漆进行描板，再进行其余步骤的操作。

对于电路简单、线条较少的印制电路板，还可以采用刀刻法来制作。在印制电路板布局、布线时，印制导线的形状尽量简单，一般把焊盘与印制导线合为一体，形成多块图形，便于刀刻。

6.4 印制电路板的新发展

近年来，随着集成电路和表面安装技术的发展，电子产品迅速向小型化、微型化方向发展。作为集成电路载体和互连技术核心的印制电路板也在向高密度、多层化、高可靠方向发展，目前还没有一种互连技术能够取代印制电路板。印制电路板的新发展主要集中在高密度印制电路板、柔性印制电路板、多层印制电路板和特殊印制电路板四个方面。

1．高密度印制电路板

电子产品微型化要求尽可能缩小印制电路板的面积，超大规模集成电路的发展则是芯片对外引线数量的增加，而芯片面积不增加甚至减小，这时就需要增加印制电路板上的布线密度。增加印制电路板上的布线密度的关键如下。

（1）减小线宽/间距。

（2）减小过孔孔径。

布线密度已成为目前衡量制板厂技术水准的标志，目前能够达到及将要达到的水平如下。

线宽/间距：（0.1～0.2）→0.07→0.03（单位为 mm）。

过孔孔径：0.3→0.25→0.2（单位为 mm）。

我国制板厂目前较为成熟的技术：线宽/间距为 0.13～0.15mm，孔径为 0.4mm。

2．多层印制电路板

多层印制电路板在双面印制电路板的基础上发展而来，除了双面印制电路板的制造工艺，还有内层印制电路板的加工、层间定位、叠压、黏合等特殊工艺。目前，多层印制电路板层数多为 4～8 层，如计算机主板、工控机 CPU 板等，在巨型机等领域可实现几十层的多层印制电路板。

3．柔性印制电路板

柔性印制电路板是用柔性聚酯覆铜薄膜及印制电路板加工工艺制造而成的。同普通（刚性）印制电路板一样，柔性印制电路板也有单面、双面和多层之分，还可将柔性印制电路板和刚性印制电路板结合制成刚-柔混合多层印制电路板。

柔性印制电路板具有可以弯曲、折叠的特性，可用于连接活动部件，实现立体布线、三维空间的互连，从而提高装配密度和产品可靠性。例如，笔记本电脑、移动通信设备、照相机、摄像机等高档电子产品中都应用了柔性印制电路板。

4．特殊印制电路板

在高频电路及高密度装配中用普通印制电路板往往不能满足要求，各种特殊印制电路板应运而生。

1）微波印制电路板

在高频（几百兆赫兹以上）条件下工作的印制电路板对材料、布线和布局都有特殊要求。微波印制电路板除采用了聚四氟乙烯板以外，还采用了复合介质基片和陶瓷基片等，其线宽/间距要求比普通印制电路板的线宽/间距要求高出一个数量级。

2）金属芯印制电路板

金属芯印制电路板可以看作一种含有金属层的多层印制电路板，主要用于解决高密度安装引起的散热性能问题，且金属层有屏蔽作用，有利于解决干扰问题。

3）碳膜印制电路板

碳膜印制电路板是在普通单面印制电路板上制成导线图形后再印制一层碳膜形成跨接线或触点（电阻值符合设计要求）的印制电路板。碳膜印制电路板具有高密度、低成本、良好的电性能及工艺性等优点，适用于电视机、电话机等设备。

4）印制电路与厚膜电路的结合

将电阻材料和铜箔顺序黏合到绝缘板上，用印制电路板工艺制成需要的图形，在需要改变电阻值的地方用电镀加厚的方法减小电阻值，用腐蚀的方法增加电阻值，制造成印制电路和厚膜电路结合内含元器件的印制电路板，从而在提高安装密度、降低成本方面开辟出新的途径。

第 7 章

Multisim 10 的基本应用

Multisim 10 是由 IIT 公司推出的,其提供了全面集成化的设计环境,能够完成从电路原理图设计输入、电路仿真分析到电路功能测试等工作。当改变电路连接或改变元器件参数对电路进行仿真时,可以清楚地观察到各种变化对电路性能的影响。

7.1 Multisim 10 基本操作

1. 基本界面及设置

在使用 Multisim 10 前,应该对 Multisim 10 基本界面进行设置。基本界面设置是通过主菜单中的"Options"菜单进行的,如图 7.1 所示。

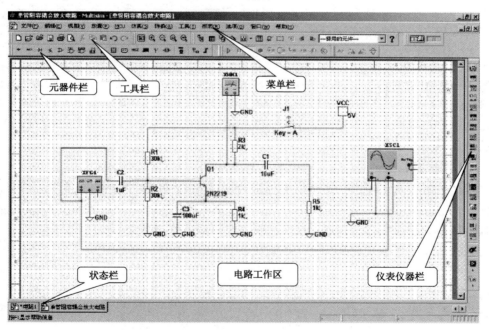

图 7.1 Multisim 10 基本界面

(1) 执行"Options"→"Global Preferences"命令,弹出"Preferences"对话框,如图 7.2 所示。在默认打开的"Parts"选项卡中有两个选项组,在 Place Component Mode 选项组中选中"Continuous placement(ESC to quit)"(连续放置元器件)单选按钮;在 Symbol Standard (符号标准)选项组中,建议选中"DIN"单选按钮,即选取元器件符号为欧洲标准模式。

以上两项设置完成后单击"OK"按钮。

（2）执行"Options"→"Sheet Properties"命令，弹出如图 7.3 所示的对话框，该对话框默认打开的是"Circuit"（电路）选项卡，在 Net names（网络名称）选项组中选中"Hide All"（全隐藏）单选按钮，单击"确定"按钮。

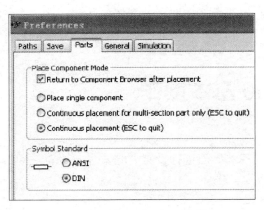

图 7.2 "Preferences"对话框

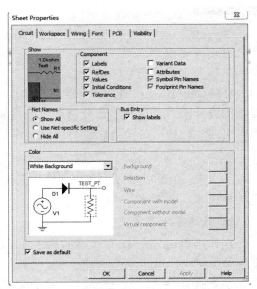

图 7.3 "Sheet Properties"对话框

2．文件基本操作

Multisim 10 中有以下文件基本操作：New（新建文件）、Open（打开文件）、Save（保存文件）、Save As（另存文件）、Print（打印文件）、Print Setup（打印设置）和 Exit（退出）等。这些操作可以通过在"文件"菜单中执行相关命令来实现，也可以用快捷键或工具栏中的相关工具进行快捷实现。

3．元器件基本操作

常用的元器件基本操作：90 Clockwise（顺时针旋转 90°）、90 CounterCW（逆时针旋转 90°）、Flip Horizontal（水平翻转）、Flip Vertical（垂直翻转）、Component Properties（元器件属性）等。这些操作可以通过在"编辑"菜单中执行相关命令来实现，也可以用快捷键进行快捷实现，如图 7.4 所示。

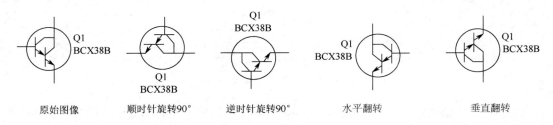

图 7.4 元器件基本操作

4．文本基本编辑

Multisim10 对文字的注释方式有两种：直接在电路工作区中输入文字；在文本框中输

入描述文字。下面分别介绍这两种注释方式。

1）直接在电路工作区中输入文字

执行"Place"→"Text"命令或使用 Ctrl+T 快捷键，单击需要输入文字的位置，输入需要的文字。将光标指向文字块并右击，在弹出的快捷菜单中执行"Color"命令，选择需要的颜色。双击文字块，可以随时修改输入的文字。

2）在文本框中输入描述文字

利用文本框输入描述文字不占用电路窗口，可以对电路的功能、使用说明等进行详细说明，也可以根据需要修改文字的大小和字体。执行"View"→"Circuit Description Box"命令或使用 Ctrl+D 快捷键，打开电路文本框，在其中输入需要说明的文字，可以保存和打印输入的文本，如图 7.5 所示。

5．图纸标题栏编辑

执行"Place"→"Title Block"命令，在弹出的对话框（见图 7.6）的查找范围处找到 Multisim/Titleblocks 目录，在该目录下选择一个*.tb7 图纸标题栏文件，并将该文件放在电路工作区。将光标指向文字块并右击，在弹出的快捷菜单中执行"Properties"命令。

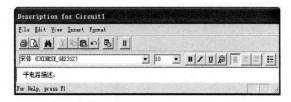

图 7.5　保存和打印输入的文本

图 7.6　"Title Block"对话框

6．子电路创建

子电路是用户自己建立的一种单元电路。将子电路存放在用户元器件库中，用户可以反复调用并使用子电路。利用子电路可使复杂系统的设计模块化、层次化，增加设计电路的可读性，提高设计效率，缩短电路周期。

子电路创建：执行"Place"→"Replace by Subcircuit"命令，弹出"Subcircuit Name"对话框，输入子电路名称"sub1"，单击"OK"按钮，选择将电路复制到用户元器件库中，同时给出子电路图标，完成子电路的创建。

子电路调用：执行"Place"→"New Subcircuit"命令或使用 Ctrl+B 快捷键，输入已创建的子电路名称"sub1"，即可调用该子电路。

子电路修改：双击子电路模块，在弹出的对话框中单击"Edit Subcircuit"按钮，电子工作平台的电路窗口中显示子电路的电路原理图，直接修改该电路原理图即可。

子电路的输入/输出：为了对子电路进行外部连接，需要为子电路添加输入/输出。执行"Place"→"HB"→"SB Connecter"命令或使用 Ctrl+I 快捷键，电子工作平台的电路窗口中出现输入/输出符号，将其与子电路的输入/输出信号端进行连接即可。带有输入/输出符号的子电路才能与外电路相连。

子电路选择：把需要创建的子电路放到电子工作平台的电路窗口中，按住鼠标左键并拖动，选定电路，被选择子电路由周围的方框标识。

7.2 Multisim 10 电路创建

Multisim 10 电路仿真分为 6 个步骤：建立电路文件，在元器件库中调用所需的元器件，电路连接及导线调整，为电路增加文本，连接仿真仪器，进行电路仿真。

1．元器件操作

1）选择元器件

在元器件栏中单击要选择的元器件库图标，打开该元器件库。在弹出的元器件库对话框中选择所需的元器件。常用元器件库有 13 个：电源/信号源库、基本元器件库、二极管库、晶体管库、模拟集成电路库、TTL 数字集成电路库、CMOS 数字集成电路库、数字元器件库、数模混合集成电路库、指示元器件库、其他元器件库、射频元器件库、机电类元器件库。

2）选中元器件

单击元器件即可选中该元器件。

3）元器件操作

选中元器件并右击，在弹出的快捷菜单中有下列操作命令，如图 7.7 所示。

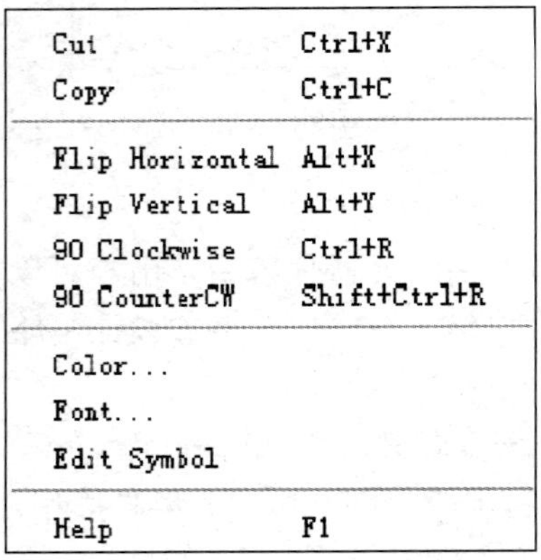

① Cut：剪切。
② Copy：复制。
③ Flip Horizontal：选中元器件水平翻转。
④ Flip Vertical：选中元器件垂直翻转。
⑤ 90 Clockwise：选中元器件顺时针旋转 90°。
⑥ 90 CounterCW：选中元器件逆时针旋转 90°。
⑦ Color：设置元器件颜色。
⑧ Font：设置字体。
⑨ Edit Symbol：设置元器件参数。
⑩ Help：帮助信息。

图 7.7 元器件操作命令

4）元器件特性参数

双击相应元器件，在弹出的元器件特性对话框中可以设置或编辑元器件的各种特性参数。元器件不同，对应的特性参数也不同。

例如，NPN 晶体管的特性参数有 Label（标识）、Display（显示）、Value（数值）、Pins（引脚）。

2．电路原理图的绘制

在绘制电路原理图前，先执行"Options"→"Sheet Properties"命令，弹出如图 7.8（a）所示的对话框，该对话框的每个选项卡中包含不同的对话内容，用于设置与电路显示方式相关的内容，如图 7.8（b）所示。

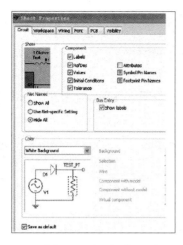

（a）“Sheet Properties”对话框

1.Circuit选项卡
Show选项组的显示控制如下。
Labels 标签；
RefDes 元器件序号；
Values 值；
Attributes 属性；
Pin Names 管脚名称；
Pin Numbers 管脚数目
2.Workspace环境选项卡
Sheet Size选项组用于图纸大小和方向的设置；Zoom Level选项组用于电路工作区显示比例的控制
3.Wring选项卡
Wire Width选项组用于设置连接的线宽；Autowire选项组用于控制自动连线的方式。
4.Font 选项卡
5.PCB 选项卡
PCB选项卡用于选择与印制电路板相关的选项
6.Visibility 选项卡

（b）相关选项卡

图 7.8　“Sheet Properties”对话框及相关选项卡

7.3　Multisim 10 操作界面

7.3.1　Multisim 10 菜单栏

Multisim 10 菜单栏如图 7.9 所示。

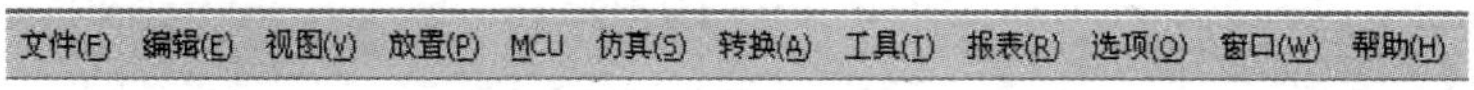

图 7.9　Multisim 10 菜单栏

这 12 个菜单中包含了 Multisim 10 的所有操作命令。

1．“文件”菜单

“文件”菜单中提供了以下文件操作命令，如打开、保存和打印等。“文件”菜单中的命令及功能如下。

① New：建立一个新文件。

② Open：打开一个已经存在的 MSM10、MSM9、MSM8、MSM7、Ewb 或 Utsch 等格式的文件。

③ Close：关闭电路工作区内的文件。

④ Close All：关闭电路工作区内的所有文件。

⑤ Save：将电路工作区内的文件以 MSM10 的格式存盘。

⑥ Save As：将电路工作区内的文件另存为一个文件，仍为 MSM10 格式。

⑦ Save All：将电路工作区内的所有文件以 MSM10 的格式存盘。

⑧ New Project：建立新的项目（仅在专业版的 Multisim 中出现，教育版中无此功能）。

⑨ Open Project：打开原有的项目（仅在专业版的 Multisim 中出现，教育版中无此功能）。

⑩ Save Project：保存当前的项目（仅在专业版的 Multisim 中出现，教育版中无此功能）。

⑪ Close Project：关闭当前的项目（仅在专业版的 Multisim 中出现，教育版中无此功能）。

⑫ Print：打印电路工作区内的电路原理图。
⑬ Print Preview：打印预览。
⑭ Print Options：包括 Print Setup（打印设置）和 Print（打印）。

2．"编辑"菜单

在电路绘制过程中，"编辑"菜单提供了对电路和元器件进行剪切、粘贴、旋转操作等的命令。"编辑"菜单中的命令及功能如下。

① Undo：取消前一次操作。
② Redo：恢复前一次操作。
③ Cut：剪切所选择的元器件，放在剪贴板中。
④ Copy：将所选择的元器件复制到剪贴板中。
⑤ Paste：将剪贴板中的元器件粘贴到指定的位置。
⑥ Delete：删除所选择的元器件。
⑦ Select All：选择电路中所有的元器件、导线和仪表仪器。
⑧ Delete Multi-Page：删除多页面。
⑨ Paste as Subcircuit：将剪贴板中的子电路粘贴到指定位置。
⑩ Find：查找电路原理图中的元器件。
⑪ Graphic Annotation：图形注释。
⑫ Order：顺序选择。
⑬ Assign to Layer：图层赋值。
⑭ Layer Settings：图层设置。
⑮ Orientation：旋转方向选择，包括 Flip Horizontal（将选择的元器件左右旋转）、Flip Vertical（将选择的元器件上下旋转）、90°Clockwise（将选择的元器件顺时针旋转 90°）、90 CounterCW（将选择的元器件逆时针旋转 90°）。
⑯ Title Block Position：工程图明细表位置。
⑰ Edit Symbol/Title Block：编辑符号/工程明细表。
⑱ Font：字体设置。
⑲ Comment：注释。
⑳ Forms/Questions：格式/问题。
㉑ Properties：属性编辑。

3．"视图"菜单

"视图"菜单提供了 19 个用于控制仿真界面中的显示内容的操作命令，具体介绍如下。

① Full Screen：全屏。
② Parent Sheet：层次。
③ Zoom In：放大电路原理图。
④ Zoom Out：缩小电路原理图。
⑤ Zoom Area：放大面积。
⑥ Zoom Fit to Page：放大到适合的页面。
⑦ Zoom to Magnification：按比例放大到适合的页面。
⑧ Zoom Selection：放大选择。

⑨ Show Grid：显示或关闭网格。
⑩ Show Border：显示或关闭边界。
⑪ Show Page Border：显示或关闭页边界。
⑫ Ruler Bars：显示或关闭标尺栏。
⑬ Statusbar：显示或关闭状态栏。
⑭ Design Toolbox：显示或关闭设计工具箱。
⑮ Spreadsheet View：显示或关闭电子数据表。
⑯ Circuit DescriptionBox：显示或关闭电路描述工具箱。
⑰ Toolbar：显示或关闭工具箱。
⑱ Show Comment/Probe：显示或关闭注释/标注。
⑲ Grapher：显示或关闭图形编辑器。

4．"放置"菜单

"放置"菜单提供了在电路窗口中放置元器件、连接点、总线和文字等 17 个命令。"放置"菜单中的命令及功能如下。

① Component：放置元器件。
② Junction：放置节点。
③ Wire：放置导线。
④ Bus：放置总线。
⑤ Connectors：放置输入/输出端口连接器。
⑥ New Hierarchical Block：放置层次模块。
⑦ Replace Hierarchical Block：替换层次模块。
⑧ Hierarchical Block form File：来自文件的层次模块。
⑨ New Subcircuit：创建子电路。
⑩ Replace by Subcircuit：替换子电路。
⑪ Multi-Page：设置多页。
⑫ Merge Bus：合并总线。
⑬ Bus Vector Connect：连接总线矢量。
⑭ Comment：放置注释。
⑮ Text：放置文字。
⑯ Grapher：放置图形。
⑰ Title Block：放置工程标题栏。

5．"MCU"（微控制器）菜单

"MCU"菜单提供在电路窗口内与 MCU 相关的调试操作命令。"MCU"菜单中的命令及功能如下。

① No MCU Component Found：没有创建 MCU 元器件。
② Debug View Format：调试格式。
③ Show Line Numbers：显示线路数目。
④ Pause：暂停。
⑤ Step Into：进入。

⑥ Step Over：跨过。
⑦ Step Out：离开。
⑧ Run to Cursor：运行到光标。
⑨ Toggle Breakpoint：设置断点。
⑩ Remove all Breakpoint：移出所有的断点。

6．"仿真"菜单

"仿真"菜单提供了 18 个电路仿真设置与操作命令。"仿真"菜单中的命令及功能如下。

① Run：开始仿真。
② Pause：暂停仿真。
③ Stop：停止仿真。
④ Instruments：选择仪表仪器。
⑤ Interactive Simulation Settings：交互式仿真设置。
⑥ Digital Simulation Settings：数字仿真设置。
⑦ Analyses：选择仿真分析法。
⑧ Postprocess：启动后处理器。
⑨ Simulation Error Log/Audit Trail：仿真误差记录/查询索引。
⑩ XSpice Command Line Interface：XSpice 命令界面。
⑪ Load Simulation Setting：导入仿真设置。
⑫ Save Simulation Setting：保存仿真设置。
⑬ Auto Fault Option：自动故障选择。
⑭ VHDL Simlation：VHDL 仿真。
⑮ Dynamic Probe Properties：动态探针属性。
⑯ Reverse Probe Direction：反向探针方向。
⑰ Clear Instrument Data：清除仪器数据。

7．"转换"菜单

"转换"菜单提供了 8 个传输命令。"转换"菜单中的命令及功能如下。

① Transfer to Ultiboard 10：将电路原理图传送给 Ultiboard 10。
② Transfer to Ultiboard 9 or Earlier：将电路原理图传送给 Ultiboard 9 或其他早期版本。
③ Export to PCB Layout：输出 PCB 设计图。
④ Forward Annotate to Ultiboard 10：创建 Ultiboard 10 注释文件。
⑤ Forward Annotate to Ultiboard 9 or earlier：创建 Ultiboard 9 或其他早期版本注释文件。
⑥ Backannotate from Ultiboard：修改 Ultiboard 注释文件。
⑦ Highlight Selection in Ultiboard：加亮所选择的 Ultiboard。
⑧ Export Netlist：输出网表。

8．"工具"菜单

"工具"菜单提供了 17 个元器件和电路编辑或管理命令。"工具"菜单中的命令及功能如下。

① Component Wizard：元器件编辑器。
② Database：数据库。

③ Variant Manager：变量管理器。
④ Set Active Variant：设置动态变量。
⑤ Circuit Wizards：电路编辑器。
⑥ Rename/Renumber Components：元器件重新命名/编号。
⑦ Replace Components：元器件替换。
⑧ Update Circuit Components：更新电路元器件。
⑨ Update HB/SC Symbols：更新 HB/SC 符号。
⑩ Electrical Rules Check：电气规则检验（ERC）。
⑪ Clear ERC Markers：清除 ERC 标志。
⑫ Toggle NC Marker：设置 NC 标志。
⑬ Symbol Editor：符号编辑器。
⑭ Title Block Editor：工程图明细表比较器。
⑮ Description Box Editor：描述箱比较器。
⑯ Edit Labels：编辑标签。
⑰ Capture Screen Area：抓图范围。

9．"报表"菜单

"报表"菜单提供了材料清单等命令。"报表"菜单中的命令及功能如下。
① Bill of Report：材料清单。
② Component Detail Report：元器件详细报告。
③ Netlist Report：网络表报告。
④ Cross Reference Report：参照表报告。

10．"选项"菜单

"选项"菜单提供了电路界面和电路中某些功能的设定命令。"选项"菜单中的命令及功能如下。
① Global Preferences：全部参数设置。
② Sheet Properties：工作台界面设置。
③ Customize User Interface：用户界面设置。

7.3.2　Multisim10 元器件栏

Multisim 10 提供了丰富的元器件库，单击元器件栏中的某一个图标即可打开该元器件库。

元器件库中的各个图标所表示的元器件含义如图 7.10 所示。其中，虚拟元器件箱中的元器件（带绿色衬底）不需要选择，直接调用即可，可以修改其参数；带绿色底纹与蓝色的元器件分别称为虚拟元器件与真实元器件。

不同的颜色，可以提醒人们元器件的虚拟性与真实性，虚拟元器件不能输出到 PCB 布线图中。虚拟元器件的参数是可以任意设置的，真实元器件的参数是固定的，但是可以选择。

在选择和放置元器件时，只需要在"Component"下拉列表中选择相应的元器件组，在弹出的对话框中选择一个元器件，当确定找到了所需要的元器件后，单击对话框中的

"OK"按钮即可。元器件组界面关闭后,将光标移动到电路窗口中出现需要放置的元器件图标,表示该元器件已准备被放置。如果放置的元器件是由多个部分组成的复合元器件(通常针对集成电路而言),那么会弹出一个对话框,从对话框中可以选择具体放置的部分,如图7.11所示。

图7.10　元器件库中的各个图标所表示的元器件含义

图7.11　复合元器件

1．电源/信号源库

电源/信号源库包含电源(包括接地端)、信号电压源、信号电流源、控制函数元器件、控制电压源、控制电流源6部分,如图7.12所示,展开分别是接地端、数字接地端、U_{CC}电压源、U_{DD}数字电压源、直流电压源、直流电流源、正弦交流电压源、正弦交流电流源、时钟电压源、调幅信号源、调频电压源、调频电流源、FSK信号源、电压控制正弦波电压源、电压控制方波电压源、电压控制三角波电压源、电压控制电压源、电压控制电流源、电流控制电压源、电流控制电流源、脉冲电压源、脉冲电流源、指数电压源、指数电流源、分段线性电压源、分段线性电流源、压控分段电压源、受控单脉冲源、多项式电源、非线性相关电源等。

图7.12　电源/信号源库

2．基本元器件库

基本元器件库包含电阻、电容等多种元器件,其中包含16个真实元器件箱,3个虚拟元器件箱。带绿色衬底的为虚拟元器件,可直接调用,虚拟元器件的参数是可以任意设置的,真实元器件的参数是固定的,但是可以选择。在实验过程中,应尽量到真实元器件箱中选择,因为真实元器件更接近实际情况,且真实元器件都有封装标准,可将仿真后的电路原理图直接转换成PCB文件。

3．二极管库

二极管库包含二极管、晶闸管等10个元器件箱,分为真实元器件与虚拟元器件。二极管库中的虚拟元器件的参数是可以任意设置的,真实元器件的参数是固定的,但是可以选择。

4．晶体管库

晶体管库包含晶体管、FET等多种元器件。真实元器件中的元器件模型对应全球主要厂家生产的众多晶体管,有 16 个带绿色衬底的虚拟元器件相当于理想晶体管,虚拟元器件的参数是可以任意设置的。

5．模拟集成电路库

模拟集成电路库包含多种运算放大器。模拟集成电路库中的虚拟元器件的参数是可以任意设置的,真实元器件的参数是固定的,但是可以选择。

6．TTL 数字集成电路库

TTL 数字集成电路库包含 74×× 系列和 74LS×× 系列等 TTL 数字集成电路元器件。

7．CMOS 数字集成电路库

CMOS 数字集成电路库包含 40×× 系列和 74HC×× 系列等多种 CMOS 数字集成电路元器件。

8．数字元器件库

数字元器件库包含 DSP、FPGA、CPLD、VHDL 等数字元器件。

9．数模混合集成电路库

数模混合集成电路库包含 A/D 转换器、555 定时器等多种数模混合集成电路元器件。

10．指示元器件库

指示元器件库包含电压表、电流表、七段 LED 数码管等多种指示元器件。

11．其他元器件库

其他元器件库包含晶体、滤波器等多种元器件。

12．射频元器件库

射频元器件库包含射频晶体管、射频 FET、微带线等多种射频元器件。

13．机电类元器件库

机电类元器件库包含开关、继电器等多种机电类元器件。

14．键盘显示元器件库

键盘显示器库包含键盘、LCD 等多种键盘显示元器件。

15．微控制器库

微控制器库包含 8051、PLC 等多种元器件。

16．电源元器件库

电源元器件库包含三端稳压器、PWM 控制器等多种电源元器件。

7.4 Multisim 10 仪表仪器及使用

Multisim 10 在仪表仪器栏中提供了 17 个常用仪表仪器,依次为数字万用表、函数信号发生器、瓦特表、双通道示波器、四通道示波器、波特图仪、频率计、数字信号发生器、逻辑分析仪、逻辑转换器、伏安特性图示仪、失真度分析仪、频谱分析仪、网络分析仪、Agilent 信号发生器、Agilent 万用表、Agilent 示波器等,如图 7.13 所示。

图 7.13　17 个常用仪表仪器图标

1. 数字万用表

Multisim 10 提供的数字万用表（Multimeter）与实际的万用表的外观和操作方法相似，数字万用表有正极和负极两个引线端可以用来测量交直流电压、交直流电流、电阻值及电路中两点之间的分贝损耗，能自动调整量程。双击数字万用表图标，可以得到放大的数字万用表面板。单击数字万用表面板中的"Settings"按钮，则弹出参数设置对话框，在该对话框中可以设置数字万用表的电流表内阻阻值、电压表内阻阻值、欧姆表电流及测量范围等参数。参数设置对话框如图 7.14 所示。

（1）在测量电流时，需要将数字万用表串联到被测电路中，并注意电流的极性和被测信号的模式。

（2）在测量电压时，需要将数字万用表并联到被测电路中，并注意电压的极性和被测信号的模式。

（3）在测量电阻值时，需要将数字万用表连接至所须测量的电阻上，此时，应该保证电阻周围没有电源连接，电阻及电阻网络已经接地，电阻或电阻网络不与其他组件并联。欧姆表可以产生 10mA 的电流，该值可以通过单击"SET"按钮进行修改。

（4）在测量分贝时，需要将数字万用表连接至所须测试衰减的负载上，分贝选项是用来测量电路两点之间的电压增益或损耗。在测量分贝时，两个测试笔应与电路并联。分贝的默认计算是按照 754.597mV 进行的，可以修改。

2. 函数信号发生器

Multisim 10 提供的函数信号发生器（Function Generator）可以产生正弦波、三角波和方波信号，信号频率可在 1Hz 到 999THz 范围内进行调整。信号的幅值及占空比（Duty Cycle）等参数也可以根据需要进行调节。对于三角波和方波，还可以设置其占空比的大小。对于偏置电压设置，可指定将正弦波、三角波和方波叠加到设置的偏置电压上输出。函数信号发生器有 3 个引线端口：负极、正极和公共端。公共端为信号提供参考点。

函数信号发生器设置对话框如图 7.15 所示，图标有＋、Common 和－，这 3 个输出端子与外电路相连并输出电压信号，连接规则如下。

（1）连接＋和 Common 端子：输出信号为正极性信号，幅值等于函数信号发生器的有效值。

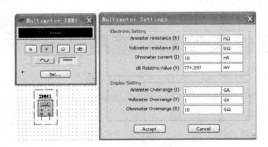

图 7.14　参数设置对话框

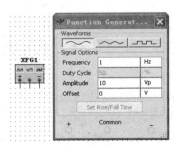

图 7.15　函数信号发生器设置对话框

（2）连接 Common 和－端子：输出信号为负极性信号，幅值等于函数信号发生器的有效值。

（3）连接＋和－端子：输出信号的幅值等于函数信号发生器的有效值的两倍。

（4）同时连接＋、Common 和－端子，并把 Common 端子与公共地（Ground）相连：输出两个幅度相等、极性相反的信号。改动面板上的相关设置，可改变输出电压信号的波形类型、大小、占空比或偏置电压等。

① Waveforms 选项组：选择输出信号的波形类型，有正弦波、三角波和方波 3 种周期性信号供用户选择。

② Signal Options 选项组：对 Waveforms 选项组中选取的信号进行相关参数设置。

Frequency：设置所要产生信号的频率，可选范围为 1Hz～999THz。

Duty Cycle：设置所要产生信号的占空比，可选范围为 1%～99%。

Amplitude：设置所要产生信号的最大值（电压），可选范围为 1μV～999kV。

Offset：设置偏置电压，即把正弦波、三角波、方波叠加在设置的偏置电压上输出，可选范围为 1μV～999kV。

③ "Set Rise/Fall Time" 按钮：设置所要产生信号的上升时间与下降时间，此按钮只在产生方波时有效。

单击此按钮后，栏中以指数格式设定上升时间（下降时间），再单击 "Accept" 按钮即可完成设定。若单击 "Default" 按钮，则恢复为默认值（1.000000e^{-12}）。

3．瓦特表

Multisim 10 提供的瓦特表（Wattmeter）用来测量电路的交流或直流功率，功率的大小是流过电路的电流差和电压差的乘积。瓦特表有 4 个引线端口：电压正极和负极、电流正极和负极。瓦特表有 2 组端子，左边的 2 个端子为电压输入端子，与所要测试的电路并联；右边的 2 个端子为电流输入端子，与所测试的电路串联。瓦特表也能测量功率因素。功率因素是电压和电流相位差角的余弦值。图 7.16 为瓦特表的连线及测试。

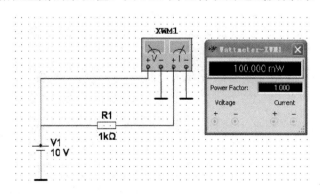

图 7.16　瓦特表的连线及测试

图 7.16 中显示功率因数为 1.000，表示流过电阻的电流与电压没有相位差。

4．双通道示波器

Multisim 10 提供的双通道示波器（Oscilloscope）与实际示波器的外观和操作方法基本相同，该示波器可以观察 1 路或 2 路信号波形的形状，分析被测周期信号的幅值和频率，时间基准可在纳秒至秒范围内调节。双通道示波器图标中有 4 个连接点：A 通道输入、B 通道输入、外触发端 T 和接地端 G。若要改变测试通道的波形颜色，则可右击示波器某通道的连接线，在弹出的快捷菜单中执行"Color Segment"命令，在控制面板中选择合适的颜色。双通道示波器的连线及测试如图 7.17 所示。

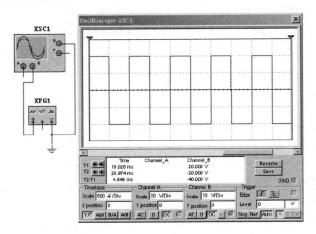

图 7.17　双通道示波器的连线及测试

双通道示波器控制面板分为以下 4 部分。

1）Timebase（时间基准）

① Scale（量程）：设置显示波形时的 X 轴时间基准。

② X position（X 轴位置）：设置 X 轴的起始位置。

显示方式有 4 种：Y/T 方式指的是 X 轴显示时间，Y 轴显示电压；Add 方式指的是 X 轴显示时间，Y 轴显示 A 通道和 B 通道电压之和；B/A 或 A/B 方式指的是 X 轴和 Y 轴都显示电压。

2）Channel A（通道 A）

① Scale（量程）：通道 A 的 Y 轴电压刻度设置。

② Y position（Y 轴位置）：设置 Y 轴的起始点位置，起始点为 0 表明 Y 轴和 X 轴重合，起始点为正值表明 Y 轴原点位置向上移，否则向下移。

③ 触发耦合方式：AC（交流耦合）、0（0 耦合）、DC（直流耦合）。交流耦合只显示交流分量，直流耦合显示直流和交流分量之和，0 耦合在 Y 轴设置的原点处显示一条直线。

3）Channel B（通道 B）

通道 B 的 Y 轴量程、起始点位置、触发耦合方式等内容的设置与通道 A 相同。

4）Trigger（触发）

触发方式主要用来设置 X 轴的触发信号、触发电平及边沿等。

① Edge（边沿）：设置被测信号开始的边沿，设置先显示上升沿还是先显示下降沿。

② Level（电平）：设置触发信号的电平，使触发信号在达到某一电平时启动扫描，即为输入信号设置门槛，信号幅度达到触发电平时双通道示波器才开始扫描。一般将触发电平设置为 Auto。

③ 触发信号选择：Auto（自动）；A 和 B 表示用相应的通道信号作为触发信号；Ext 为外触发；Sing 为单脉冲触发；Nor 为一般脉冲触发。

在仿真状态下，显示屏背景的设置可通过单击"Reverse"按钮在白色背景与黑色背景之间切换。

若要显示波形各参数，则可拖动显示屏中 2 个垂直游标到目标位置，显示屏下方的方框里会显示2个垂直游标与信号波形相交点的时间与电压，并可同时显示其差值。

5．四通道示波器

四通道示波器（4 Channel Oscilloscope）与双通道示波器的使用方法、参数调整方式完全一样，只是多了一个通道控制器旋钮，只有当该旋钮拨到某个通道位置时，才能对该通道的Y轴进行调整。四通道示波器的连线及测试如图7.18所示。

6．波特图仪

波特图仪（Bode Plotter）可以用来测量和显示电路的幅频特性与相频特性，类似于扫频仪。双击波特图仪图标，可选择幅频特性或相频特性。波特图仪有In和Out两对端口，其中In端口的+和-分别接电路输入端的正端和负端；Out端口的+和-分别接电路输出端的正端和负端。在使用波特图仪时，必须在电路输入端接入AC（交流）信号源。

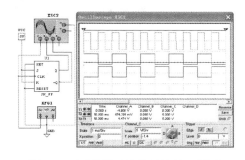

图7.18　四通道示波器的连线及测试

利用波特图仪可以方便地测量和显示电路的频率响应，波特图仪适用于分析滤波电路的频率特性，特别易于观察截止频率。

波特图仪控制面板上有Magnitude（幅值）或Phase（相位）的选择、Horizontal（横轴）设置、Vertical（纵轴）设置、显示方式的其他控制信号等功能按钮，面板中的F指的是终值，I指的是初值。利用波特图仪控制面板可以直接设置横轴和纵轴的坐标及其参数。

1）坐标设置

在纵轴（Vertical）坐标或横轴（Horizontal）坐标控制面板图框内，单击"Log"按钮，坐标以对数（底数为10）的形式显示；单击"Lin"按钮，坐标以线性的形式显示。

横轴坐标标度（1mHz～1000THz）：横轴总是显示频率值。它的标度由横轴的初始值或终值决定。

在信号频率范围很宽的电路中分析电路频率响应时，通常选用对数坐标（以对数为坐标绘出的频率特性曲线称为波特图）。

纵轴（Vertical）坐标：当测量电压增益时，纵轴显示输出电压与输入电压之比，若使用对数基准，则单位是分贝；如果使用线性基准，则显示的是比值。当测量相位时，纵轴总是以度为单位显示相位角。

2）坐标数值的读出

若要得到特性曲线上任意点的频率、增益或相位差，则可拖动读数指针（位于波特图仪中的垂直光标），或者用读数指针移动按钮以移动读数指针到需要测量的点，读数指针与特性曲线的交点处的频率、增益或相位角的数值就会显示在读数框中。

3）分辨率设置

"Set"按钮用来设置扫描的分辨率，单击"Set"按钮，弹出分辨率设置对话框，数值越大，分辨率越高。

例如，构造一阶RC滤波电路，输入端加入正弦波信号源，电路输出端与示波器相连，目的是观察不同频率的输入信号经过RC滤波电路后输出信号的变化情况，如图7.19所示。

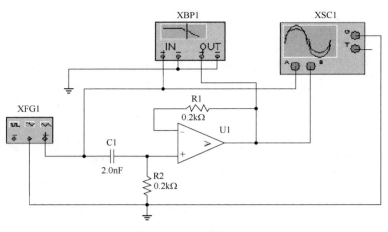

图 7.19 RC 滤波电路

调整纵轴幅值测试范围的初值 I 和终值 F，调整相频特性纵轴相位范围的初值 I 和终值 F。

打开仿真开关，单击"Magnitude"按钮，在波特图观察窗口中可以看到幅频特性曲线；单击"Phase"按钮，可以在波特图观察窗口中显示相频特性曲线，如图 7.20 所示。

7．频率计

频率计（Frequency Counter）主要用来测量信号的频率、周期、相位，脉冲信号的上升沿和下降沿。频率计的图标和控制面板如图 7.21 所示。在使用过程中，应注意根据输入信号的幅值调整频率计的 Sensitivity（灵敏度）和 Trigger Level（触发电平）。Coupling（耦合模式选择）分为 AC 与 DC，单击"AC"按钮则仅显示信号的交流成分，单击"DC"按钮则显示信号的交流成分加直流成分。当输入信号的电平达到并超过 Trigger Level 时，频率计才开始测量。

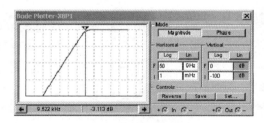 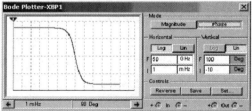

图 7.20 波特图观察窗口中显示的幅频、相频特性曲线

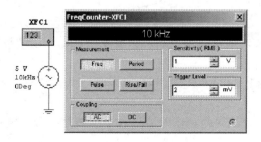

图 7.21 频率计的图标和控制面板

8. 数字信号发生器

数字信号发生器（Word Generator）是一个通用的数字激励源编辑器，可以多种方式产生 32 位的字符串，在数字电路的测试中应用非常灵活。在图 7.22 中，左侧是数字信号发生器的图标，右侧是数字信号发生器的控制面板，控制面板分为 Controls（控制方式）、Display（显示方式）、Trigger（触发）、Frequency（频率）等几部分。

9. 逻辑分析仪

逻辑分析仪（Logic Analyzer）控制面板分上下两部分，上半部分是显示窗口，下半部分是逻辑分析仪的控制窗口，控制信号有 Stop（停止）、Reset（复位）、Reverse（反相显示）、Clock（时钟）和 Trigger（触发）。逻辑分析仪通过 16 路的逻辑分析来对数字信号进行高速采集和时序分析。逻辑分析仪的图标和控制面板如图 7.23 所示。逻辑分析仪的连接端口有 16 路信号输入端、外接时钟端 C、时钟限制 Q 及触发限制 T。

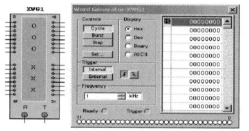

图 7.22 数字信号发生器的图标和控制面板

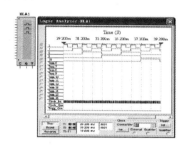

图 7.23 逻辑分析仪的图标和控制面板

"Clock setup"（时钟设置）对话框：Clock Source（时钟源）选择外触发或内触发；Clock Rate（时钟频率）在 1Hz～100MHz 内选择；Sampling Setting（取样点设置）包括 Pre-trigger Samples（触发前取样点）、Post-trigger Samples（触发后取样点）和 Threshold Volt.（V）（开启电压）设置，如图 7.24 所示。

单击"Trigger"选项组中的"Set"按钮，弹出"Trigger Settings"（触发设置）对话框，如图 7.25 所示。Trigger Clock Edge（触发边沿）：可选择 Positive（上升沿）、Negative（下降沿）、Both（双向触发）。Trigger Patterns（触发模式）：由 A、B、C 定义触发模式，在"Trigger Combinations"（触发组合）中有 21 种触发组合可以选择。

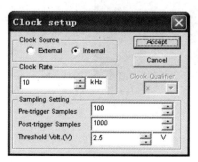

图 7.24 "Clock setup" 对话框

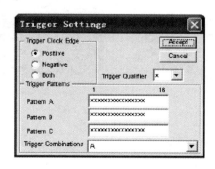

图 7.25 "Trigger Settings" 对话框

10. 逻辑转换器

Multisim 10 提供了一种虚拟仪器——逻辑转换器（Logic Converter），其图标和控制面板如图 7.26 所示。实际中没有逻辑转换器，这种仪器可以在逻辑电路、真值表和逻辑表达式之间进行转换。逻辑转换器有 8 路信号输入端、1 路信号输出端，其转换功能如下：逻辑电路转换为真值表、真值表转换为逻辑表达式、真值表转换为最简逻辑表达式、逻辑表达式转换为真值表、逻辑表达式转换为逻辑电路、逻辑表达式转换为与非门电路。

图 7.26 逻辑转换器的图标和控制面板

11．伏安特性图示仪

伏安特性图示仪（IV Analyzer）专门用来分析晶体管的伏安特性曲线，如二极管、NPN 管、PNP 管、NMOS 管、PMOS 管等元器件的伏安特性曲线。伏安特性图示仪相当于晶体管图示仪，需要将晶体管与连接电路完全断开才能进行伏安特性图示仪的连接和测试。伏安特性图示仪有三个连接点，用于实现与晶体管的连接。伏安特性图示仪的控制面板左侧是伏安特性曲线显示窗口；右侧是功能选择窗口。在伏安特性图示仪的控制面板中，在"Components"下拉列表中选择要测试的元器件类别，单击"Simulate Param"按钮，系统弹出仿真参数设置对话框，根据要求选择相应的参数范围即可。需要注意的是，若测量的元器件在电路中，则必须让测量元器件的引脚与整个电路断开才能正确测试。伏安特性图示仪的连线及测试如图 7.27 所示。

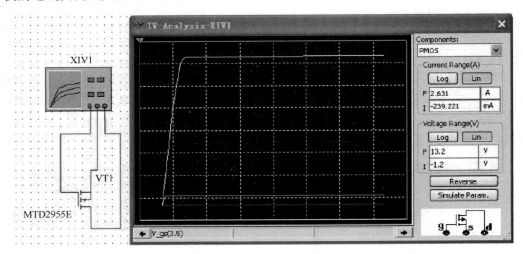

图 7.27 伏安特性图示仪的连线及测试

12．失真度分析仪

失真度分析仪（Distortion Analyzer）是一种用来测量电路总谐波失真和信噪比的仪器。失真分析仪的控制面板如图 7.28（a）所示。在"Controls"选项组中，"THD"按钮用于设置分析总谐波失真，"SINAD"按钮用于设置分析信噪比，"Settings"按钮用于设置分析参数。失真度分析仪专门用来测量电路的信号失真度，其提供的频率为 20Hz～100kHz。控面板最上方给出了测量失真度的提示信息和测量值。"Fundamental Freq"（分析频率）可以设置分析频率值；选择分析 THD（总谐波失真）或 SINAD（信噪比），单击"Settings"按钮，弹出的设置对话框如图 7.28（b）所示，由于 THD 的定义有所不同，因此可以设置 THD 的分析选项。

（a）控制面板　　　　　　　　　　　　　　（b）设置对话框

图 7.28　失真分析仪的控制面板及设置对话框

13．频谱分析仪

频谱分析仪（Spectrum Analyzer）用来分析信号的频域特性，测量某信号中包含的频率与频率相对应的幅度值，并可通过扫描一定范围内的频率来测量电路中的谐波信号成分，同时可以用来测量不同频率信号的功率。频谱分析仪的频域分析范围的上限为 4GHz。IN 端子是输入端子，用来连接被测电路的输出端，T 端子是外触发输入端。频谱分析仪的控制面板中有以下选项组。

（1）"Span Control"选项组：当单击"Set Span"按钮时，频率范围由"Frequency"选项组设定；当单击"Zero Span"按钮时，频率范围仅由"Frequency"选项组中 Center 设定的单一频率进行仿真分析；当单击"Full Span"按钮时，采用全频范围 0～4GHz，"Frequency"选项组不起作用。

（2）"Frequency"选项组：Span 用于设定频率范围，Span=End-Start；Start 用于设定起始频率，Start=Center-Span/2；Center 用于设定中心频率，Center=(Start+End)/2；End 用于设定终止频率，End=Center+Span/2。若已知 Span 频率、Center 频率，并在相应的框内输入这两个频率值，单击"Enter"按钮，Start 频率、End 频率会自动填入，反之亦然。因此，实际上只需要设置其中的两个参数，另外两个参数在单击"Enter"按钮后会由程序自动确定。

（3）Amplitude 选项组：用于选择频谱纵坐标的刻度，有以下 3 个选项。

"dB"（分贝）按钮：当单击该按钮时，表示以分贝数，即 20lg（V）为刻度，这里的 lg 是以 10 为底的对数，V 是信号的幅度，此时，信号将以 dB/Div 的形式在频谱分析仪的右下角显示。

"dBm"按钮：当单击该按钮时，表示纵轴以 10lg（V/0.775）为刻度。0dBm 是当通过 600Ω电阻上的电压为 0.775V 时在电阻上的功耗，这个功率等于 1mW。如果一个信号是 +10dBm，那么意味着它的功率是 10mW。当使用 dBm 时，以 0dBm 为基础显示信号的功率。在终端电阻是 600Ω 的应用场合，诸如电话线，直接读取 dBm 会很方便，因为它直接与功率损耗成比例。当使用 dB 时,为了找到电阻上的功率损耗需要考虑电阻值;而当使用 dBm 时,电阻值已经考虑在内。

"Lin"(线性)按钮:当单击该按钮时,表示纵轴以线性刻度来显示。

Range:用于设置频谱分析仪右边频谱显示窗口中纵向每格代表的幅值。

Ref:用于设置纵轴坐标幅值 dB 或 dBm 的参考值。参考值就是确定显示在窗口中的信号频谱的某一幅值对应的频率范围。如果读取的不是一个频率点,而是要确定的某个频率范围,并且需要知道什么时候某些频率成分的幅度在一个限定值上(该限定值必须以 dB 或 dBm 形式表示),如取限定值为-3dB,则可读取-3dB 点对应的频率,则可估计出放大器的带宽。例如,在设计一个滤波器时,要了解滤波器的带宽,就需要设置参考标准为-3dB。当某些频率的信号通过滤波器后,其幅值下降超过 3dB,该信号就被认为滤除了。单击"Ref"按钮,可以在频谱分析仪频谱显示窗口中出现-3dB 横线,若此时拖动滑块,就能非常容易地找到带宽的上下限。在使用 Ref 时,通常要与"Hide-Ref""Show-Ref"按钮配合使用。

由于频谱分析仪的轴没有标明单位和值,通常需要用滑块来读取显示在频谱分析仪频谱显示窗口中的每一点的频率和幅度。当滑块放置在用户感兴趣的点上时,此点的频率和幅度以 V、dB 或 dBm 的形式显示在频谱分析仪显示窗口的右下角。

(4)"Resolution Frequency"选项组:可以设定频率分辨率,即能够分辨的最小谱线间隔。一般需要选择频率分辨率,这样才能使看到的频率点为信号频率的整数倍。

(5)"Controls"选项组:当单击"Start"按钮时,启动分析;当单击"Stop"按钮时,停止分析;当单击"Trigger Set"按钮时,选择触发源是 Internal(内部触发)还是 External(外部触发),选择触发模式是 Continue(连续触发)还是 Single(单次触发)。

频谱图显示在频谱分析仪控制面板左侧的窗口中,利用游标可以读取频谱图中各点的数据并显示在控制面板右侧下角的数字显示区域中,如图 7.29 所示。

图 7.29 频谱分析仪控制面板

14. 网络分析仪

网络分析仪(Network Analyzer)是一种用来分析双端口网络的仪器,它可以测量衰减器、放大器、混频器、功率分配器等电子电路及元器件的特性。Multisim 10 提供的网络分析仪可以测量电路的 S 参数并计算出 H、Y、Z 参数,如图 7.30 所示。

"Mode"选项组中提供了以下分析模式:Measurement(测量模式)、RFCharacterizer(射频特性分析模式)、Match Net Designer(电路设计模式)。"Graph"选项组用来选择要分析的参数及模式,可选择的参数有 S 参数、H 参数、Y 参数、Z 参数等;可选择的模式有 Smith(史密斯模式)、Mag/Ph(增益/相位频率响应,波特图)、Polar(极化图)、Re/Im(实部/虚部)。"Trace"选项组用来选择需要显示的参数。

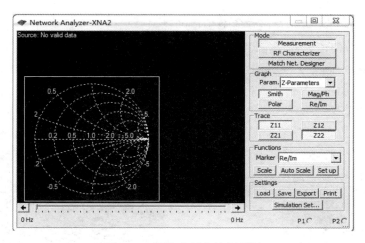

图 7.30　网络分析仪控制面板

"Marker"下拉列表用于提供数据显示窗口的三种显示模式：Re/Im，直角坐标模式；Mag/Ph（Degs），极坐标模式；dB Mag/Ph（Deg），分贝极坐标模式。"Settings"选项组用来提供数据管理："Load"按钮用于读取专用格式数据文件；"Save"按钮用于存储专用格式数据文件；"Exp"按钮用于输出数据至文本文件；"Print"用于打印数据。"Simulation Set"按钮用来设置不同分析模式下的参数。

利用 Multisim 10 提供的网络分析仪，可对 RF 仿真电路的功率增益、电压增益，以及输入、输出阻抗等参数进行分析。整个分析过程由网络分析仪自动完成，解决了传统分析过程中的复杂计算等问题。下面用具体的实例来说明用网络分析仪研究 RF 仿真电路的过程。

① 创建需要仿真分析的 RF 仿真电路原理图，如图 7.31 所示。

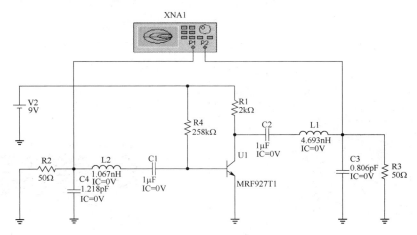

图 7.31　RF 仿真电路原理图

② 将网络分析仪与 RF 仿真电路原理图相连。
③ 双击网络分析仪图标，打开网络分析仪的控制面板。
④ 在网络分析仪控制面板的"Mode"选项组中单击"RF Characterizer"按钮。
⑤ 在"Trace"选项组中，根据需要单击"PG""APG""TPG"按钮。被选中的变量

随频率变化的特性曲线将显示在网络分析仪的显示窗口中，曲线上方会同时显示某频率对应的数值，频率数值可以通过拖动"Maker"选项组中的频率滚动条来选取。

⑥ 在"Parameter"下拉列表中，选择"Gains"选项，仿真出相对于频率的电压增益曲线；选择"Impedance"选项，仿真出相应频率的输入、输出阻抗曲线。为了较好地观察这些曲线，每次设置完毕后，应单击"Auto Scale"按钮。

完成上述 RF 仿真电路原理图的创建及各种参数的设置后，单击"Simulate/Run"按钮，网络分析仪开始运行。RF 仿真电路的功率增益如图 7.32 所示，RF 仿真电路的电压增益如图 7.33 所示，RF 仿真电路的输入、输出阻抗如图 7.34 所示。

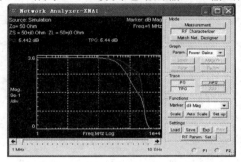
图 7.32　RF 仿真电路的功率增益

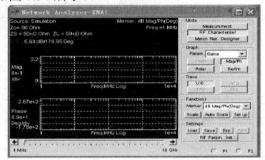
图 7.33　RF 仿真电路的电压增益

15．仿真 Agilent 仪器

仿真 Agilent 仪器有 3 种：Agilent 信号发生器、Agilent 万用表、Agilent 示波器。这 3 种仪器与真实仪器的面板、按钮、旋钮操作方式完全相同，使用起来更加真实。

1）Agilent 信号发生器

Agilent 信号发生器的型号是 33120A，其图标和控制面板如图 7.35 所示。Agilent 信号发生器是一个高性能 15MHz 的综合信号发生器。Agilent 信号发生器有 2 个连接端，上方是信号输出端，下方是接地端，单击控制面板最左侧的电源按钮即可按照要求输出信号。

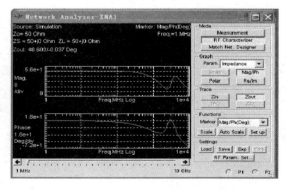
图 7.34　RF 仿真电路的输入、输出阻抗

图 7.35　Agilent 信号发生器的图标和控制面板

2）Agilent 万用表

Agilent 万用表的型号是 34401A，其图标和控制面板如图 7.36 所示。Agilent 万用表是一个高性能 6 位半的数字万用表。

Agilent 万用表有 5 个连接端，应注意控制面板的连接提示信息，单击控制面板最左侧的电源按钮即可使用 Agilent 万用表实现对各种电参数的测量。

3）Agilent 示波器

Agilent 示波器的型号是 54622D，其图标和控制面板如图 7.37 所示。Agilent 示波器是一个具有 2 个模拟通道、16 个逻辑通道、100MHz 的宽带示波器。Agilent 示波器控制面板下方的 18 个连接端是信号输入端，右侧连接端是外接触发信号端、接地端。单击控制面板中的电源按钮即可使用 Agilent 示波器实现对各种波形的测量。

图 7.36 Agilent 万用表的图标和控制面板

图 7.37 Agilent 示波器的图标和控制面板

16．Multisim 10 仿真及接线电路应用实例

下面给出 Multisim 10 仿真及接线电路应用实例的各环节仿真，如图 7.38～图 7.46 所示。

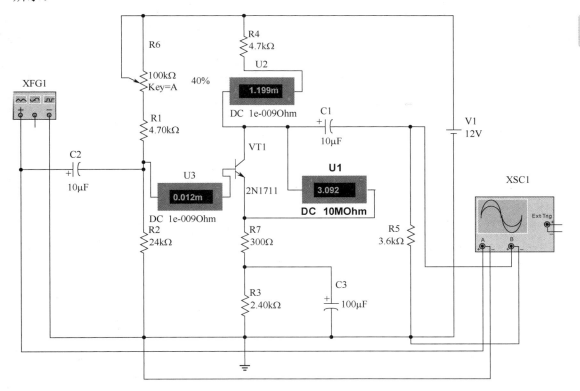

图 7.38 单级放大电路仿真

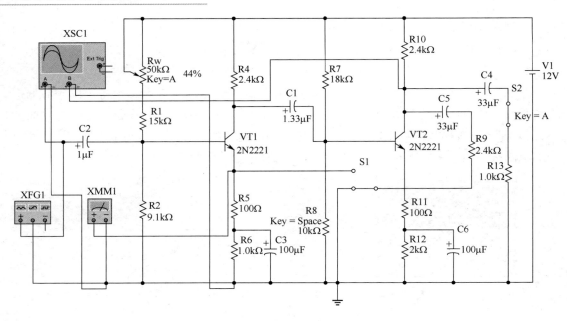

图 7.39 反馈电路仿真

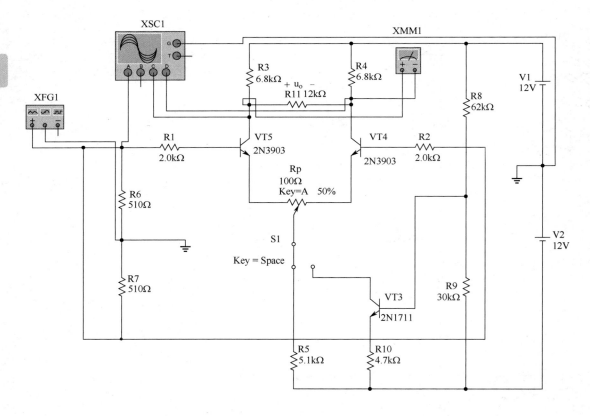

图 7.40 差动放大电路仿真

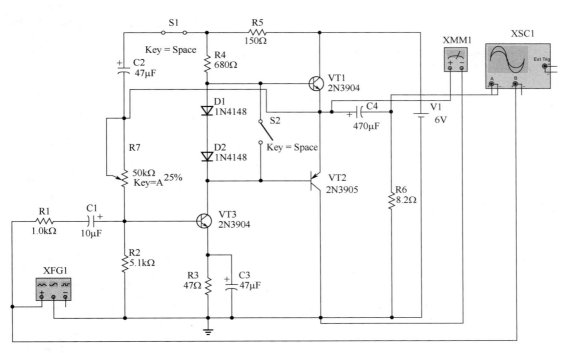

图 7.41 单电源功率放大器仿真

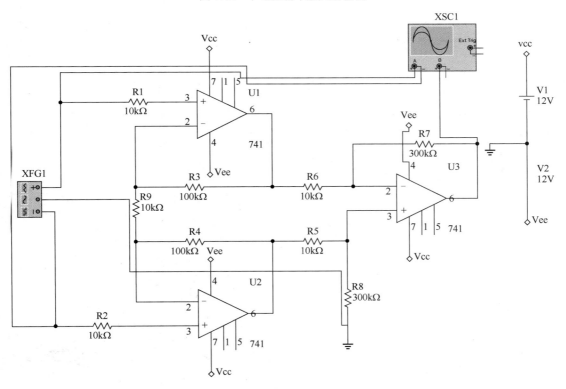

图 7.42 运算放大组成测量放大电路仿真

第 7 章 Multisim 10 的基本应用

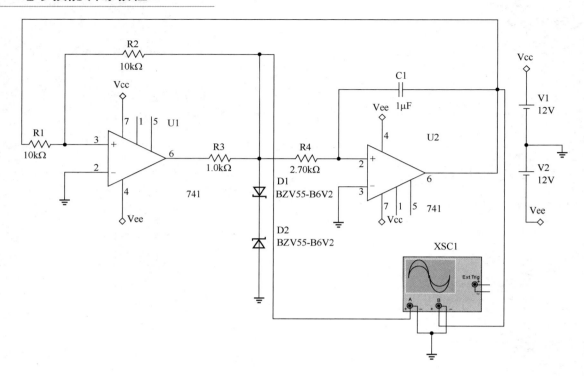

图 7.43 三角波方波发生电路仿真

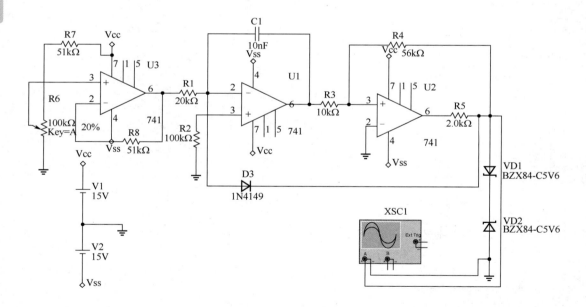

图 7.44 电压频率转换电路仿真

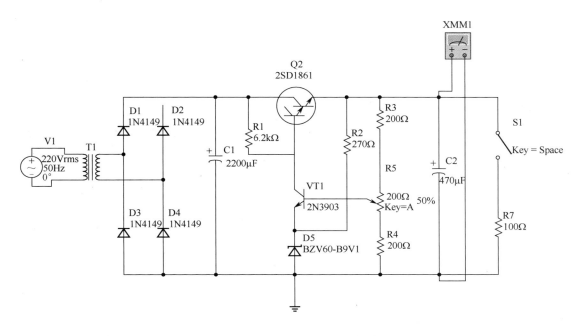

图 7.45 直流稳压电源仿真

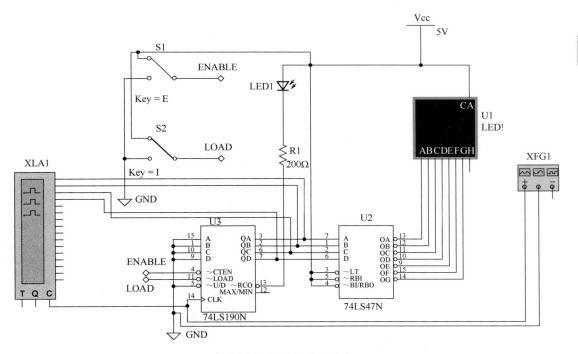

图 7.46 可控计数器仿真

第 7 章 Multisim 10 的基本应用

第 8 章

Altium Designer 10 的基本应用

20 世纪 80 年代,计算机技术在各个领域得到了广泛应用,在这种背景下,美国 Accel Technologies 公司推出了第一个用于电路设计的软件包——Tango,开创了电子设计自动化的先河。随着电子行业的飞速发展,澳大利亚的 Protel Technology 公司推出了 Protel For DOS,此后又相继推出了 Protel For Windows 1.0、Protel For Windows 1.5、Protel 98、Protel 99、Protel 99SE 等。

2005 年年底,Protel 软件的原厂商 Altium 公司推出了 Altium Designer 6.0,这是业界首例将设计流程、集成化 PCB 设计、可编程元器件设计和基于处理器设计的嵌入式软件开发功能整合在一起的产品,该产品是一种能同时进行 PCB、FPGA(现场可编程门列阵)设计,以及嵌入式设计的软件,具有将设计方案从概念转变为最终产品所需的全部功能。2006 年,Altium 公司发布了 Altium Designer 6.3,2008 年推出了 Altium Designer S08,2009 年推出了 Altium Designer S09,2010 年推出了 Altium Designer 10。

8.1 Altium Designer 10 主窗口

Altium Designer 10 启动后便进入主窗口,如图 8.1 所示,用户可以在该窗口中进行项目文件的操作。

图 8.1 Altium Designer10 主窗口

主窗口主要包括菜单栏、工具栏、工作窗口、工作区面板、状态栏及导航栏 5 部分。下面分别对这 5 部分进行介绍。

1. 菜单栏

菜单栏包括一个用户配置按钮 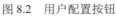（见图 8.2）和"File""View""Project""Window""Help"5 个菜单。

1）用户配置按钮

(1)"Customize"（用户定制）：用于自定义用户界面。

(2)"Preferences"（优选参数设置）：用于设置 Altium Designer 10 的系统参数，包括资料备份、自动保存设置、语言设置、字体设置、环境参数设置等。"Preferences"对话框如图 8.3 所示。

图 8.2 用户配置按钮

图 8.3 "Preferences"对话框

(3)"Publishing Destinations"（出版目的）：用于介绍 Altium Designer 10 的出版目的。

2)"File"（文件）菜单

"File"菜单主要用于文件的新建、打开和保存等，如图 8.4 所示。

(1)"New"（新建）：用于新建一个文件。

(2)"Open"（打开）：用于打开已有的 Altium Designer 10 可以识别的各种文件。

(3)"Open Project"（打开项目）：用于打开各种项目文件。

(4)"Save Project"（保存项目）：用于保存当前的项目文件。

(5)"Save Project As"（项目另存为）：用于另存当前的项目文件。

(6)"Save All"（全部保存）：用于保存所有文件。

(7)"Recent Documents"（最近的文件）：用于列出最近打开过的文件。

(8)"Recent Projects"（最近的项目）：用于列出最近打开过的项目文件。

(9)"Exit"（退出）：用于退出 Altium Designer 10。

3)"View"（视图）菜单

"View"菜单主要用于工具栏、工作区面板、命令行及状态栏的显示和隐藏，如图 8.5 所示。

(1)"Toolbars"：用于控制工具栏的显示和隐藏。

(2)"Workspace Panels"：用于控制工作区面板的打开与关闭。

(3)"Home"：用于打开主窗口。

(4)"Status Bar"：状态栏，用于控制工作窗口下方状态栏中标签的显示与隐藏。

(5)"Command Status"：命令状态，用于控制命令行的显示与隐藏。

 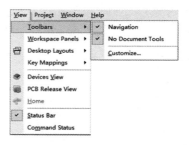

图 8.4　"File"菜单　　　　　图 8.5　"View"菜单

4)"Project"(项目)菜单

"Project"菜单主要用于项目文件的管理,包括项目文件的编译、添加、删除,以及显示项目文件的差异和版本控制等命令。

5)"Window"(窗口)菜单

"Window"菜单用于对窗口进行纵向排列、横向排列、打开、隐藏及关闭等操作。

6)"Help"(帮助)菜单

"Help"菜单用于打开各种帮助信息。

2．工具栏

工具栏中只有 ▢▢◆▤ 4 个按钮,分别为新建文件、打开已有文件、打开设备视图和打开 PCB 发行视图页面按钮。

3．工作窗口

打开 Altium Designer 10,其工作窗口如图 8.6 所示。

4．工作面板

在 Altium Designer 10 中,可以使用系统型面板和编辑器面板 2 种面板。系统型面板在任何时候都可以使用,而编辑器面板只有在相应的文件被打开时才可以使用。使用工作面板是为了便于设计过程中的快捷操作,Altium Designer 10 被启动后,系统将自动激活"Files"面板(见图 8.7)、"Projects"面板、"Navigator"面板,可以单击面板底部的标签以在不同的面板间切换。

5．切换中英文编辑环境

在主窗口中执行"DXP"→"Preferences"命令,系统弹出"Preferences"对话框,如图 8.3 所示,在该对话框中打开"System"→"General"节点。

"System Font"选项组:用于设置系统字体。

"Localization"选项组:用于进行中/英文切换,选中"Use localized resources"复选框,系统会弹出一个信息提示框,如图 8.8 所示。

单击"OK"按钮,在"System Geneal"设置界面中单击"Apply"按钮,使设置生效。再次单击"OK"按钮,退出设置界面。关闭软件,重新进入 Altium Designer 10 系统,可以看到其已经变为中文编辑环境，如图 8.9 所示。

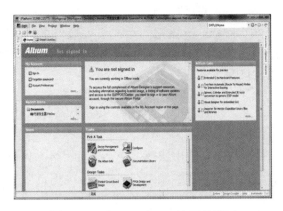

图 8.6　Altium Designer 10 工作窗口

图 8.7　"Files"面板

图 8.8　信息提示框

图 8.9　中文编辑环境

8.2　电路原理图的设计

在电子产品的设计过程中，电路原理图的设计是基础，通过本节的学习，可以完成简单电路原理图的绘制，为电子设计的实现打下良好的基础。

8.2.1　绘制电路原理图的步骤

（1）设置电路原理图设计环境：在绘制电路原理图之前，应该把设计环境设置好，包括图纸大小、捕捉网格、电气网格、模板设置等。

（2）放置元器件：将合适的元器件从元器件库中取出，放置在电路原理图上。

（3）电路原理图布线：用导线将放置好的元器件按照工作原理连接起来。

（4）编辑与调整：编辑元器件的属性，调整元器件和导线的位置。

（5）检查电路原理图：通过 ERC 检查并生成网络表。

8.2.2 原理图编辑器界面

1. 创建电路原理图文件

（1）执行"文件"→"新的"→"工程"→"PCB工程"命令，如图 8.10 所示。在"Projects"面板中，系统创建一个默认名为"PCB_Project1.PrjPCB"的项目，如图 8.11 所示。

（2）在"PCB_Project1.PrjPCB"项目名上右击，弹出快捷菜单，执行"保存工程为"命令，为项目重命名。

（3）再次右击，弹出快捷菜单，执行"给工程添加新的"→"Schemaitc"命令，即可在该项目中添加一个新的空白电路原理图文件，系统默认名为"Sheet1.SchDoc"，右击此文件，可以对其重命名，如图 8.12 所示。

图 8.10　新建电路原理图的操作

图 8.11　印制电路板项目的创建

图 8.12　电路原理图文件的添加

2. 原理图编辑环境

原理图编辑环境主要由主菜单栏、标准工具栏、布线工具栏、实用工具栏、原理图编辑窗口、"元器件库"面板、面板控制中心等组成，如图 8.13 所示。

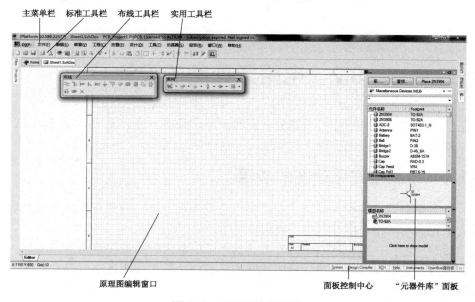

图 8.13　原理图编辑环境

（1）标准工具栏：可以使用户完成对文件的操作，如打印、复制、粘贴和查找等。

（2）布线工具栏：主要用于完成放置电路原理图中的元器件、电源、地、端口等操作，同时给出了元器件之间的连线工具。

（3）实用工具栏：包括 6 个实用高效的工具箱，分别为实用工具箱、排列工具箱、电源工具箱、数字元器件工具箱、仿真源工具箱和网格工具箱。

（4）原理图编辑窗口：用户可以在该窗口中新绘制一个电路原理图。原理图编辑窗口由一些网格组成，用户可以按住 Ctrl 键调节鼠标滚轮来对该窗口进行放大或缩小。

（5）"元器件库"面板：使用该面板可以方便地完成对元器件的搜索、浏览、放置等操作。

（6）面板控制中心：用来开启或关闭各种工作面板。

3．电路原理图图纸的设置

当进入原理图编辑环境后，系统会给出默认的图纸相关参数，但在多数情况下，不适合用户的要求。用户可以根据自己的需要对图纸的相关参数进行重新设置。

在新建电路原理图文件中，执行"设计"→"文档选项"命令，可以弹出"文档选项"对话框，如图 8.14 所示。

图 8.14　"文档选项"对话框

从图 8.14 中可以看到，该对话框由 3 个选项卡组成，即"方块电路选项""参数""单位"。

1）图纸参数设置

"方块电路选项"选项卡主要用于设置图纸的大小、方向、标题栏和颜色等。

（1）单击"标准风格"下拉按钮，可以选择已定义好的标准图纸尺寸，如 A0～A4 等。单击"从标准更新"按钮，可以对当前编辑窗口中的图纸尺寸进行更新。

（2）单击"定位"下拉按钮，可以设置图纸的放置方向，有"Landscape"（横向）和"Portrait"（纵向）2 个选项。

（3）单击"标题块"下拉按钮，可对标题栏的格式进行设置，有"Standard"（标准格式）和"ANSL"（美国国家标准格式）2 种格式。

（4）在"网格"选项组中，可以对网格进行具体的设置。

①"捕捉"复选框：选中该复选框，网格值是指光标每次移动时的距离。

②"可见的"复选框：选中该复选框，网格值是图纸上可以看到的网格的大小。

③"电网格"选项组：选中"使能"复选框，意味着启动了系统自动寻找电气节点的功能。

④"更改系统字体"按钮：可对电路原理图中的字体进行设置。

2) 图纸信息设置

在"文档选项"对话框中选择"参数"选项卡，可以对图纸信息的具体内容进行设置。

3) 计量单位设置

在"文档选项"对话框中选择"单位"选项卡，可以选择使用英制单位或公制单位。

8.2.3 放置元器件

在绘制电路原理图时，首先要在图纸上放置需要的元器件符号。但是元器件的数量庞大、种类繁多，因而需要按照不同生产商及不同的功能类别对元器件进行分类，并将其存放在不同的文件内，这些专门用于存放元器件的文件就是库文件。

1．打开"库"面板

将光标放置在工作窗口右侧的"库"标签上，此时会自动打开"库"面板，如图8.15所示。

如果在工作窗口右侧没有"库"标签，则选择面板底部控制栏中的"System"→"库"选项即可。

在"库"面板中，Altium Designer 10 系统已经加载了2个默认的元器件库，即通用元器件库（Miscellaneous Devices.IntLib）和通用插接件库（Miscellaneous Connectors.IntLib）。

2．加载和卸载元器件库

加载和卸载所需元器件库的操作步骤如下。

（1）执行"设计"→"添加/移除库"命令，或者单击"库"面板左上角的"库"按钮，系统将弹出如图8.16所示的"可用库"对话框。

（2）加载绘图所需的元器件库。"可用库"对话框中有3个选项卡，其中"工程"选项卡列出了用户为当前项目自行创建的库文件。在"已安装"选项卡中，单击右下角的"安装"按钮，系统将弹出如图8.17所示的"打开"对话框。在"打开"对话框中选择特定的库文件夹，然后选择相应的库文件，单击"打开"按钮，选中的库文件就会显示在"可用库"对话框中。重复上述操作，即可把所需要的各种库文件添加到系统中。

（3）在"可用库"对话框中选中一个库文件，单击"卸载"按钮，即可将对应的元器件库卸载。

图 8.15 "库"面板

图 8.16 "可用库"对话框

图 8.17 "打开"对话框

3．放置元器件

电路原理图中有 2 个基本要素，即元器件符号和线路连接。绘制电路原理图的主要操作就是将元器件符号放置在电路原理图图纸上，然后用线将元器件符号上的引脚连接起来，建立正确的电气连接。在放置元器件符号前，需要知道元器件符号在哪一个元器件库中，并载入该元器件库。

1）查找元器件

执行"工具"→"发现元器件"命令，或者在"库"面板中单击"查找"按钮，系统将弹出如图 8.18 所示的"搜索库"对话框。

（1）"在…中搜索"下拉列表：用于选择查找类型，有 Components（元器件）、Protel Footprints（PCB 封装）、3D Models（3D 模型）和 Database Components（数据库元器件）等类型。

（2）若选中"可用库"单选按钮，则系统会在已经加载的元器件库中查找；若选中"库文件路径"单选按钮，则系统会按照设置的路径查找；若选中"精确搜索"单选按钮，则系统会在上次查询的结果中进行查找。

（3）"路径"文本框：用于设置查找元器件的路径。

（4）"Advanced"选项：用于进行高级查询，如图 8.19 所示。

图 8.18 "搜索库"对话框

图 8.19 高级查询

2）高级查询

例如，查找到"2N3904"后的"库"面板如图 8.20 所示。选中所需的元器件（不在系统当前可用的库文件中），单击"库"面板右上角的按钮，系统会弹出如图 8.21 所示的是否加载库文件确认对话框。单击"是"按钮，加载库文件；单击"否"按钮，可搜索库不添加库文件。

3）放置元器件

在放置元器件之前，应该先选择所需元器件，并且确认该元器件所在库文件已经被装载。若没有装载库文件，则可以按照前面所述进行装载。下面详细介绍通过"库"面板放置元器件的方法。

（1）打开"库"面板，载入需要放置元器件所属的库文件。
（2）选择需要放置元器件所在的元器件库。
（3）选中所要放置的元器件，此时该元器件将高亮显示，可以放置该元器件。

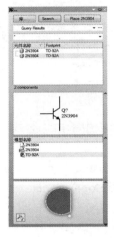

图 8.20 查找到"2N3904"后的"库"面板

图 8.21 是否加载库文件确认对话框

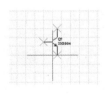

图 8.22 放置元器件

（4）当选中元器件后，"库"面板中将显示元器件符号和元器件模型的预览。当确定了该元器件是所要放置的元器件后，单击"库"面板右上角的按钮，光标将变成十字形并附带元器件"2N3904"的符号，如图 8.22 所示。

（5）移动光标到合适位置并单击，元器件将被放置在光标停留的位置。此时系统仍处于放置元器件状态，可以继续放置该元器件。在完成该元器件的放置后，右击或按 Esc 键即可退出放置元器件状态，结束元器件的放置。

（6）当完成多个元器件的放置后，可以对元器件的位置进行调整，设置元器件属性。重复以上步骤，可以放置其他元器件。

4）调整元器件

当元器件被放置后，其初始位置并不是很准确，可以利用以下方法进行元器件位置的调整。

（1）元器件的移动。对于单个元器件的移动，可以通过执行"编辑"→"移动"命令来完成，也可以单击单个元器件来实现指定元器件的移动。当需要移动多个元器件时，需要将多个元器件全部选中，然后在其中任意一个元器件上按住鼠标左键并拖动，到达合适位置后再次单击，即可完成移动。

（2）元器件的旋转。单击需要旋转的元器件，按住鼠标左键不放，光标变成十字形，此时，按以下功能键即可实现相应的旋转。

① Space 键：每按一次，被选中的元器件逆时针旋转 90º。
② Shift+Space 键：每按一次，被选中的元器件顺时针旋转 90º。
③ X 键：被选中的元器件左右对调。
④ Y 键：被选中的元器件上下对调。

Altium Designer 10 除了可以旋转单个元器件，还可以对多个元器件进行同时旋转，方法如下：选中要旋转的全部元器件，选中其中任何一个元器件并按住鼠标左键不放，按上述功能键即可进行相关旋转。

5）元器件的属性设置

在电路原理图上放置的所有元器件都具有特定属性，在放置好所有元器件后，应该对其属性进行正确编辑与设置。元器件属性设置具体包括元器件的基本属性设置、元器件的外观属性设置、元器件的扩展属性设置、元器件的模型设置、元器件引脚的编辑等。

（1）手动设置：双击电路原理图中的元器件，或者执行"编辑"→"更改"命令，在电路原理图的编辑窗口中，光标变成十字形，将光标移动到需要设置属性的元器件上单击，系统会弹出相应的属性设置对话框，如图 8.23 所示，用户可以根据实际情况进行设置，设置完成后，单击"OK"按钮即可。

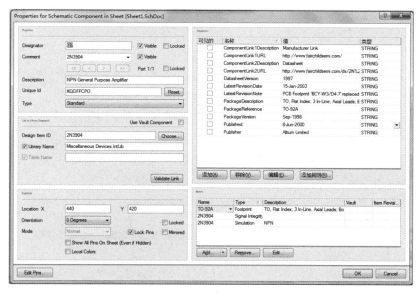

图 8.23　元器件属性设置对话框

（2）自动设置：当电路原理图比较复杂时，如果用手动方式逐个设置元器件的标识，不仅效率低，还容易出现遗漏、跳号等现象，此时可以使用 Altium Designer 10 系统提供的自动标识功能来实现对元器件属性的自动设置。

① 设置元器件自动标号：执行"工具"→"注解"命令，系统将弹出如图 8.24 所示的"注释"对话框。

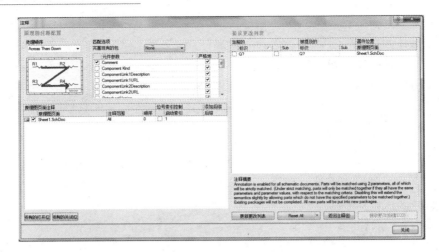

图 8.24 "注释"对话框

"处理顺序"下拉列表：用于设置元器件标号的处理顺序，包括 4 个选项，分别为 Up Then Across（先向上后左右）、Down Then Across（先向下后左右）、Across Then Up（先左右后向上）、Across Then Down（先左右后向下）。

"完善现有的包"下拉列表：用于选择元器件的匹配参数。

"原理图页面注释"选项组：用于选择所要标识的电路原理图，并确定注释范围、起始索引值及后缀字符等。

"提议更改列表"列表框：用于显示元器件的标号在改变前后的情况，并指明元器件所在的电路原理图文件。

② 执行元器件自动标号操作：单击"更新更改列表"按钮，系统会按照配置的注释方式更新标号，并显示在"提议更改列表"列表框中。

单击"接收更改（创建 ECO）"按钮，系统将弹出"工程更改顺序"对话框，显示标号的变化情况，如图 8.25 所示。

在"工程更改顺序"对话框中，单击"生效更改"按钮，可以对标号进行有效性验证，再次单击"执行更改"按钮，电路原理图中元器件标号会显示变化。

图 8.25 "工程更改顺序"对话框

8.2.4　电路原理图的绘制

1．电路原理图连接工具

Altium Designer10 提供了 3 种对电路原理图进行连接的操作方法。

（1）使用菜单命令："放置"菜单就是电路原理图的连接工具菜单。

（2）使用连线工具栏："放置"菜单中的各命令分别与布线工具栏中的工具图标一一对应。

（3）使用快捷键：上述命令都有相对应的快捷键。例如，放置导线的快捷键是P+W，放置网络标号的快捷键是P+N。

2．元器件的电气连接

元器件的电气连接主要通过导线来实现。导线是电路原理图中最重要、使用得最多的对象，具有电气连接意义。

1）放置导线

（1）执行"放置"→"导线"命令，或者单击布线工具栏中的（放置导线）按钮，或者按快捷键P+W，此时光标变成十字形并附带一个交叉符号。

（2）将光标移动到需要完成电气连接的元器件的引脚上，单击放置导线的起点。移动光标，多次单击可以确定多个固定点，最后放置导线的终点。

（3）导线的拐弯模式。当要连接的2个引脚不在一条水平线上时，可以通过按Shift+Space键来切换导线的拐弯模式，有直角、45º和任意角度3种模式。

2）放置总线

总线是一组具有相同性质的并行信号线的组合，如数据总线、地址总线等。

（1）执行"放置"→"总线"命令，或者单击布线工具栏中的按钮，或者按快捷键P+B。

（2）将光标移动到需要放置总线的位置，单击确定总线的起点，移动光标到合适位置，确定总线的终点。

3）放置总线入口

总线入口是单一导线和总线的连接线。使用总线入口把总线和具有电气特性的导线连接起来，可以使电路原理图更为美观、清晰，且具有专业水准。

（1）执行"放置"→"总线入口"命令，或者单击布线工具栏中的按钮，或者按快捷键P+U，进入放置总线入口状态。

（2）在导线与总线之间单击即可放置一段总线入口分支线。在放置总线入口状态下，按Space键可以调整总线入口分支线的方向。

4）放置电源和接地符号

电源和接地符号是电路原理图中必不可少的组成部分。

（1）执行"放置"→"电源端口"命令，或者单击布线工具栏中的（接地符号）或（电源符号）按钮，或者按快捷键P+O，此时光标变成十字形并带有一个电源或接地符号。

（2）移动光标到需要放置电源或接地符号的地方，单击即可完成电源或接地符号的放置。

5）放置网络标号

在电路原理图的绘制过程中，元器件之间的电气连接除可以使用导线之外，还可以通过设置网络标号的方法来实现。

（1）执行"放置"→"网络标号"命令，或者单击布线工具栏中的（放置网络标号）按钮，或者按快捷键P+N，此时光标变成十字形并带有一个初始标号"Net Label1"。

（2）移动光标到需要放置网络标号的导线上，当出现红色交叉标志时，单击即可完成网络标号的放置。

(3) 设置网络标号的属性，如图 8.26 所示。

3. 操作实例——闪光灯电路设计

在前面学习的基础上，下面通过一个实例来介绍简单电路原理图的绘制。

1) 建立工作环境

新建工程"闪光灯.PrjPCB"，即执行"文件"→"新建"→"PCB 工程"命令。

保存工程：右击，弹出快捷菜单，执行"保存项目"命令。

新建电路原理图文件：执行"文件"→"新建"→"Schematic"命令，将新建的电路原理图文件保存为"闪光灯.SchDoc"。

2) 电路原理图图纸设置

执行"设计"→"文档选项"命令，弹出"文档选项"对话框，对电路原理图图纸进行设置，如图 8.27 所示。

3) 添加元器件

打开"库"面板，添加"Miscellaneous Decices.IntLib"元器件库，在该库中找到二极管、晶体管、电阻、电容、麦克风等元器件，如图 8.28 所示。

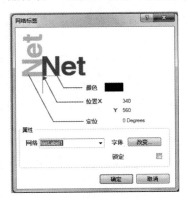

图 8.26 设置网络标号的属性

图 8.27 "文档选项"对话框

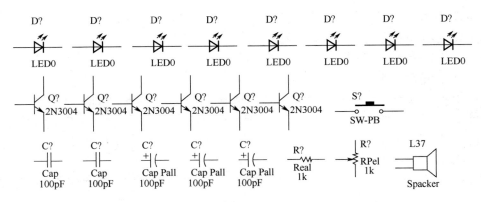

图 8.28 元器件库

4) 绘制 SH868 的电路原理图符号

Altium Designer10 自带的元器件库中没有 SH868 的电路原理图符号，用户需要自己绘制 SH868 的电路原理图符号。

（1）新建一个原理图元器件库。

执行"文件"→"新建"→"库"→"原理图库"命令，然后执行"文件"→"另存为"命令，将新建的电路原理图符号保存为"IC.SchLib"。

在新建的电路原理图元器件库中包含一个名为Component_1的元器件，执行"工具"→"重新命名元器件"命令，弹出"Rename Component"对话框，在该对话框中修改元器件名为SH868。

（2）绘制元器件外框。

执行"放置"→"矩形"命令，此时光标变成十字形并带有一个矩形图标，移动光标到图纸上，在图纸参考点上单击以确定矩形的左上角顶点，移动光标至合适位置，再次单击确定矩形的右下角顶点，如图8.29所示。

（3）放置引脚。

执行"放置"→"引脚"命令，此时光标变为十字形并带有一个引脚的浮动虚影，移动光标到目标位置，单击即可将引脚放置在电路原理图图纸上。

双击引脚，弹出引脚属性设置对话框，在该对话框内可以设置引脚的名称、编号、电气类型，以及引脚的位置和长短等，如图8.30所示。当完成引脚的属性设置后，引脚属性设置对话框的右上角会显示设置的效果，单击"OK"按钮即可退出。

图8.29　绘制元器件外框

放置所有引脚并设置其属性，得到如图8.31所示的元器件符号图。

（4）编辑元器件。

在"SCH Library"面板中单击"Edit"按钮，弹出"Library Component Properties"对话框，在该对话框中将元器件默认的编号设置为"U？"，将元器件的注释设置为SH868。

（5）放置SH868到电路原理图图纸。

将绘制好的SH868电路原理图符号放置到电路原理图图纸上。

图8.30　引脚属性设置对话框

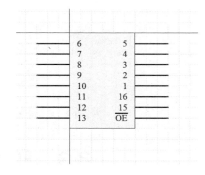

图8.31　元器件符号图

（6）元器件布局。

基于布线的考虑，完成所有元器件的布局，如图8.32所示。

（7）元器件标注。

执行"工具"→"注解"命令，弹出"注释"对话框，选择默认条件，单击"更新更改列表"按钮，弹出"Information"对话框，单击"OK"按钮；单击"接收更改（创建ECO）"

按钮，弹出"工程更改顺序"对话框，单击"生效更改"按钮，然后单击"执行更改"按钮，完成对元器件的标注。

（8）元器件布线。

执行"放置"→"导线"命令，移动光标到元器件的一个引脚上，当出现红色"米"字形电气捕捉符号后，单击确定导线起点，然后移动光标绘制导线，在需要拐角或进行元器件连接的地方单击即可完成导线的绘制。

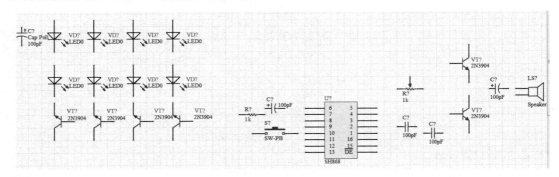

图 8.32　元器件布局结果

（9）放置电源和接地符号。

电源和接地符号是一个电路中必不可少的部分。执行"放置"→"电源端口"命令，即可向电路原理图中放置电源和接地符号。放置完电源和接地符号的电路原理图如图 8.33 所示。

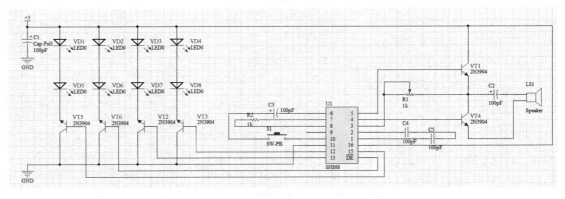

图 8.33　放置完电源和接地符号的电路原理图

8.3　印制电路板的绘制

8.3.1　印制电路板设计预备知识

通常把绝缘材料上按预定设计，制成印制线路、印制元器件或两者组合而成的导电图形称为印制电路；而在绝缘基材上提供元器件之间电气连接的导电图形称为印制线路。这样，人们就把印制电路或印制线路的成品称为印制电路板。

1. 印制电路板的构成及其基本功能

1) 印制电路板的构成

一块完整的印制电路板主要由以下几部分组成。

（1）绝缘基材：基材普遍是以基板的绝缘部分进行分类的，常见的基板为电木板、玻璃纤维板及各式塑胶板。

（2）铜箔面：印制电路板的主体，由裸露的焊盘和被绿漆覆盖的铜箔电路组成，焊盘用于焊接电子元器件。

（3）阻焊层：用于保护铜箔电路，由耐高温的阻焊剂制成。

（4）字符层：用于标注元器件的编号和符号，便于印制电路板加工时的电路识别。

（5）孔：用于基板加工、元器件安装、产品装配，以及不同层面铜箔电路之间的连接。

印制电路板的构成如图 8.34 所示。

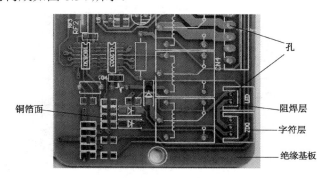

图 8.34 印制电路板的构成

印制电路板上的绿色是阻焊漆的颜色。阻焊层是绝缘的保护层，可以保护铜线，也可以防止零件被焊接到不正确的地方。在阻焊层上还会绘制一层丝网印制面，通常在其上会印制文字与符号，以标识各元器件在板子上的位置。

2) 印制电路板的功能

（1）提供机械支撑：印制电路板为集成电路等各种电子元器件的固定、装配提供了机械支撑。

（2）实现电气连接或电绝缘：印制电路板实现了集成电路等各种电子元器件之间的布线、电气连接和电绝缘。

（3）其他功能：印制电路板为自动装配提供了阻焊图形，也为元器件的插装、检查、维修提供了识别字符和图形。

2. 印制电路板板层

1) 印制电路板分类

（1）单面印制电路板：在基本的印制电路板上，元器件集中在其中一面，导线则集中在另一面。由于导线只出现在其中一面，因此称这种印制电路板为单面印制电路板。

（2）双面印制电路板：这种印制电路板的两面都有布线。但要使用两面的导线，两面间必须有适当的电路连接，这种电路间的"桥梁"称为导孔。导孔是印制电路板上充满或涂上金属的小洞，它可以与两面的导线相连。

（3）多层印制电路板：为了增加可以布线的面积，多层印制电路板使用了更多单面印制电路板或双面印制电路板的布线板。多层印制电路板使用数片双面印制电路板，并在每层板间放进一层绝缘层后黏牢。板子的层数代表了有几层独立的布线层，层数通常是偶数，并且包含最外面的 2 层。大部分的主机板是 4～8 层的结构，技术上可以实现近 100 层的印制电路板。

2）Altium Designer 10 中的分层设置

Altium Designer 10 为用户提供了多个工作层，板层标签用于切换印制电路板工作的层，所选中板层的颜色将显示在最前端。在印制电路板编辑环境中，执行"设计"→"板层颜色"命令，可弹出"视图配置"对话框，如图 8.35 所示。

图 8.35　"视图配置"对话框

在"视图配置"对话框中，取消选中"在层堆栈仅显示层""在层堆栈内仅显示平面""仅展示激活的机械层"复选框即可看见所有的层。

Altium Designer 10 提供的工作层主要有以下几种。

（1）信号层：Altium Designer 10 提供了 32 个信号层，分别为 Top layer（顶层）、Mid-layer1（中间层 1）、……、Mid-layer30（中间层 30）和 Bottom layer（底层）。信号层用于放置元器件（顶层和底层）和走线。

（2）内平面层：Altium Designer 10 提供了 16 个内平面层，分别为 Internal Plane1（内平面层第 1 层）、……、Internal Plane16（内平面层第 16 层）。内平面层用于布置电源线和地线网络。

（3）机械层：Altium Designer 10 提供了 16 个机械层，分别为 Mechanical1（机械层第 1 层）、……、Mechanical16（机械层第 16 层）。机械层用于放置有关制板和装配方法的指示性信息。在制作印制电路板时，系统默认的机械层为 Mechanical1。

（4）掩膜层：Altium Designer 10 提供了 4 个掩膜层，分别为 Top Paste（顶层锡膏防护层)、Bottom Paste(底层锡膏防护层)、Top Solder(顶层阻焊层)和 Bottom Solder(底层阻焊层)。

(5)丝印层:Altium Designer 10 提供了 2 个丝印层,分别为 Top Overlay(顶层丝印层)和 Bottom Overlay(底层丝印层)。丝印层用于绘制元器件的外形轮廓,放置元器件的编号、注释字符或其他文本信息。

(6)其余层。

Drill Guide(钻孔说明)和 Drill Drawing(钻孔视图):用于绘制钻孔图和钻孔的位置。

Keep-Out Layer(禁止布线层):用于定义元器件布线的区域。

Multi-Layer(多层):焊盘与过孔都要设置在多层上,若关闭此层,则焊盘和过孔无法显示。

3.元器件封装技术

1)元器件封装的具体形式

元器件封装分为插入式封装和表面粘贴式封装,如图 8.36 所示。其中,将元器件安置在板子的一面,将焊脚焊接在另一面的封装称为插入式封装;将焊脚焊接在元器件一面,不用为每个焊脚在印制电路板上钻洞的封装称为表面粘贴式封装。

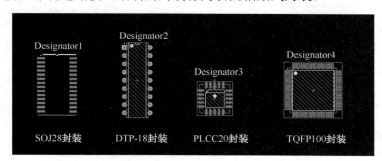

图 8.36 元器件封装的具体形式

(1)SOP:SOP 是英文 Small Outline Package 的缩写,即小外形封装。

(2)DIP:DIP 是英文 Double In-line Package 的缩写,即双列直插式封装,属于插装式封装,引脚从封装两侧引出,封装材料有塑料和陶瓷 2 种。

(3)PLCC 封装:PLCC 是 Plastic Leaded Chip Carrier 的缩写,即带引线的塑料芯片封装。在采用 PLCC 封装时,元器件外形呈正方形,四周都有引脚,外形尺寸比采用 DIP 封装的元器件外形尺寸小得多。PLCC 封装适用于 SMT 在印制电路板上安装布线的场合,具有外形尺寸小、可靠性高的优点。

(4)TQFP:TQFP 是 Thin Quad Flat Package 的缩写,即薄塑封四角扁平封装。TQFP 封装能有效利用空间,从而降低印制电路板对空间大小的要求。

(5)PQFP:PQFP 是 Plastic Quad Flat Package 的缩写,即塑封四角扁平封装。PQFP 封装的芯片引脚之间距离很小、引脚很细,大规模或超大规模集成电路常采用这种封装。

(6)TSOP:TSOP 是 Thin Small Outline Package 的缩写,即薄型小尺寸封装。TSOP 封装的一个典型特性就是在封装芯片的周围制作出引脚。TSOP 适合用 SMT 在印制电路板上安装布线,适用于高频应用场合,操作比较方便,可靠性也比较高。

(7)BGA 封装:BGA 是 Ball Grid Array 的缩写,即球栅阵列封装。BGA 封装的输入/

输出端子以圆形或柱状焊点按阵列形式分布在封装下面。BGA 封装的优点是输入/输出引脚数虽然增加了，但引脚间距并没有减小，反而增加了，从而提高了组装成品率。

2）Altium Designer 10 中的元器件及封装

Altium Designer 10 中提供了许多元器件模型及其封装形式，如电阻、电容、二极管、晶体管等。

（1）电阻。

电阻是电路中常用的元器件，Altium Designer 10 中电阻的标识为 Res1、Res2、Res Semi 等，其封装属性为 AXIAL 系列，如图 8.37 所示。

图 8.37 中列出的电阻封装为 AXIAL0.3、AXIAL0.4 及 AXIAL0.5，AXIAL0.3 中的 0.3 是指该电阻在印制电路板上的 2 个焊盘的间距为 300mil（1mil=0.0254mm），以此类推。

（2）电位器。

Altium Designer 10 中电位器的标识为 RPot 等，其封装属性为 VR 系列，如图 8.38 所示。

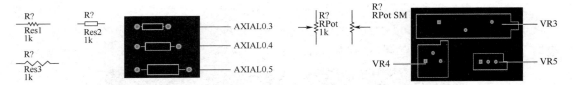

图 8.37　Altium Designer 10 提供的电阻及其封装　　图 8.38　Altium Designer 10 提供的电位器及其封装

（3）无极性电容。

Altium Designer 10 中无极性电容的标识为 Cap 等，其封装属性为 RAD 系列，如图 8.39 所示，自上而下依次为 RAD0.1、RAD0.2、RAD0.3、RAD0.4，RAD0.1 中的 0.1 是指该电容在印制电路板上的 2 个焊盘的间距为 100mil，以此类推。

（4）电解电容。

Altium Designer 10 提供的电解电容的标识为 Cap Pol，其封装属性为 RB 系列，分为 RB5-10.5、RB7.6-15，如图 8.40 所示，其中 RB5-10.5 中的 5 表示该电容在印制电路上的 2 个焊盘间的距离为 5mm，10.5 表示电容圆筒的外径为 10.5mm，RB7.6-15 的含义同上。

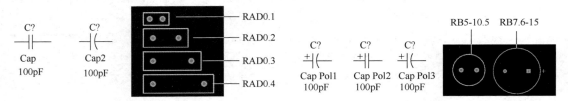

图 8.39　Altium Designer 10 提供的无极性
电容及其封装　　　　　图 8.40　Altium Designer 10 提供的电解
电容及其封装

（5）二极管。

二极管的种类比较多，其中常用的有整流二极管 1N4007 和开关二极管 1N4148。二极管的标识为 Diode（普通二极管）、D Schottky（肖特基二极管）、D Tunnel（隧道二极管）和 D Zener（稳压二极管），其封装属性为 DIODE 系列，如图 8.41 所示。

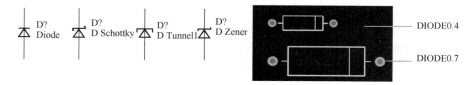

图 8.41 Altium Designer 10 提供的二极管及其封装

在图 8.41 中，二极管的封装从上到下依次为 DIODE0.4、DIODE0.7，其中 DIODE0.4 中的 0.4 表示该二极管在印制电路板上的 2 个焊盘的间距为 400mil，以此类推。

发光二极管的标识符为 LED，其封装为 LED0、LED1，如图 8.42 所示。

（6）晶体管。

晶体管分为 PNP 型和 NPN 型，晶体管的 3 个引脚分别为 E、B 和 C，其封装属性为 TO 系列，如图 8.43 所示。

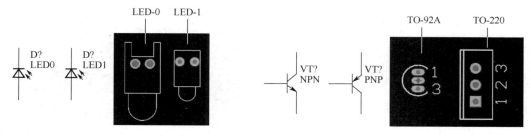

图 8.42 Altium Designer 10 提供的发光
二极管及其封装

图 8.43 Altium Designer 10 提供的
晶体管及其封装

（7）集成电路。

集成电路有双列直插封装，也有单列直插封装，如图 8.44 所示。

3）元器件引脚间距

元器件不同，其引脚间距也不同。但大多数引脚间距是 100mil（2.54mm）的整数倍。在印制电路板的设计中，必须准确测量元器件的引脚间距，因为它决定着焊盘间距。

焊盘间距是根据元器件引脚间距来确定的。而元器件引脚间距有软尺寸和硬尺寸之分。软尺寸元器件是指引脚能够弯折的元器件，如电阻、电容、电感等。而硬尺寸元器件是引脚不能弯折的元器件，如排阻、晶体管、集成电路等。由于硬尺寸元器件的引脚不能弯折，因此要求焊盘间距必须精确。

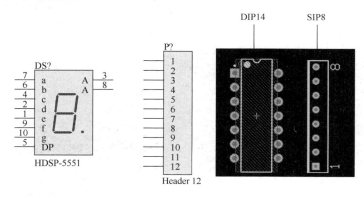

图 8.44 Altium Designer 10 提供的集成电路及其封装

8.3.2 印制电路板设计基础

设计印制电路板是整个工程设计的最终目的,电路原理图设计得再完美,如果印制电路板设计得不合理,其性能也会大打折扣,严重时甚至不能正常工作。下面介绍印制电路板设计的基础知识,以便读者对印制电路板的设计有全面的了解。

1. 创建印制电路板文件

创建印制电路板文件有三种方法,下面分别进行介绍。

1) 利用印制电路板设计向导创建印制电路板文件

Altium Designer 10 提供了印制电路板设计向导,以帮助用户在向导的引导下创建印制电路板文件。

(1) 打开"Files"面板,执行"从模板创建新文件"→"PCB Board Wizard"命令,即可弹出"PCB 板向导"对话框,如图 8.45 所示。

(2) 单击"下一步"按钮,进入如图 8.46 所示的印制电路板单位设置界面。通常采用英制单位,因为大多数元器件封装的引脚采用了英制。也可以选择公制,这样对读者而言,能更容易地读取数据。

图 8.45 "PCB 板向导"对话框

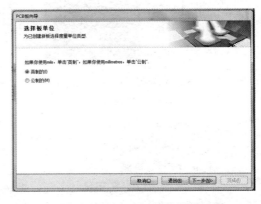

图 8.46 印制电路板单位设置界面

继续单击"下一步"按钮,可以依次设置板形、板层、信号层、布线工艺等,这里不再一一陈述。

2) 利用菜单命令创建印制电路板文件

除了采用印制电路板设计向导创建印制电路板文件,用户还可以用菜单命令直接创建一个印制电路板文件,方法如下。

(1) 执行"文件"→"新建"→"PCB"命令。

(2) 打开"文件"面板,在该面板中执行"新建"→"PCB 文件"命令。

以上两种方法都可以创建印制电路板文件,新建的印制电路板文件的各项参数均采用系统默认值,即会新建一个名为"PCB1.PcbDoc"的文件。

3) 利用模板创建印制电路板文件

(1) 打开"Files"面板,执行"New from template"→"PCB Templates"命令,弹出如图 8.47 所示的"Choose existing Document"对话框。

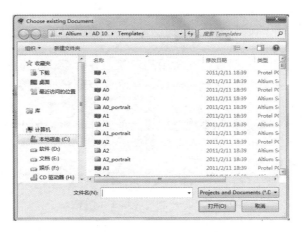

图 8.47 "Choose existing Document"对话框

"Choose existing Document"对话框默认的路径是 Altium Designer 10 自带的模板路径，该路径为用户提供了很多可用的模板。

（2）从"Choose existing Document"对话框中选择所需的模板文件，单击"打开"按钮即可生成一个印制电路板文件。

2．印制电路板设计环境

在创建一个新的印制电路板文件或打开一个现有的印制电路板文件后，即可启动 Altium Designer 10 系统的印制电路板编辑器，进入印制电路板设计环境，如图 8.48 所示。

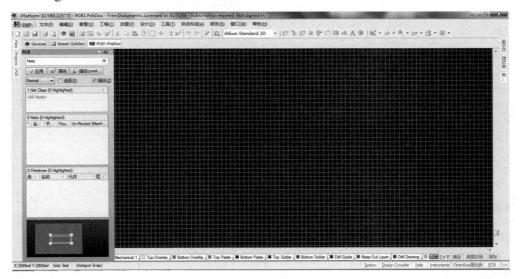

图 8.48 印制电路板设计环境

1）印制电路板主菜单栏

主菜单栏显示了供用户选用的菜单命令，如图 8.49 所示，在印制电路板的设计过程中，通过使用主菜单栏中的命令，可以完成各项操作。

2）印制电路板标准工具栏

标准工具栏提供了一些基本的操作命令，如打印、缩放、快速定位、浏览元器件等，与原理图编辑环境中的标准工具栏基本相同,如图 8.50 所示。

3)印制电路板布线工具栏

布线工具栏提供了印制电路板设计常用的对象放置命令,如焊盘、过孔、文本编辑等;也包括集中布线的方式,如交互式布线连接、交互式差分对连接等,如图 8.51 所示。

4)印制电路板编辑窗口

印制电路板编辑窗口即进行印制电路板设计的工作平台,用于进行元器件的布局、布线等有关操作,印制电路板设计主要在此窗口中完成。

图 8.49 印制电路板主菜单栏

图 8.50 印制电路板标准工具栏　　　　图 8.51 印制电路板布线工具栏

5)板层标签

板层标签用于切换印制电路板工作的层面,所选中板层的颜色将显示在最前端,如图 8.52 所示。

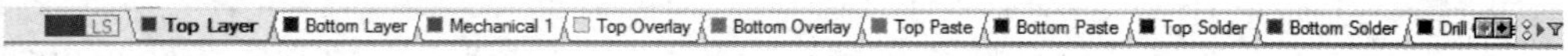

图 8.52 板层标签

6)"PCB"面板

在印制电路板的设计中,最重要的一个面板就是"PCB"面板,如图 8.53 所示。"PCB"面板可以对印制电路板上的各种对象进行精确定位,还可以对整个印制电路板进行全局观察和修改,其功能非常强大。

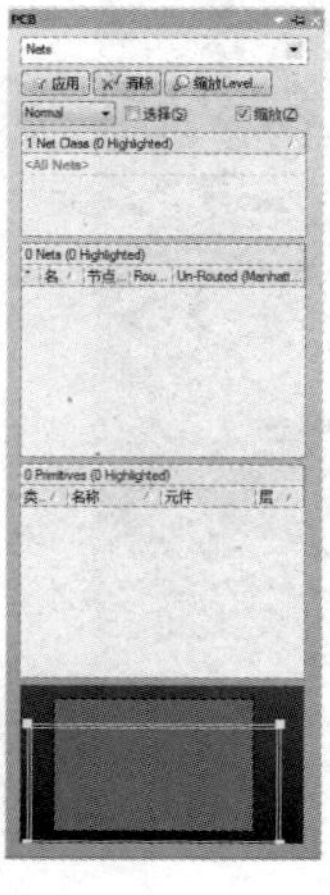

(1)定位对象的设置。

单击"PCB"面板最上面的下拉按钮,可在对应的下拉列表中选择想要查看的对象。

"Nets"选项:每一个网络类包含的所有网络列表。

"Primitives"选项:每个网络中的对象,如焊盘、导线或过孔等。

"Components"选项:自顶而下各列表框中显示的对象分别为元器件分类、选中分类后的所有元器件及选中元器件的相关信息。

(2)定位对象效果显示的设置。

"选择"复选框:用于定义在定位对象时是否将该对象置于选中状态。

"缩放"复选框:用于定义在定位对象时是否同时放大显示该对象。

图 8.53 "PCB"面板

(3)印制电路板缩略图显示窗口。

"PCB"面板的下面是印制电路板缩略图显示窗口,中间的绿色框为电路板,最下方的空心边框为此时显示在工作窗口中的区域。在该窗口中可以通过鼠标操作,对工作窗口中的印制电路板图进行快速移动及视图的放大、缩小等操作。

（4）"PCB"面板中的按钮如下。

"应用"按钮：单击此按钮，可恢复前一步工作窗口中的显示效果，类似于"撤销"操作。

"清除"按钮：单击此按钮，可恢复印制电路板的最初显示效果，即完全显示印制电路板中的所有对象。

"缩放"Level按钮：单击此按钮，可精确设置显示对象的放大程度。

（5）"选择"复选框左侧下拉列表中的选项如下。

"Normal"选项：表示在显示对象时正常显示其他未选中的对象。

"Mask"选项：表示在显示对象时遮挡其他未选中的对象。

"Dim"选项：表示在显示对象时按比例降低亮度，显示其他未选中的对象。

3．印制电路板规划及参数设置

对于要设计的电子产品，设计人员首先需要确定其印制电路板的设计。

因此，印制电路板的规划问题也成为印制电路板设计中需要解决的问题。

印制电路板规划就是确定印制电路板的板边，并且确定印制电路板的电气边界。下面介绍手动规划印制电路板的方法。

（1）单击编辑区域下方的标签"Mechanical 1"，将编辑区域切换到机械层，如图8.54所示。

图 8.54　将编辑区域切换到机械层

（2）执行"放置"→"走线"命令，绘制印制电路板的物理边界，如图8.55所示。

（3）切换层面到"Keep-Out Layer"（禁止布线层），再次执行"放置"→"走线"命令，绘制印制电路板的电气边界，如图8.56所示。

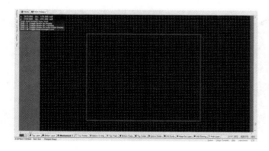

图 8.55　绘制印制电路板的物理边界

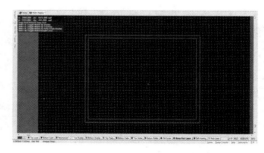

图 8.56　绘制印制电路板的电气边界

至此，印制电路板的规划就完成了。

4．印制电路板工作层的设置

执行"设计"→"管理层设置"→"板层设置"命令，如图8.57所示。弹出"层设置管理器"对话框，如图8.58所示。

图 8.57　执行"设计"→"管理层设置"→
"板层设置"命令

图 8.58　"层设置管理器"对话框

利用"新设定""移除设备"按钮可以加入新设置和删除设置。这里,所有设置保持默认设置,不需要进行设置。

5. 印制电路板网络及图纸页面的设置

网格就是印制电路板编辑窗口中显示的横竖交错的格子。设计人员借助网格可以更准确地操作元器件的定位布局及布线的方向,网格设置主要通过"板选项"对话框来完成。

执行"设计"→"板参数选项"命令,弹出如图 8.59 所示的"板选项"对话框。

"板选项"对话框用于设置一些基本的工作参数,其作用范围是当前的印制电路板文件,该对话框主要由五个选项组组成,分别介绍如下。

① "度量单位"选项组:用于设置印制电路板设计中使用的度量单位,有公制和英制两种。

② "标识显示"选项组:用于设定元器件标志符的显示方式,即是显示物理标志符(Display Physical Designators)还是显示逻辑标志符(Display Logical Designators)。

③ "布线工具路径"选项组:用于设定布线工具层,即是不使用层还是使用机械层。

④ "图纸位置"选项组:用于设定图纸的起始 X、Y 坐标,宽度和高度。当选中"显示页面"复选框后,编辑窗口将显示图纸页面;当选中"自动尺寸链接层"复选框后,将锁定图纸上的对象。

⑤ "捕获选项"选项组:这里提供了若干复选框,分别如下。

"捕捉到网格"复选框:用于设置光标能否捕获板上定义的网络。

"捕捉到线性向导"复选框:用于设置光标能否捕获手动设置的线性捕获参考线。

"捕捉到点向导"复选框:用于设置光标能否捕获手动设置的捕获参考点。

"捕捉到目标轴"复选框:用于设置光标能否捕获动态对齐向导线,该动态对齐向导线是通过接近所放置对象的热点生成的。

"捕捉到目标热点"复选框:在电气网络中,用于设置光标能否在它靠近所放置对象的热点时捕获该对象,即系统以光标为圆心、以捕获范围为半径,自动寻找电气热点,如果在此范围内找到交叉的连接点,系统会自动把光标指向该连接点,并在连接点上放置一个焊盘,进行电气连接。

单击"Advanced"超链接,进入高级选项设置界面,选中"捕捉到目标轴"复选框,可对高级选项进行设置,如图 8.60 所示。

单击"网格"按钮,弹出"网格管理器"对话框,如图 8.61 所示,单击"菜单"按钮,弹出"菜单"列表框,如图 8.62 所示,利用"菜单"列表框可以添加卡迪尔网格和极坐标网格,也可以对网格进行属性设置。

图8.59 "板选项"对话框

图8.60 高级选项设置界面

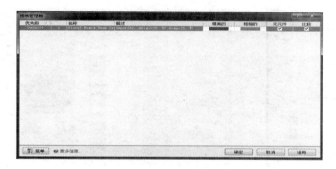
图8.61 "网格管理器"对话框

图8.62 "菜单"列表框

选择"属性"选项,弹出"Cartesian Grid Editor"对话框,如图8.63所示,在"步进值"选项组中可以设置印制电路板视图所需的 X 值和 Y 值;"显示"选项组中提供了直线式(Lines)、点阵式(Dots)和不画(Do Not Draw)3种网格类型,用户可自定义网格颜色及增效大小。

设置好后,依次单击"适用"和"确定"按钮退出"Cartesian Grid Editor"对话框。

单击"板选项"对话框中的"向导"按钮,弹出"捕捉向导管理器"对话框,如图8.64所示,单击"添加"按钮,可以添加各种类型的捕获参考线和捕获参考点。

设置好所有参数后,单击"确定"按钮退出"捕捉向导管理器"对话框。

6. 印制电路板工作层面颜色及显示的设置

为了便于区分,编辑窗口中显示的不同工作层应选用不同的颜色,可通过印制电路板的"视图配置"对话框来设定,利用该对话框还可以设置相应层面能否在编辑窗口中显示出来。

执行"设计"→"板层颜色"命令,或者在编辑窗口中右击,在弹出的快捷菜单中执行"选项"→"板层颜色"命令,弹出如图8.65所示的"视图配置"对话框。

"视图配置"对话框主要分为2部分:工作层面颜色设置和系统颜色设置。

第8章 Altium Designer 10 的基本应用

1）工作层面颜色设置

印制电路板的工作层面是按照信号层、内平面、机械层、掩膜层、其他层和丝印层6个分类设置的。在各个分类中，每个工作层的后面都有一个颜色选择块和一个"展示"复选框，若选中该复选框，则相应的工作层面标签会在编辑窗口中显示出来；单击颜色选择块，可弹出"2D系统颜色"对话框，如图8.66所示。

图8.63 "Cartesian Grid Editor"对话框

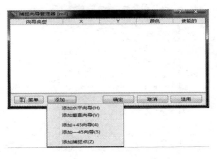

图8.64 "捕捉向导管理器"对话框

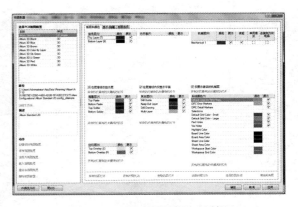

图8.65 "视图配置"对话框

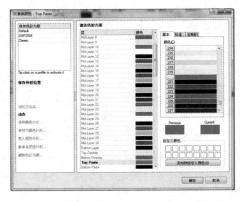

图8.66 "2D系统颜色"对话框

2）系统颜色设置

系统颜色设置提供了若干选项，分别如下。

① "Default Color for New Nets"选项：用于设置新网络的默认颜色。

② "DRC Error Markers"选项：用于设置违反DRC设计规划的信息显示。

③ "DRC Detail Markers"选项：用于设置DRC设计规则的信息显示。

④ "Selections"选项：用于设置被选中对象的覆盖颜色。

⑤ "Default Grid Color-Small"选项：用于设置默认小网格的颜色。

⑥ "Default Grid Color-Large"选项：用于设置默认大网格的颜色。

⑦ "Pad Holes"选项：用于设置焊盘孔的颜色。

⑧ "Via Holes"选项：用于设置过孔的颜色。

⑨ "Highlight Color"选项：用于设置高亮显示的颜色。

⑩ "Board Line Color"选项：用于设置印制电路板边界线的颜色。

⑪ "Board Area Color"选项：用于设置印制电路板区域的颜色。

⑫ "Sheet Line Color"选项：用于设置图纸边界线的颜色。

⑬ "Sheet Area Color"选项：用于设置图纸页面的颜色。
⑭ "Workspace Start Color"选项：用于设置编辑窗口起始端的颜色。
⑮ "Workspace End Color"选项：用于设置编辑窗口终止端的颜色。
系统提供了 3 种默认的板层颜色和系统颜色的设置方案，分别是"Default""DXP 2004" "Classic"。

7．载入网络表

加载网络表，即将电路原理图中的元器件的相互连接关系及元器件封装尺寸数据输入 PCB 编辑器，实现电路原理图向印制电路板的转化。

1）准备设计转换

要将电路原理图中的设计信息转换到新的空白印制电路板文件中，首先应完成如下准备工作。

（1）对项目中绘制的电路原理图进行编译检查，验证设计，确保电气连接的正确性和元器件封装的正确性。

（2）确认与电路原理图和印制电路板文件相关联的所有元器件库均已加载，保证电路原理图文件中指定的封装形式在可用库文件中都能找到并可以使用。

（3）将新建的印制电路板空白文件添加到与电路原理图相同的项目中。

2）网络与元器件封装的载入

Altium Designer 10 系统为用户提供了 2 种载入网络与元器件封装的方法。

第 1 种是在原理图编辑环境中使用设计同步器。

第 2 种是在印制电路板编辑环境中执行"设计"→"Import Changes From PCB_Project1"命令。

（1）使用设计同步器载入网络与元器件封装的方法如下。

打开项目工程"PCB_Project1.PrjPCB"，打开已绘制完成的电路原理图"Sheet1.SchDoc"，如图 8.67 所示。

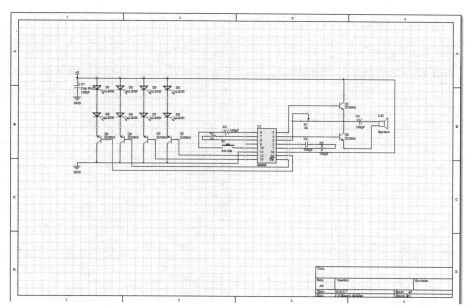

图 8.67　打开"Sheet1.SchDoc"

执行"工程"→"Compile PCB Project PCB_Project1.PrjPCB"命令,如图 8.68 所示,编译项目"PCB_Project1.PrjPCB",若没有弹出错误信息提示,则证明电路绘制正确。在原理图编辑环境中,执行"设计"→"Update PCB Document PCB1.PcbDoc"命令,如图 8.69 所示。

图 8.68 执行"工程"→"Compile PCB Project PCB_Project1.PrjPCB"命令

图 8.69 执行"设计"→"Update PCB Document PCB1.PcbDoc"命令

执行完上述命令后,系统会弹出如图 8.70 所示的"工程更改顺序"对话框,该对话框中显示了本次要载入的元器件封装及印制电路板的文件名等。单击"生效更改"按钮,在"状态"选项组的"检测"栏中会显示检查的结果,若出现绿色的对钩标志,则表明对网络及元器件封装的检测是正确的,变化有效;若出现红叉标志,则表明对网络及元器件封装的检测是错误的,变化无效,如图 8.71 所示。

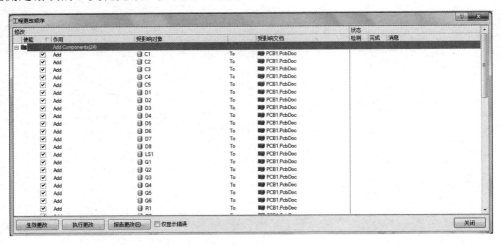

图 8.70 "工程更改顺序"对话框

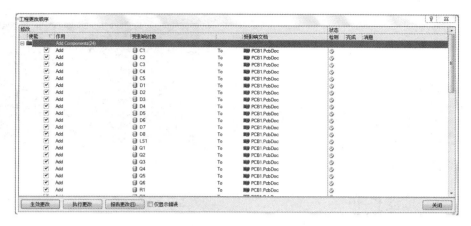

图 8.71　检测网络及元器件封装

需要说明的是，如果网络及元器件封装检测是错误的，那么一般是因为没有装载可用的集成库，无法找到正确的元器件封装。

单击"执行更改"按钮，将网络及元器件封装载入印制电路板文件"PCB1.PcbDoc"，如果载入正确，则在"状态"选项组的"完成"栏中显示绿色的对钩标志，如图 8.72 所示。

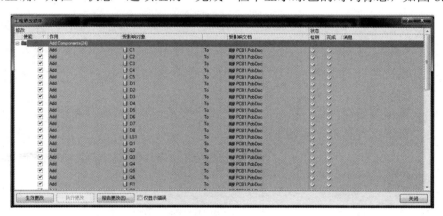

图 8.72　网络及元器件封装载入正确

关闭"工程更改顺序"对话框，可以看到所载入的网络与元器件封装放置在印制电路板的电气边界以外，并以飞线的形式显示网络和元器件封装之间的连接关系，如图 8.73 所示。

（2）在印制电路板编辑环境中导入网络与元器件封装的方法如下。

先确认电路原理图文件及印制电路板文件已经加载到新建的工程项目中，之后的操作与前面相同。

将界面切换到印制电路板编辑环境，执行"设计"→"Import Changes From PCB_Project1.PrjPCB"命令，弹出"工程更改顺序"对话框，如图 8.70 所示。

下面的操作与第一种方法相同，这里不再赘述。

3）飞线

将电路原理图文件导入印制电路板文件后，系统会自动生成飞线，如图 8.74 所示。飞线是一种形式上的连线，它只是从形式上表示出各个焊点间的连接关系，没有电气的连接意义，其按照电路的实际连接将各个节点相连，使电路中的所有节点都能够连通且无回路。

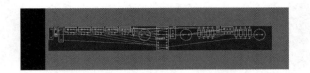
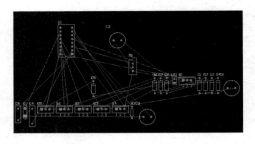

图 8.73　将网络与元器件封装载入印制电路板文件中　　　图 8.74　印制电路板中的飞线

8.3.3　元器件布局

载入网络表和元器件封装后,用户需要将元器件封装放入工作区,即对元器件封装进行布局。在印制电路板的设计中,布局是一个重要的环节。布局的好坏将直接影响布线的效果,因此,可以认为合理的布局是印制电路板设计成功的第一步。

布局的方式有自动布局和手动布局 2 种。

自动布局:设计人员布局前先设置好设计规则,系统自动在印制电路板中进行元器件的布局。

手动布局:设计人员手动在印制电路板中进行元器件的布局,包括移动、排列元器件。

1．自动布局

为了实现系统的自动布局,设计人员需要对布局规则进行设置。

1) 布局规则设置

在印制电路板编辑环境中,执行"设计"→"规则"命令,如图 8.75 所示,弹出"PCB 规则及约束编辑器"对话框,如图 8.76 所示。

图 8.75　执行"设计"→"规则"命令　　　图 8.76　"PCB 规则及约束编辑器"对话框

"PCB 规则及约束编辑器"对话框的左侧列表框中列出了系统提供的 10 类设计规则,这里需要进行设置的规则是"Placement"(布局规则)。单击布局规则前面的加号即可看到该布局规则包含的 6 项子规则。

(1)"Room Definition"(空间定义)子规则：用于设置 Room 的尺寸，以及其在印制电路板中所在的工作层面，如图 8.77 所示。

(2)"Component Clearance"(元器件间距)子规则：用于设置自动布局时元器件封装之间的安全距离，如图 8.78 所示。

图 8.77 "Room Definition"子规则设置　　图 8.78 "Component Clearance"子规则设置

(3)"Component Orientations"(元器件布局方向)子规则：用于设置元器件封装在印制电路板上的放置方向，如图 8.79 所示。

(4)"Permitted Layers"(工作层设置)子规则：用于设置印制电路板上允许元器件封装设置的工作层，如图 8.80 所示。

图 8.79 "Component Orientations"子规则设置　　图 8.80 "Permitted Layers"子规则设置

该子规则的"约束"选项组内提供了两个工作层选项以允许设置元器件封装，即"Top Layer"(顶层)和"Bottom Layer"(底层)。一般而言，过孔式元器件封装放置在印制电路板的顶层，而贴片式元器件封装既可以放置在顶层也可以放置在底层。

(5)"Nets to Ignore"(忽略网络)子规则：用于设置在采用"成群的放置项"方式执行元器件自动布局时，可以忽略一些网络，在一定程度上提高了自动布局的质量和效率，如图 8.81 所示。

(6)"Height"(高度)子规则：用于设置元器件封装的高度范围，如图 8.82 所示。

第 8 章 Altium Designer 10 的基本应用

图 8.81 "Nets to Ignore" 子规则设置

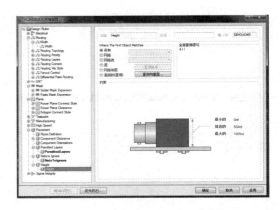
图 8.82 "Height" 子规则设置

2) 元器件自动布局

对自动布局规则进行设置，打开已导入网络和元器件封装的印制电路板文件，选中 Room，将其移动到印制电路板内部，如图 8.83 所示。

执行"工具"→"元器件布局"→"自动布局"命令，系统弹出"自动放置"对话框，如图 8.84 所示。

"自动放置"对话框用于设置元器件自动布局的方式。系统给出了 2 种自动布局的方式，分别是"成群的放置项"和"统计的放置项"。这 2 种方式均使用不同的方法计算和优化位置，这 2 种方式的意义如下。

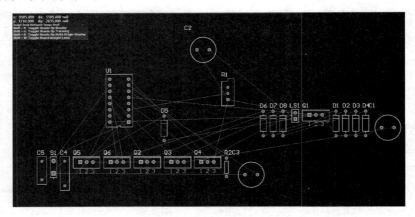
图 8.83 移动 Room 到印制电路板内部

（1）"成群的放置项"：这一布局基于元器件的连通性属性来将元器件分为不同的元器件簇，并且将这些元器件簇按照一定的几何位置布局。这种布局方式适合元器件数目较少（少于 100 个）的印制电路板制作。当采用"成群的放置项"布局方式并选中"快速元器件放置"复选框时，系统将快速放置元器件自动布局。

（2）"统计的放置项"：这一布局基于统计方法放置元器件，以便使连接长度最优化，使元器件的导线长度最短。在元器件较多（多于 100 个）时，宜采用这种方式。采用"统计的放置项"布局时的界面如图 8.85 所示。

图 8.84 "自动放置"对话框

图 8.85 采用"统计的放置项"布局时的界面

"组元"复选框：该复选框的功能是将当前网络中连接密切的元器件归为一组，在排列时，将该组元器件作为群体而不作为个体。系统默认其为选中状态。

"旋转元器件"复选框：该复选框的功能是根据当前的网络连接与排列的需要，将元器件重组转向（方向为 0º、90º、180º 或 270º）。如果不选中该复选框，则元器件将按原始位置布局，不进行元器件的转向动作。系统默认其为选中状态。

"自动更新 PCB"复选框：该复选框的功能是在布局时允许系统自动根据设计规则更新印制电路板元器件和网络。当选中此复选框时，系统执行窗口的刷新操作，将延长自动布局的时间。系统默认其为不选中状态。

"电源网络"文本框：定义电源网络名称，一般设置为"VCC"。

"地网络"文本框：定时接地网络名称，一般设置为"GND"。

"网格尺寸"文本框：设置元器件自动布局时网格间距的大小。如果设置得过大，则在布局时有些元器件会被挤出边界。

2．手动布局

在进行手动布局时应严格遵循电路原理图的绘制结构。先将全图的核心元器件放置到合适的位置，再将其外围元器件按照电路原理图的结构放置到核心元器件的周围。通常使具有电气连接的元器件引脚比较接近，这样可使走线距离缩短，从而使整个印制电路板的导线易于连通。

1）元器件的排列

执行"编辑"→"对齐"命令，系统打开"对齐"子菜单，如图 8.86 所示。系统还提供了排列工具栏，如图 8.87 所示，其中各图标的意义如下。

┠：将选取的元器件向最左边的元器件对齐。

╬：将选取的元器件水平中心对齐。

┨：将选取的元器件向最右边的元器件对齐。

┉：将选取的元器件水平分布。

╬：将选取放置的元器件的水平间距扩大。

╬：将选取放置的元器件的水平间距缩小。

╥：将选取的元器件与最上边的元器件对齐。

╬：将选取的元器件按元器件的垂直中心对齐。

╨：将选取的元器件与最下边的元器件对齐。

╬：将选取的元器件垂直分布。

图 8.86 "对齐"子菜单

：将选取放置的元器件的垂直间距扩大。

：将选取放置的元器件的垂直间距缩小。

：将元器件对齐到网格。

执行"编辑"→"对齐"→"定位器件文本"命令，系统弹出如图8.88所示的"器件文本位置"对话框，在该对话框中，用户可以对元器件文本（位号和注释内容）的位置进行设置，也可以直接手动调整文本位置。

使用上述菜单命令可以实现元器件的排列，提高布局效率，并使印制电路板的布局更加整齐和美观。

2）布局

已经完成了网络和元器件封装的载入后，即可在印制电路板上放置元器件。执行"设计"→"板参数选项"命令，在弹出的"板选项"对话框中设置合适的网格参数，如图8.89所示。

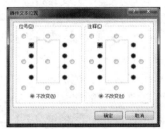

图8.87　排列工具栏　　图8.88　"器件文本位置"对话框　　图8.89　设置合适的网格参数

参照电路原理图，将元器件移动到合适的位置，完成全部封装的放置，如图8.90所示。

调整元器件封装的位置，尽量使其对齐，并对元器件的标注文字进行重新定位、调整。无论是自动布局还是手动布局，根据电路的特定要求在印制电路板上放置元器件封装后，一般需要进行一些排列对齐操作。待排列的发光二极管如图8.91所示。单击应用程序工具栏中的对齐按钮，使发光二极管顶端对齐，如图8.92所示。

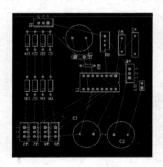
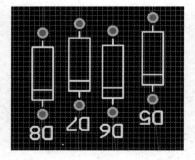
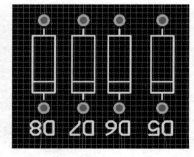

图8.90　完成全部封装的放置　　图8.91　待排列的发光二极管　　图8.92　顶端对齐的发光二极管

Altium Designer 10提供的"对齐"菜单命令，并不只是针对元器件与元器件之间的对齐，还包括焊盘与焊盘之间的对齐。在上述初步布局的基础上，为了使电路更加美观、经济，用户可以进一步优化电路布局。

8.3.4 印制电路板布线

在印制电路板的设计中,布线是完成产品设计的重要环节,可以说前面的准备工作都是为它而做的。在整个印制电路板的设计中,以布线的设计过程限定最高、技巧最细、工作量最大。印制电路板布线分为单面布线、双面布线和多层布线 3 种。在进行印制电路板布线时可使用系统提供的自动布线和手动布线方式。

1. 规则设置

布线规则是通过"PCB 规则及约束编辑器"对话框来完成的,该对话框的设置内容涵盖了电气、布线、制造、放置、信号完整性要求等,但是其中大部分可以采用系统默认的设置。在"PCB 规则及约束编辑器"对话框提供的设置内容中,与布线有关的主要是"Electrical"(电气规则)和"Routing"(布线规则),下面主要介绍这 2 种规则。

1)电气规则设置

电气规则的设置是针对具有电气特性的对象的,在布线过程中违反电气特性规则时,DRC 校验器将自动报警,提示用户修改布线。执行"设计"→"规则"命令,弹出"PCB 规则及约束编辑器"对话框,在该对话框左侧的列表框中单击"Electrical"前面的加号,可以看到需要设置的电气子规则有 4 项,如图 8.93 所示,这 4 项子规则分别为"Clearance"(安全间距)子规则、"Short-Circuit"(短路)子规则、"Un-Routed Net"(未布线网络)子规则和"Un-Connected Pin"(未连接引脚)子规则。

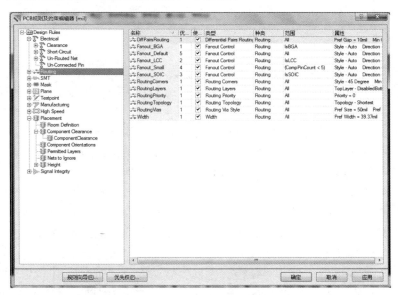

图 8.93 "PCB 规则及约束编辑器"对话框

2)布线规则设置

执行"设计"→"规则"命令,弹出"PCB 规则及约束编辑器"对话框,在该对话框左侧的列表框中单面"Routing"前面的加号,可以看到需要设置的布线子规则有 8 项。

这里只介绍"Width"(布线宽度)子规则、"Routing Priority"(布线优先级)子规则、"Routing Layers"(布线层)子规则。

(1)"Width"子规则。

布线宽度是指印制电路板铜膜的实际宽度。印制电路板导线的宽度应能满足电气性能要求且便于生产，布线最小宽度主要由导线与绝缘基板间的黏附强度和流过的电流值决定，但最小宽度不宜小于 8mil。在高密度、高精度的印制电路板中，导线宽度和间距一般可取 12mil。

"Width"子规则用于设置印制电路板布线允许采用的导线宽度，如图 8.94 所示。

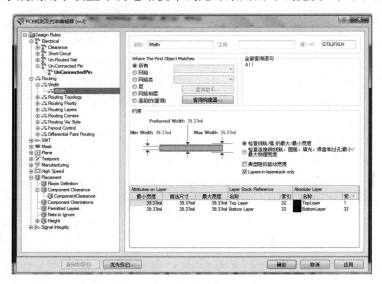

图 8.94 "Width"子规则设置

在"约束"选项组中可以设置导线宽度，有最大、最小和首选之分。其中，"最大宽度"和"最小宽度"确定了导线的宽度范围，而"首选尺寸"则为导线放置时系统默认的导线宽度值。

Altium Designer 设计规则针对不同的目标对象，可以定义不同类型的多个规则。用户可以自定义一个适用于整个印制电路板的导线宽度约束条件，所有导线都使用这个宽度。但由于电源线和地线通过的电流比较大，其宽度要比其他信号线的宽度大一些，因此可以对电源线和地线重新定义导线宽度约束规则。

(2)"Routing Priority"子规则。

"Routing Priority"子规则用于设置印制电路板中各网络布线的先后顺序，优先级高的网络先进行布线，如图 8.95 所示。

在"约束"选项组中，只有"行程优先权"微调框，该微调框用于设置指定匹配对象的布线优先级，级别的取值为 0～100，数字越大，对应的级别越高，即 0 表示优先级最低，100 表示优先级最高。

(3)"Routing Layers"子规则。

"Routing Layers"子规则用于设置在自动布线过程中各网络允许布线的工作层，如图 8.96 所示。

"约束"选项组中列出了在"层堆管理"中定义的所有层，若允许布线，则选中各层所对应的复选框即可。

图 8.95 "Routing Priority" 子规则设置

图 8.96 "Routing Layers" 子规则设置

2. 自动布线和手动布线

1) 自动布线一般规则

(1) 在距印制电路板≤1mm 的区域内,以及安装孔周围 1mm 内禁止布线。

(2) 电源线尽可能宽,线宽不应低于 18mil;信号线线宽不应低于 12mil;线间距不应低于 10mil。

(3) 正常过孔的直径不小于 30mil。

(4) 双列直插：焊盘外径为 60mil，孔径为 40mil。

(5) 电源线和地线尽可能呈放射状，信号线不要回环布线。

2) 全局自动布线

(1) 执行"自动布线"→"全部"命令，如图 8.97 所示，弹出"Situs 布线策略"对话框，在该对话框中，用户可以确定布线的报告内容和确认所选的布线策略，如图 8.98 所示。

图 8.97　执行"自动布线"→"全部"命令

图 8.98　"Situs 布线策略"对话框

(2) 单击 Route All 按钮，系统开始按布线规则自动布线，同时自动打开信息面板，显示布线进程，如图 8.99 所示。

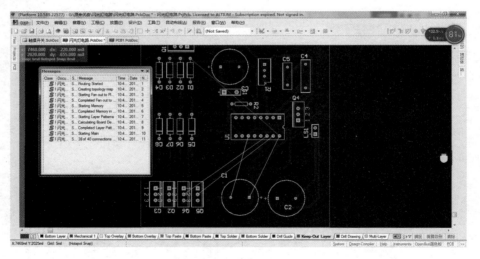
图 8.99　自动布线进程

3) 指定布线

自动布线除可以全局布线外，还可以按照指定网络、网络类、连接、区域、空间、元器件等进行布线，如图 8.100 所示。

4) 手动布线

自动布线仍然存在一些不合理的地方，需要利用手动布线进行调整，比如，有的导线本来可以直走，但是系统却绕了弯，有的导线拐弯太多，有的导线之间间距过大，影响印